DIE GEOLOGIE DER INNERÖSTERREICHISCHEN EISENERZLAGERSTÄTTEN

VON

Dr. KARL A. REDLICH

O. Ö. PROFESSOR DER DEUTSCHEN TECHNISCHEN
HOCHSCHULE PRAG

MIT 78 ABBILDUNGEN UND 7 KARTENBEILAGEN

1 9 3 1

SPRINGER-VERLAG

BERLIN HEIDELBERG GMBH

BEITRÄGE ZUR GESCHICHTE DES ÖSTERREICHISCHEN EISENWESENS

IM AUFTRAGE DER
ÖSTERREICHISCH-ALPINEN MONTANGESELLSCHAFT

HERAUSGEGEBEN VON

DR. MAJA LOEHR
PROF. DR. ANTON MELL
PRIVATDOZ. DR. HANS RIEHL

ABT. I, HEFT 1

1931

SPRINGER-VERLAG

BERLIN HEIDELBERG GMBH

DIE GEOLOGIE DER INNERÖSTERREICHISCHEN EISENERZLAGERSTÄTTEN

VON

Dr. KARL A. REDLICH

O. Ö. PROFESSOR DER DEUTSCHEN TECHNISCHEN HOCHSCHULE PRAG

MIT 78 ABBILDUNGEN UND 7 KARTENBEILAGEN

1931

SPRINGER-VERLAG

BERLIN HEIDELBERG GMBH

Additional material to this book can be downloaded from http://extras.springer.com

ISBN 978-3-7091-5981-1   ISBN 978-3-7091-3016-2 (eBook)
DOI 10.1007/978-3-7091-3016-2

DRUCK VON
ADOLF HOLZHAUSENS NACHF., UNIVERSITÄTSBUCHDRUCKER
WIEN

ZUR EINFÜHRUNG.

Als sich die Österreichisch-Alpine Montangesellschaft vor einigen Jahren rüstete, im Jahre 1931 den Gedenktag ihres 50jährigen Bestandes zu begehen, reifte in den leitenden Persönlichkeiten der Entschluß, diesen Zeitpunkt in würdiger Weise festzuhalten durch Förderung eines groß-angelegten wissenschaftlichen Werkes, das die Geschichte des steirisch-kärntnerischen Eisenwesens von den ältesten Zeiten bis zur Gegenwart behandeln und somit die Wurzeln und die Vorgeschichte des größten alpenländischen Montanunternehmens erschöpfend aufhellen und so-wohl der Fachwelt als weiteren Kreisen zugänglich machen sollte.

Zur Bearbeitung des umfassenden und auf reichhaltigem, bisher noch unbearbeitetem archivalischen und gegenständlichen Material auf-gebauten Werkes wurde eine Reihe von Fachgelehrten gewonnen und ein Redaktionsausschuß eingesetzt, in den außer dem seitens der Gesell-schaft mit der Leitung betrauten Prokuristen Dr. phil. Fritz Erben, Dr. phil. Maja Loehr, Wien, und Dr. phil. et Dr. rer. pol. Hans Riehl, Privatdozent an der Universität Graz, berufen wurden.

Im Zuge der vorbereitenden Arbeiten wurde das außergewöhnlich umfangreiche handschriftliche Material, das der 1918 verstorbene, um die Erforschung des innerösterreichischen Eisenwesens hochverdiente Realschulprofessor Alphons Müllner gesammelt hatte, aus den Händen seiner Witwe erworben und zur quellenmäßigen Verwertung durch die Mitarbeiter im Steiermärkischen Landesarchiv zu Graz hinterlegt. Zu gleichem Zwecke stellte das Bundesministerium für Handel und Verkehr den in seinem Besitz befindlichen Teil des handschriftlichen Nachlasses Alphons Müllners zur Verfügung, wofür an dieser Stelle dem hohen Ministerium der geziemende Dank abgestattet werde.

Die Arbeiten an dem auf fünf Bände angelegten Werke waren be-reits sehr weit vorgeschritten, als die Ungunst der Zeiten die Österrei-chisch-Alpine Montangesellschaft veranlaßte, die Drucklegung vorläufig zu unterbrechen. Um die bereits vollendeten und in sich abgeschlossenen Teile so bald als möglich der Veröffentlichung zuzuführen, wurde die Form gewählt, die ursprünglich nach systematischen Gesichtspunkten aufgebauten Bände in Einzelhefte einer zwanglos erscheinenden Schrif-

tenfolge aufzulösen und der Herausgabe durch die Unterzeichneten an=
zuvertrauen. Es ist geplant, das gesamte Stoffgebiet auf diese Weise
nach und nach fortlaufend zu bearbeiten und die Schriftenreihe zuletzt
durch ein Generalregister abzuschließen und zu einem geschlossenen
Werke zusammenzufassen.

Über den Inhalt der in Aussicht genommenen Einzelhefte und ihre
Bearbeiter gibt die Übersicht auf dem Umschlag Aufschluß.

Schließlich sei es den Herausgebern gestattet, ihren aufrichtig gefühl=
ten Dank hier allen jenen öffentlichen Stellen und Einzelpersönlichkeiten
abzustatten, die die Bearbeitung des gewaltigen Stoffgebietes durch teil=
nehmendes Interesse gefördert haben. In erster Linie gebührt unser
wärmster Dank den Hütern des reichhaltigen archivalischen Materials
zur Geschichte des steirischen und kärntnerischen Eisenwesens, dem
Steiermärkischen Landesarchiv und dem Landesregierungsarchiv in Graz
sowie dem Kärntnerischen Landesarchiv in Klagenfurt; ferner dem
Staatsarchiv und dem Hofkammerarchiv in Wien und dem Städtischen
Archiv in Steyr; schließlich allen örtlichen öffentlichen und privaten
Archiven, die ihre Bestände in entgegenkommender Weise der Bearbei=
tung durch unsere Mitarbeiter zugänglich gemacht haben.

Wien und Graz, im Dezember 1931.

M a j a L o e h r   A n t o n M e l l   H a n s R i e h l

GELEITWORT.

Von Generaldirektor Dr. mont. h. c. ANTON APOLD.

Es gehört gewiß zu den Seltenheiten, daß ein Industrieunternehmen heute noch an den Stätten arbeitet, an denen schon vor etwa 2000 Jahren in derselben Richtung eine rege Tätigkeit entfaltet wurde und daß die gleichen alpinen Erzvorkommen wie in den ältesten Zeiten so auch heute noch den Ausgangspunkt des österreichischen Eisenwesens bilden.

Die Güte des norischen Eisens, schon von antiken Schriftstellern gepriesen, hat seither in der ganzen Welt Anerkennung gefunden und unsere Eisen= und Stahlhüttenwerke waren mit Erfolg bemüht, dem steirischen Stahl seine Weltgeltung zu bewahren.

Sie haben an einer Tradition festgehalten, die in die vorchristliche Zeit zurückreicht und sich als deren treue Hüter zum Nutzen der Wirt= schaft unsterbliche Verdienste erworben.

Inmitten einer Zeit, die alle Fäden zwischen Vergangenheit und Zukunft zu zerreißen strebt, die das Werdende dem Einfluß des Ge= wordenen mit allen Mitteln zu entziehen sucht, zeigt sich gerade auf dem Gebiete der Technik ein lebhafter Sinn für geschichtliche Entwicklung; Technik und Wirtschaft beginnen ihren Entwicklungsgang zum Gegen= stand wissenschaftlicher Forschung zu machen. Die besonderen örtlich gebundenen Verhältnisse der österreichischen Eisenindustrie haben trotz der durch die technischen und wirtschaftlichen Veränderungen des Gesamtbetriebes von der Urproduktion bis zum Marktverkehr hervorgerufenen kolossalen Umwälzungen eine starke ununterbrochene Tradition erhalten, deren Auswirkungen auf kulturellem und wirt= schaftlichem Gebiet einer umfassenden Darstellung des gesamten Eisen= wesens durch die berufenen historischen, volkswirtschaftlichen und technischen Fachleute wert erscheinen.

Und so faßte die Österreichisch=Alpine Montangesellschaft den Entschluß, anläßlich der Feier ihres fünfzigjährigen Bestandes die Bear= beitung des in großer Fülle vorhandenen urkundlichen und gegenständ= lichen Materials zur Geschichte des Eisenwesens in Innerösterreich durch berufene Fachmänner zu veranlassen und hofft mit dieser um=

fassenden historischen Darstellung die Entwicklung unserer Eisen- und Stahlindustrie bis zu ihrem heutigen Stande weiten Kreisen näherzubringen. Dem Fachmann insbesonders möge diese Schriftenfolge von neuem die Arbeit unserer Vorgänger in übersichtlicher Form vor Augen führen und ihn die Leistungen ehrfürchtig schätzen lehren, auf denen wir heute weiterbauen.

DIE GEOLOGIE
DER INNERÖSTERREICHISCHEN
EISENERZLAGERSTÄTTEN

VON

KARL A. REDLICH
PRAG

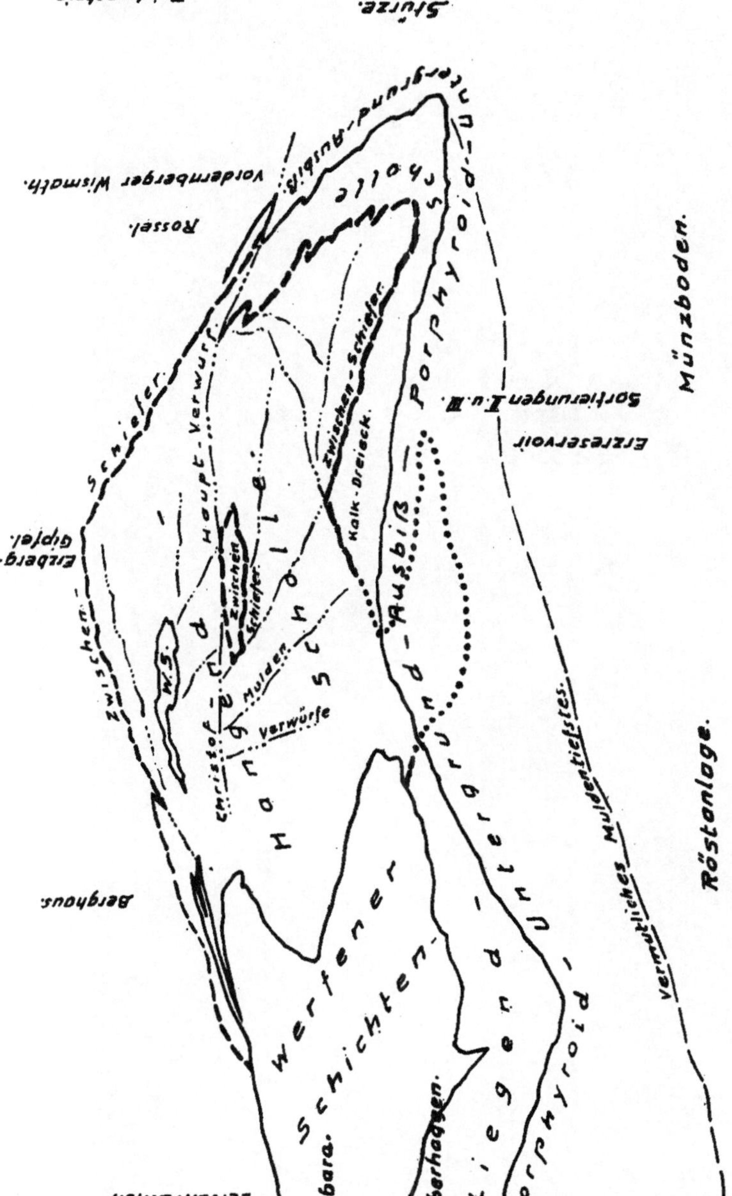

Geologischer Bau des steirischen Erzberges. (Nach A. Kern.)

Der steirische Erzberg.
Phot. A. Kern.

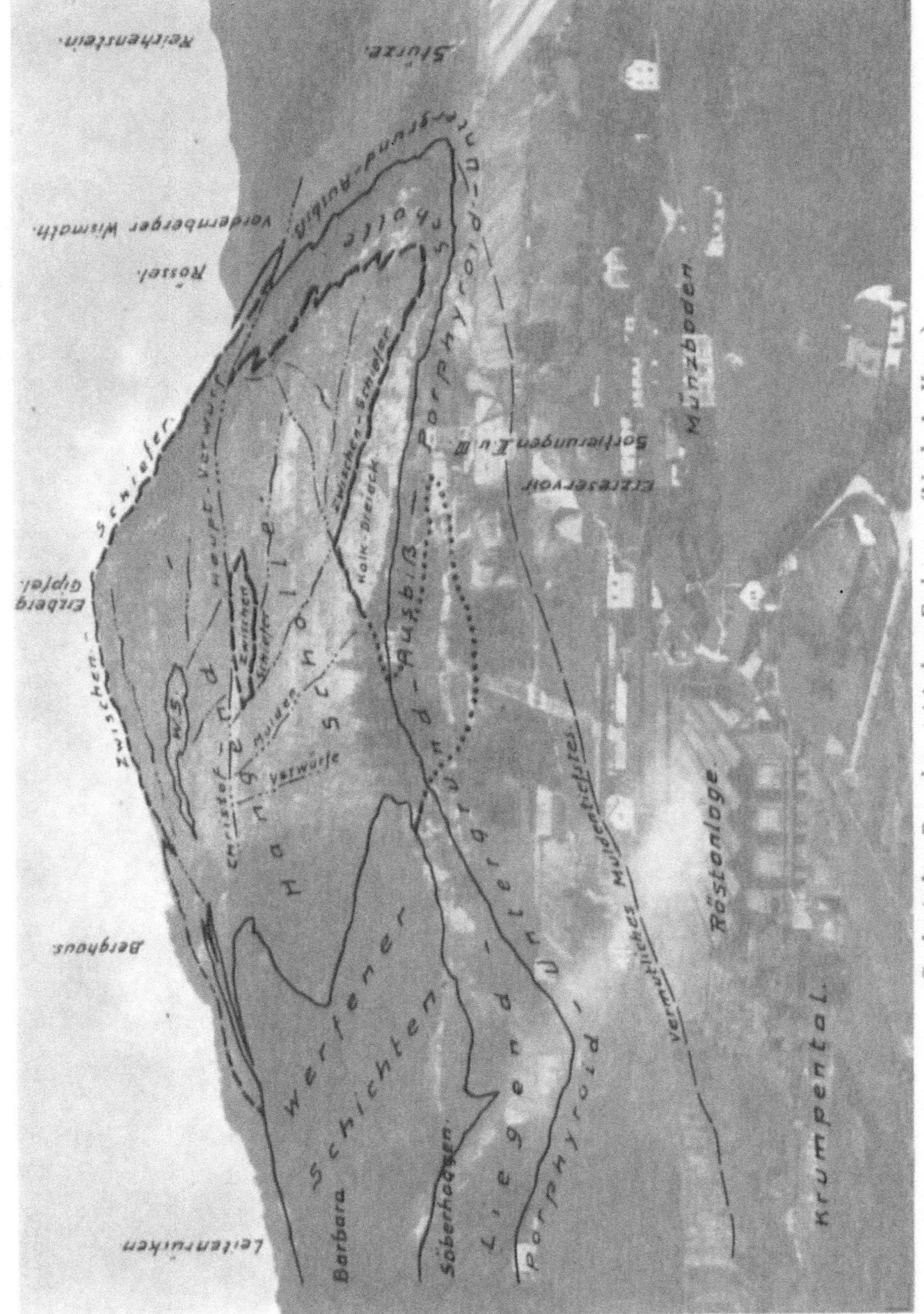

Geologischer Bau des steirischen Erzberges. (Nach A. Kern.)

Der steirische Erzberg.

Phot. A. Kern.

VORWORT.

Die letzte Zusammenstellung der österreichischen Eisenerzlager=
stätten erfolgte gelegentlich der Pariser Weltausstellung im Jahre 1873.
Es ist eine knappe Darstellung der um diese Zeit noch an zahlreichen
Punkten des Landes betriebenen Bergbaue, welche die vielen Eisen=
schmelzwerke mit Erz belieferten. Der moderne Großbetrieb mit seiner
Massenförderung hat sie fast alle zum Stillstand gebracht, nur die
größten Vorkommen am steirischen Erzberg und am Kärntner
Knappenberg bei Hüttenberg konnten sich behaupten und die
Konkurrenz mit den gewaltigen, meist zu Tage liegenden Lagerstätten
Schwedens, Amerikas, Frankreichs usw. aufnehmen. Wenn daher auch
die Beschreibung der zahlreichen kleineren, heute nicht bebauten Eisen=
erzlagerstätten nur einen rein wissenschaftlichen Wert zu haben scheint,
so ist dies nicht so, und es wäre verfehlt, sich mit der Beschreibung der
beiden derzeit noch in Betrieb stehenden Bergbaue zu begnügen. Neue
Hüttenmethoden können den Abbau mancher kleineren Lagerstätte
wieder zum Leben erwecken; bei der eigentümlichen perlschnurartigen
Anordnung der alpinen Erzzüge kann das Bekannte Anhaltspunkte
liefern, um vielleicht später einmal auf geophysikalischem Wege die in
der Erde verborgenen Zwischenglieder zu finden, so daß neue reiche
Erzmittel erschlossen würden. Es war daher das Bestreben des Ver=
fassers, selbst die kleinsten Vorkommen zu lokalisieren, ihre geolo=
gische Form zu erfassen und ihre Entstehung darzustellen, damit dieses
Buch, einem Archiv gleichend, das Bekannte festhält und vor dem Ver=
gessen bewahrt.

Am geologischen Aufbau Österreichs beteiligen sich zwei alters=
verschiedene Gebirgsglieder. Im Norden reicht über die tschecho=
slowakische Grenze die böhmische Masse, ein Horst des karbonen,
herzynischen Gebirgssystems, bis an die Donau heran. Der größte Teil
des Landes liegt innerhalb der im Jungtertiär aufgerichteten Alpen.
Zwischen diesen beiden Gebirgseinheiten breitet sich die aus jung=
tertiären und quartären nicht gefalteten Schichten zusammengesetzte
ober= und niederösterreichische Ebene aus.

DIE EISENERZE DER BÖHMISCHEN MASSE.

Zwischen der Donau und der mährischen Grenze (und weit über
diese hinaus, wie F r a i n, Z o p p o n s bei Z l a b i n g s, P e r n s t e i n
bei N e d w i e d i t z usw.) sind im Moldanubikum des niederösterreichi=
schen Waldviertels teils im Gneis, teils im Glimmerschiefer Amphibolit=
züge eingelagert, die stellenweise Granat und Magnetit führen.

So wurde bei S t o c k e r n nächst Horn, L i n d a u südlich von Raabs
und bei K o t t a u n südlich von Drosendorf tagbaumäßig und mittels
kleiner Schächte dieses Erz gewonnen. Infolge des hohen Kieselsäure=
gehaltes der Magnetite ging man in erster Linie dem eisernen Hut, dem
Brauneisenstein, nach, der oft 20 bis 30 m in die Tiefe reichte. Beim
Dorfe Neusiedel nächst Spitz an der Donau wurden derartige, 6 bis 17 m
starke Linsen in Verwendung genommen. Ähnliche Limonite erwähnt
V. Z e p h a r o v i c h von V o i t s a u, D a n k h o l z und K a l k g r u b
östlich von K o t t e s an der Kleinen Krems. Es sind feste Nieren und
Knollen und mulmige Massen im Kalk, beziehungsweise am Kontakt
des Kalkes mit Augit=Amphibolgesteinen (Unl. Rückst. 53·9%, Eisen=
oxyd 38%, Wasser 8·3%).

Alle diese Vorkommen waren so lange bedingt bauwürdig, als kleine
Holzkohlenöfen die Erze verschmolzen, zum Beispiel in Franzenstal
oder in Williken in Böhmen. Mit dem Vordringen des Kokshochofens
wurden sie bedeutungslos. Eine vorübergehende Aufnahme des Berg=
baues im M o s s i n g g r a b e n nach dem Kriege hatte keinen Erfolg,
zumal das dortige Erz zu zwei Dritteln pulveriger Limonit mit 35, höch=
stens 40% Fe war.

Literatur: 1. K. P r e c l i k, Skarngesteine aus der moldanubischen Glimmer-schieferzone, Mineral. u. Petr. Mitteil., Bd. 40, Heft 5 u. 6, S. 437. — 2. F. E. S u e s s, Die Beziehungen zwischen dem moldanubischen und moravischen Grundgebirge von Frain und Geras, Verh. d. Geol. Reichsanst., Wien 1908, S. 395. — 3. F. E. S u e s s und H. G e r h a r d, Geol. Karte d. Republik Österreich 1 : 75.000, Blatt Drosendorf. — 4. H. G e r h a r d, Vorläuf. Mitteil. über d. Aufnahme d. Blattes Drosendorf, Verh. d. Geol. Reichsanst., Wien 1913, S. 53. — 5. A. S t ü t z, Mineral. Taschenbuch, Wien 1807. — 6. A. S i g m u n d, Die Minerale Niederösterreichs, Wien 1909. — 7. V. Z e-p h a r o v i c h, Mineral. Lexikon f. d. Karte Österreich, Bd. I, 1859, S. 23.

DIE EISENERZE DER OSTALPEN.

Als sich gegen Ende des vergangenen Jahrhunderts die Erkenntnis immer mehr Bahn brach, daß an der Gestaltung der Ostalpen nicht bloß einfache Faltungsvorgänge und mehr oder minder vertikale Schollen=verschiebungen, sondern auch tangentiale Verfrachtungen in größerem Maße beteiligt waren, suchte eine Reihe von Forschern in Anlehnung an die Resultate der westalpinen, vor allem Schweizer Geologen, auch den östlichen Ast der Alpen als System großer liegender Deckfalten zu erklären, die aus ihrer südlichen Heimat weit gegen Norden geschoben wurden und die jetzt, von ihren Wurzeln im Süden durch Erosion und Denudation getrennt, als ortsfremde Massen übereinander lagern. Diese großzügige Auffassung vom Bau unserer Ostalpen, die gewöhnlich kurz als Deckentheorie bezeichnet wird, blieb nicht unwidersprochen; sie wird gerade in neuerer Zeit von namhaften Alpenforschern abgelehnt, die das Vorhandensein bedeutender horizontaler Verfrachtungen zwar keineswegs leugnen, aber mit kleineren Überschiebungen das Aus=langen zu finden glauben.

Es kann nicht Aufgabe dieses, vorwiegend lagerstättenkundlichen Problemen gewidmeten Buches sein, sich mit dem Für und Wider der einzelnen Ansichten kritisch auseinanderzusetzen. Für unsere Zwecke genügt, von Details absehend, die Feststellung, daß in dem in Betracht kommenden österreichisch=steirisch=kärntnerischen Anteil der Ostalpen zunächst eine kristalline Zone vorhanden ist, die aus granitischen In=trusionskernen besteht, über welche sich eine Hülle von mehr oder minder hochkristallinen Schiefern legt. Sie bildet die Unterlage der paläozoischen Gesteine, die teils in isolierten Komplexen auf dem Kristallin liegen, teils als geschlossener Zug (Grauwackenzone) im N vorgelagert sind. Darüber folgt das vorwiegend kalkige Mesozoikum, das im S in Form einzelner Inseln erhalten geblieben ist (Eberstein, St. Paul in Kärnten), im N den Gürtel der nördlichen Kalkalpen zusammensetzt. Das Alttertiär finden wir mit Kreide ver=gesellschaftet in der Sandstein= und Flyschzone der Alpen. Im Innern der Alpen greift die transgredierende Kreide als Gosauformation fjord=

artig ein. Den Nordrand der Alpen umsäumt marines Jungtertiär, wäh=
rend fluviatiles, meist kohleführendes Oligozän und Miozän alten Tal=
furchen folgt. Letzteres ist noch von den alpinen Faltungsvorgängen
ergriffen worden.

I. Die Eisenerzlagerstätten der kristallinen Zone.

Die Zentralkette der Ostalpen bildet einen zusammenhängenden Zug
von hochkristallinen Gesteinen, der von den sicheren paläozoischen
Schichten entweder scharf oder durch diaphthoritische Übergangsglieder
getrennt ist. Die kristallinen Schiefer, so weit sie für unsere Eisenerz=
lagerstätten in Betracht kommen, bestehen vorwiegend aus folgenden
Gesteinen: Glimmerschiefer, Pegmatite, durch Durchtränkung und
schichtenparallele Durchaderung von Glimmerschiefern mit Pegmatiten
und Apliten entstandene Imprägnations= und Injektionsgneise, Quarzite,
Hornblende=Chloritschiefer, an einzelnen Stellen Eklogite, schließlich
Kalkzüge, welche sich auf weite Strecken im Streichen verfolgen lassen.
Von Heritsch wurden diese auffallenden Marmorlager und die sie be=
gleitenden Schiefer Brettsteinzüge genannt. Ein großer Teil der Siderit=
lagerstätten der kristallinen Schiefergruppe Steiermarks und Kärntens
ist an die Kalke gebunden. Auch in den Glimmerschiefern und Injektions=
gneisen treten vereinzelte Lagerstätten auf, doch sind dieselben meistens
weniger mächtig. Granigg[1] unterscheidet zwei im Glimmerschiefer
eingefaltete Kalkzonen. Der erste Kalkzug erstreckt sich von Brettstein
(nordwestlich von Judenburg) in südöstlicher Richtung über Judenburg
und Obdach ins Lavanttal, biegt dann östlich von St. Leonhard unter einem
spitzen Winkel um, zieht mit nordwestlichem Streichen bei Salla
nächst Köflach vorbei und keilt unweit Frohnleiten aus, ohne die Mur
zu erreichen. Die Kalkzüge nordnordöstlich von Weiz (Oststeiermark)
dürften seine streichende Fortsetzung sein. Diesem Kalkzug gehören
die Eisenerzlagerstätten von Oberzeiring, der Seetaler Alpen, Loben,
Kohlbach bei Salla an. Eine zweite Kalkzone, die aus mehreren lang=
gestreckten Linsen besteht (die Wiederholungen sind sicherlich tektoni=
scher Natur, siehe Hüttenberg), zieht in ostwestlicher Richtung über
Waldenstein nach Hüttenberg und Friesach, schwenkt im Gurktal nach
SW ab und erreicht nordwestlich von Villach die Drau. Diesem Zuge
gehören an: Waldenstein, Theißenegg, Wölch, Umgebung von Hütten=
berg, Umgebung von Friesach. Auch die Magneteisensteine des Möll=

---

[1] B. Granigg, Über die Erzführung der Ostalpen, L. Nüssler, Leoben 1913. In
dieser Arbeit wurde der Versuch unternommen, die Verbreitung der alpinen Erze im
Rahmen der Deckentheorie darzustellen.

tales gehören einem ähnlichen Gesteinszug an. Zweifelhaft ist derzeit die stratigraphische Stellung Pittens in Niederösterreich und einiger kleiner, unbedeutender Vorkommen.

1. Niederösterreich.

Die Spateisenlagerstätte von Pitten.

Pitten, an dem gleichnamigen Fluß, liegt südlich von Wiener= Neustadt an der Aspangbahn. Die Umgebung von Pitten gehört zum Semmering=Wechselgebiet. Nach den Ausführungen von H. Mohr und L. Kober liegt auf der Masse des Wechsels eine Serie von Decken, von welchen die tiefste, in ihrer östlichen Abdachung Kirchberger Decke genannt, die Eisenerze von Pitten birgt. Sie brandet hier mit ihrer Stirne, die Gesteinsschichten sind daher steil gestellt; zahlreiche Druck= flächen und Klüfte zeigen die hohe Beanspruchung dieses Gebirgsteiles an. Wir können folgende Schichtglieder unterscheiden: Glimmerschiefer und die sie durchdringenden jüngeren Augengneise (Granite), Quarz= phyllite, mit Serizitschiefern verbundene Semmeringquarzite (permisch?) und als jüngstes Glied teilweise dolomitisierte Kalke, die als triadisch aufgefaßt werden.

Die Aufschlüsse des Bergbaues in den oberen Teufen bewegen sich im Glimmerschiefer, Augengneis und Kalk. Das Erz selbst setzt im allgemeinen im Glimmerschiefer auf. Sein Hauptstreichen folgt den Gebirgsschichten von O nach W mit einem steilen Einfallen nach N. Nach Angabe W. Schöppes wird angeblich das Erz des öfteren vom Augengneis durchsetzt, ohne daß die Altersbeziehung dieser beiden Elemente bis jetzt eine zufriedenstellende Klärung gefunden hat.

Der Form der Lagerstätte nach müssen die Siderite von Pitten als Gänge aufgefaßt werden, die zwar im allgemeinen der Schichtung folgen (Lagergänge), jedoch öfters den Glimmerschiefer deutlich ver= queren, an einzelnen Stellen im Hangenden sogar den Kalk berühren. Ein Liegendgang begleitet den derzeit in Abbau befindlichen Haupt= gang. Wie alle unsere alpinen Gänge ist auch der Gang von Pitten im Streichen in einzelne Trümmer aufgelöst, die miteinander oft nur durch eine erzfreie Lettenkluft verbunden sind. Die beiliegende Skizze (Abb. 1) zeigt im sogenannten Eichwald eine solche im O sich neu auf= tuende Gangmasse. Wie weit diese perlschnurförmige Zerteilung bereits in der ursprünglichen Anlage der Gangspalte vorgezeichnet war und wie groß andererseits der Anteil der späteren, zweifellos vorhandenen tektonischen Auswalzung ist, läßt sich nicht feststellen.

Der Erzinhalt besteht aus Siderit, dem größere und kleinere Magnetit= körner reichlich eingesprengt sind. Er ist bis in große Tiefen limoniti=

siert, eine Erscheinung, welche L. W a a g e n aus der größeren
Tiefenlage der Talsohle zur Diluvialzeit erklärt, wodurch der Grund=
wasserspiegel abgesenkt und den sauerstoffbeladenen Sickerwässern ein
tieferes Eindringen in den Berg ermöglicht wurde. Das Erz zeigt viel
Kleinfall. Jüngere Quarz=, Schwefelkies= und Kupferkiesgänge durch=
setzen, wenn auch selten, in Form von kleinen Trümmern die Erzmasse,
wie sie K. A. R e d l i c h auf fast allen Sideritlagerstätten der nördlichen
Grauwackenzone und des Altkristallin nachweisen konnte.[1]

Eine genaue chemische Analyse des Erzes wurde von O. H a c k l
durchgeführt und ergab unter Berücksichtigung des Umstandes, daß wir
es mit einem Gemisch von Siderit und Magnetit zu tun haben, folgendes
Resultat:

Unlöslicher Rückstand	7·76%
Eisenkarbonat	52·94%
Mangankarbonat	9·56%
Calciumkarbonat	1·10%
Magnesiumkarbonat	4·54%
Eisenoxyduloxyd	22·75%
Kupfer	0·14%
Schwefelkies FeS_2	0·92%
Wasser	0·61%
	100·32%

Aus einer größeren Reihe von Betriebsanalysen errechnet sich für
den Limonit und für das primäre Spateisenstein=Magnetitgemisch
folgende Zusammensetzung:

	Limonit	Primäres Erz
Fe	48—50%	38—41%
Mn	3·6—5·2%	4%
SiO_2	10—11%	12%
S	0·1%	0·1%
P_2O_5	Spur	Spur
Al_2O_3	2%	2%
CaO	2%	2%
MgO	unter 1%	1%

Der Bergbau wurde 1924 wieder eröffnet. Der Georgistollen
(Abb. 1) befand sich in tadellosem Zustand. Der Josefischacht wurde
bis zu einer Tiefe von 110 m als Hauptschacht ausgebaut, in 72 m die
zweite, in 110 m die dritte Sohle angelegt. Bei gleicher Mächtigkeit
gegen die Tiefe wird derzeit von diesen beiden Sohlen aus das Erz
gewonnen. Die Erzförderung beträgt 100 t per Tag.

---

[1] Die Beschreibung der Pittener Sideritlagerstätte ist einem noch nicht veröffent=
lichten Manuskript von L. W a a g e n und W. S c h ö p p e entnommen, das mir die=
selben in liebenswürdiger Weise zur Verfügung gestellt haben.

Nach Angaben Dr. W. S c h ö p p e s kommen Ausbisse ähnlicher Erze im Glimmerschiefer auch in der weiteren Umgebung von Pitten[1] vor. Westlich der Ortschaft Schleinz liegt ein langgezogener Hügel⸗ rücken mit Spuren alter Bergbautätigkeit und einem Ausbiß in der Nähe des südlich der Ortschaft gelegenen Ziegelofens. Westlich des nächsten Grabens, des Klingenfurter Tales, sehen wir in zirka 20 m unter dem Gipfel des Haidenberges Pingen, die auf Bergbautätigkeit schließen lassen, Erzausbisse beim Stupferer und unter der Kote 496 des Frauenwaldes. Am Steinberg und im Haratwald treffen wir am Westgelände die Spuren des alten Bergbaues Kochholz (in der älteren

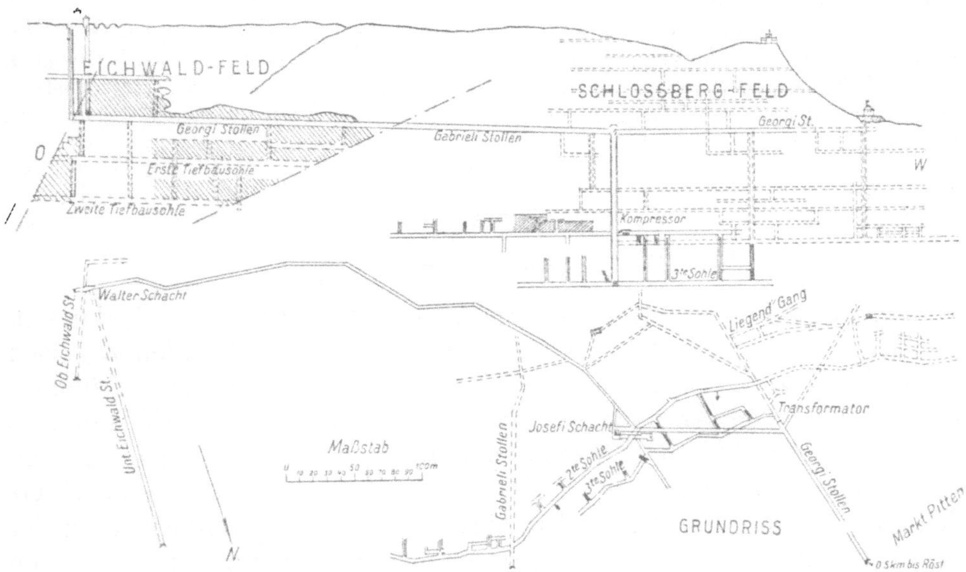

Abb. 1. Der Eisenerzbergbau Pitten.

Literatur unter dem Namen Harathof angeführt). Im rückwärtigen Leidingtal sind drei Erzausbisse bekannt, südlich und nördlich von Ober⸗Artzberg und südlich von Unter⸗Artzberg (in der älteren Literatur Scheiblingkirchen genannt). Nahe dem Zottelhof bei Kirchau, west⸗ lich von Scheiblingkirchen, erwähnt C ž j ž e k ½ bis 1 Fuß starke Lagen im Glimmerschiefer. Der gleiche Autor spricht auch von Eisenoxyden aus den die Glimmerschiefer überlagernden Dolomiten bei Großgleißenfeld, ferner von ähnlichen Eisenerzen, die in dem am nordöstlichen Gehänge des Eichbühels, südlich von Wiener⸗Neustadt, anstehenden Glimmer⸗ schiefer als kleine Linse aufsetzen. In dem Graben, der von der Ort⸗ schaft Leiding gegen das Pittental zieht, beißt an zwei Stellen Erz aus.

---

[1] Die Ortsangaben beziehen sich auf das Sektionsblatt 1 : 25.000 der Karte Neun⸗ kirchen-Aspang (siehe Col. 15, Z. XIV der österr. Spezialkarte).

Im oberen Leidingtal trifft man nördlich vom Inzenhof Erzspuren: alte Bergbautätigkeit am Hange gegen den Ausgang des Tales. Südlich von Pitten hat man durch einen Schurfstollen (Ernststollen) die Erze des Brunnerberges streichend verfolgt.

Ältere Literatur: 1. A. Stütz, Mineral. Taschenbuch, Wien 1807, S. 151 bis 155. — 2. W. Haidinger, Über das Eisensteinvorkommen bei Pitten, Abhandl. d. kgl. böhm. Ges. d. Wiss., V. Folge, Bd. IV, Prag 1846. — 3. A. Morlot, Über die Rauchwacke und die Eisenerzlagerstätte bei Pitten, Haidingers Berichte, Bd. VII, 1850. — 4. F. Leithe, Beschreibung der Bergbaue, welche zum Eisenwerk Pitten gehören, Jahrb. f. d. Berg- u. Hüttenmann d. österr. Kaiserstaates f. d. Jahr 1852. — 5. J. Cžjžek, Das Rosaliengebirge und der Wechsel, Jahrb. d. Geol. Reichsanst., 1854, S. 518. — 6. V. Uhlig, Bau und Bild der Karpathen, Wien 1903, S. 663 u. 664. — 7. H. Mohr, Versuch einer tektonischen Auflösung des Nordostsporns der Zentralalpen, Denkschr. d. math.-nat. Kl. d. Akad. d. Wiss. in Wien, Bd. LXXXVIII, 1912. — 8. R. Staub, Der Bau der Alpen, Beiträge zur geol. Karte der Schweiz, N. F. 52, Lief. 1924. — 9. L. Kober, Die tektonische Stellung des Semmering-Wechselgebietes, Tschermaks Mineral. u. Petr. Mitteil., Bd. 38, 1925.

2. Steiermark.

Ober=Zeiring.

Ober=Zeiring liegt am Fuße eines Berges (Kote 1255), der sich aus Kalken, kalkreichen Glimmerschiefern und Hornblendegneisen zusammensetzt. Weiter nach Norden stellt sich reiner Glimmer=schiefer ein. Jüngere Pegmatitgänge sind nach Heritsch durchaus nicht selten; sie finden sich nicht nur in der weiteren Umgebung, son=dern auch in den nächstliegenden erzführenden Kalken von Ober=Zeiring selbst, so zum Beispiel in einem kleinen Kalksteinbruch bei der Kapelle, Kote 966, wo ein 1˙5 m starker Pegmatitgang mit seinen feinsten Äderchen tief in das Nebengestein eingreift.

Die Erzgänge, die nordwärts vom Markte Ober=Zeiring gelegen sind, setzen durchwegs im körnigen Kalk auf, der nach Tunner oft von Schieferblättern durchzogen wird. Ihr Erzinhalt besteht aus Siderit und einer Reihe von Sulfiden (Kupferkies, Schwefelkies, Bleiglanz, Arsenfahlerz, Zinkblende, Bournonit), als taube Gangmineralien werden Quarz, Kalkspat, Baryt und Ankerit angegeben. Während in größerer Tiefe die Sulfide gegenüber dem Siderit überwogen und namentlich der silberführende Bleiglanz und das Fahlerz Veranlassung zur Silber=gewinnung gaben (nach Tunner vier Lot Silber per Zentner), wurden diese Erze in den oberen Teufen seltener, so daß der Siderit für sich abgebaut werden konnte und im Hochofen von Zeiring zur Verhüttung gelangte.

Der ganze Kalkkomplex ist durch eine Reihe jüngerer, NO—SW streichender Brüche seiner Längserstreckung nach in zahlreiche Felder geteilt, wie dies P e t r a s c h e c k nach einer schriftlichen Mitteilung für die noch offene Piergrube schön zeigen konnte (Abb. 2). Durch diese Brüche verschieben sich die Einzeltrümmer derart, daß in dem O—W gerichteten Kalk das Streichen der Bänke größtenteils ein nördliches ist. Die Gänge, stellenweise 2 bis 5 m, selten 7·5 m mächtig, sind ziemlich steil aufgerichtet, zuweilen ganz saiger und halten, da sie den Gesteins= schichten meist gleichförmig folgen, fast immer ein Nord—Süd=Streichen (22 h bis 24 h) ein. Die Veredlungen stehen nach T u n n e r meist mit zu= scharenden Klüften in Verbindung.

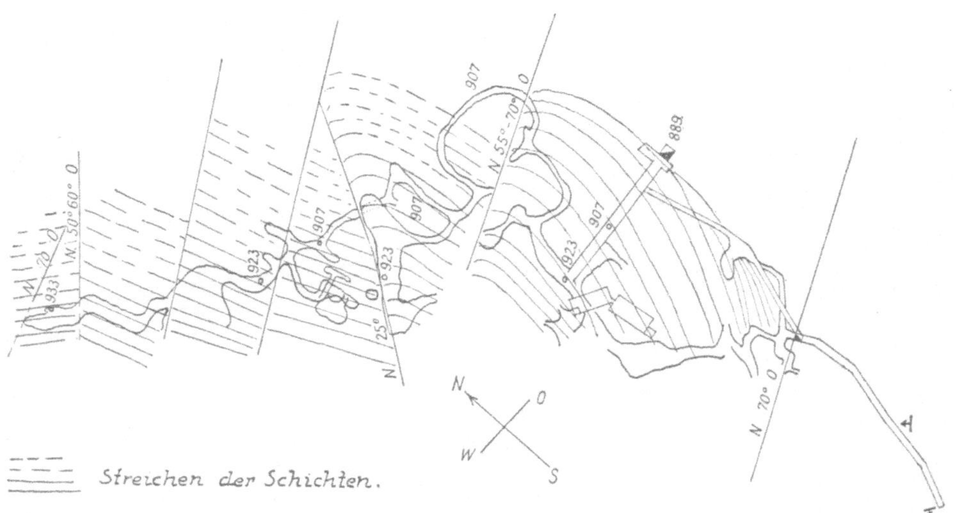

Abb. 2. Die Lage der Verwerfungen der Zeiringer Eisenerzlagerstätte. (Nach W. Petrascheck.)

Im W lagen mehrere Einbaue (Abb. 3), von welchen heute noch der höher gelegene Grazer= und der fast an der Talsohle angesteckte Franziszistollen zu lokalisieren sind. Im Franziszistollen traf man bei 165 m einen Bleiglanz=Fahlerz=reichen Gang, bei 280 m ein gering= mächtiges Eisenerzmittel. Oberhalb der Knappenkirche, bei dem heutigen Armenhaus (ehemaliges Berghaus), liegt die noch zugängliche Piergrube, östlich von dieser, außer einer Reihe verbrochener, nicht näher bekannter Stollen, der Taubenkropfstollen. Zwei Erzgänge wurden durch ihn und den mit ihm gelöcherten, 90 m höher gelegenen Klingerstollen abgebaut. Der Taubenkropfstollen ging erst durch den hangenden Glimmerschiefer, bevor er den Kalk und die erste Erzlage antraf. Auch der bereits im Pölstal gelegene Johannesstollen, der als Unterbau die Erze des Taubenkropfstollens löste, steht auf eine lange Strecke im Glimmerschiefer, bis· er im letzten Drittel den Kalk und die Erze trifft.

Südlich von Ober=Zeiring, unter der Höhe, welche nach Nußdorf
im Murtal abdacht, bei der G r a b n e r   W i e s e, die zur sogenannten
Bauershube gehört (siehe Spezialkarte von Österreich, Blatt Judenburg,
1 : 75.000), findet sich an der Grenze zwischen Kalk und Glimmerschiefer
ein Lager von blätterigem Eisenglanz, der von Quarz, Schwefelkies,
Kalkspat und einem dem Aphrosiderit ähnlichen Chlorit begleitet wird.
Weiter östlich, bei dem Schlosse P i c h e l h o f e n, unmittelbar bei
St. Georgen im Murtal (Peterstollen), wurde, ebenso wie bei B r e t t =
s t e i n, Eisenglanz und Bleiglanz erschürft. Der Eisenglanz umstrickt

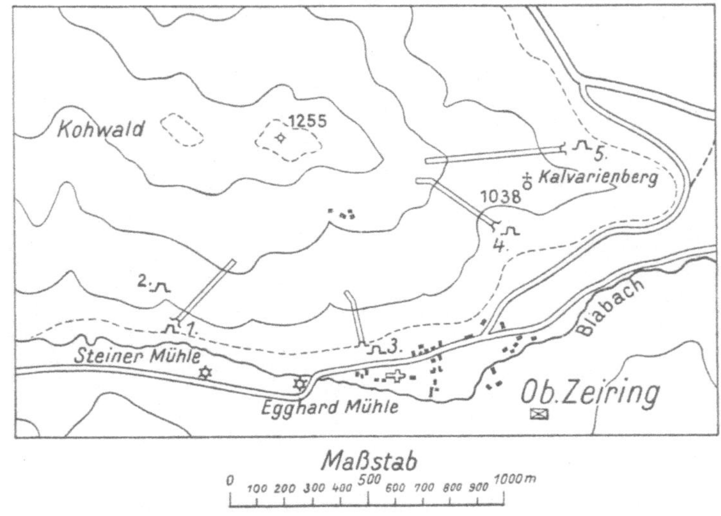

Abb. 3. Der Eisensteinbergbau Ober=Zeiring.

1. Franziszistollen. 2. Grazerstollen. 3. Piergrube (Eingang Spitalkeller). 4. Taubenkropfstollen. 5. Johannesstollen.

hier nach R o l l e eckige Stücke des Kalksteines, ist also jünger als dieser.
Auch von Berndorf, westlich von Nußdorf, erwähnt S c h m u t einen
ähnlichen Schurfbau.

L i t e r a t u r : 1. F. H e r i t s c h, Beiträge zur Geologie der Grauwackenzone des
Paltentales (Obersteiermark). Mitteil. d. Nat. Vereins f. Steiermark, Bd. 48, Jahrg. 1911,
S. 26. — 2. P. T u n n e r, Das alte und neue Bergwerk von Zeiring in Steiermark, Jahrb.
f. d. innerösterr. Berg- u. Hüttenmann, 1. Jahrg., 1841. — 3. F. R o l l e, Ergebnisse der
geognost. Untersuchung des südwestlichen Teiles von Obersteiermark, Jahrb. d. Geol.
Reichsanst., Wien 1854, Bd. V, S. 334. — 4. A. v. M i l l e r - H a u e n f e l s, Die steier-
märkischen Bergbaue als Grundlage des prov. Wohlstandes, Wien 1859, S. 34. — 5. R. v.
H a u e r, Ein dem Aphrosiderit ähnliches, chloritartiges Mineral, Jahrb. d. Geol.
Reichsanst., Wien 1859, Bd. V, S. 79. — 6. J. S c h m u t, Ober-Zeiring, ein Beitrag zur
Berg- und Münzgeschichte Steiermarks, Berg- und hüttenm. Jahrb. d. Bergakad. Leoben
und Přibram, 1904, Bd. LII.

St. Nikolai in der Groß=Sölk.

In den Gesteinen der Brettsteinserie der Niederen Tauern tritt nach Sigmund an mehreren Stellen Eisenglanz auf. Im Groß=Sölktal bestand östlich von der Hansenalm nächst St. Nikolai ein Bergbau auf Eisenglimmer, der zur Farbenerzeugung verwendet wurde.

Die Gesteine dieser Gegend sind Gneise, Glimmerschiefer, Marmor (unmittelbar Hangendes der Lagerstätte) und Amphibolite (nach Sigmund in ein Epidot=Chloritgestein umgewandelt).

Den Ausführungen Friedrichs entnehmen wir: Diese Serie wird von jüngeren Aplit= und Quarzgängen durchzogen, welche die Träger des Eisenglanzes sind. In den Apliten ist der Feldspat und der Eisen= glanz eine nahezu gleichzeitige Bildung. Die Erze sind somit pneu= matolytischer Entstehung.

Da die Aplite im Gegensatz zu den begleitenden Gesteinen keine Anzeichen einer mechanischen Beanspruchung oder Durchbewegung zeigen, müssen sie ebenso wie die Vererzung jung sein, jünger als die letzte Gebirgsbildung in den Niederen Tauern. Dieser Lagerstätten= typus erhält dadurch eine besondere Bedeutung, daß er zeigt, daß sich magmatische Vorgänge und Bewegungen noch in junger Zeit in der Tiefe der Zentralzone der Alpen abgespielt haben, wobei saure Magma= teile in Klüften hoch aufgestiegen sind.

Literatur: 1. A. Sigmund, Eisenglanz in den Nied. Tauern, Mitteil. d. Nat. Vereins f. Steiermark, Bd. 51, Jahrg. 1914, S. 40. — 2. A. Sigmund, Klinochlor, Epidot und Muttergestein des Eisenglimmers, Mitt. d. Nat. Vereins f. Steiermark, Bd. 49, Jahrg. 1912, S. 103. — 3. O. Friedrich, Beitrag zur Kenntnis der Eisenglimmerlager- stätte von St. Nikolai im Groß-Sölktal, Mitteil. d. Nat. Vereins f. Steiermark, Bd. 66, Jahrg. 1929, S. 159.

Seetaler Alpen.

Im Bereiche der von St. Georgen südlich ziehenden Seetaler Alpen findet sich eine Reihe kleiner Eisenerzlagerstätten.

Seetaler Alpe (Zirbitzkogel). (Mitgeteilt von F. Czermak und E. Clar, Graz.) Die Einbaue liegen etwa zwischen 1700 und 1800 m Seehöhe, ungefähr 3 bis 4 Stunden von Obdach und ¾ Stunden oberhalb der „Schmelz" in der unmittelbaren Nachbarschaft der Seetaler Hütte, zu beiden Seiten der moränenerfüllten Mulde unterhalb der „Frauen= lacke" (Abb. 4).

Geologisch gehört das Gebiet noch zur Gipfelserie der Seetaler Alpen und wird aufgebaut von mächtigen, von Granitgesteinen durch= setzten Paragneisen mit etwas Eklogit, Amphibolit und wenigen Mar= moren. Von diesen Einlagerungen liegen im Bereiche der Baue nur zwei Marmorbänder, von denen das eine in den ersten Felsen nördlich der

Mulde, das andere am Kamme südwestlich der auf der Südseite ge=
legenen Baue aufgeschlossen ist. Südlich herrscht O—W=Streichen bei
flacher Lagerung, nördlich O—W= bis WNW=Streichen vor.

Ehedem bestanden auf der Seetaler Alpe z w e i B e r g b a u e, der
S t. I g n a z stollen mit dem zugehörigen Schmelzwerk und der
J o s e f i stollen.

E r s t e r e r umfaßt die südliche Gruppe von Einbauen mit dem
ehemaligen Keuschen= und Hutmannstollen und dem Josef= und Alois=
bau; nur diese Gruppe zeugt von einer regeren Bergbautätigkeit.

Über die Form der Lagerstätte geben die älteren Berichte nicht
vollkommen eindeutig Auskunft: v. M o r l o t spricht von ihr als
einer „g a n g a r t i g e n, bis 7′ (= 2·21 m) mächtigen, senkrecht von
N 15° O nach S 15° W strei=
chenden Masse, neben welcher
noch verschiedene Nester und
nach verschiedenen Richtungen
streichende und sich durchkreu=
zende Trümmer vorkommen“.
J a n i s c h berichtet von einem
„Lager“ und von „Gängen“, doch
gibt er für das Lager ein Strei=
chen nach S mit 55° W=Fallen an,
so daß auch nach ihm dieses die
nahezu O—W streichenden Schie=
fer fast unter einem rechten Win=
kel schneidet. Kalk wird nur
neben Glimmerschiefer als Han=
gendgestein der Gänge angegeben.
Nach R o l l e und M i l l e r treten

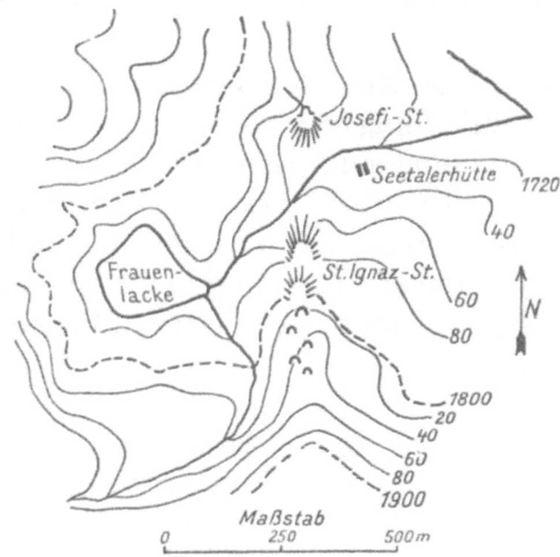

Abb. 4. Lage der Einbaue des Eisensteinberg=
baues auf der Seetaler Alpe. (Nach F. Czermak.)

die Erze i n d e r N ä h e des weißen körnigen Kalkes auf, was A. A i g=
n e r unrichtig als „i m K a l k“ übernommen hat.

Die Begehung hat die alten Berichte von M o r l o t und J a n i s c h
durchaus bestätigt, denn neben den Stufen läßt die Anordnung der
Halden, welche mit auffallend kleinem Abstand der Bausohlen auf einer
genau auf den Josefistollen der anderen Talseite ausgerichteten Linie
liegen, ein Gebundensein des Erzes an das Marmorband ausschließen.
Es ist der Schluß zu ziehen, daß der Bergbau einem N—S s t r e i c h e n=
d e n, südlich in der Nähe des Marmorbandes sich zerschlagendem
G a n g folgte.

Auf den Halden fanden sich noch Stufen der folgenden Arten, die
kurz beschrieben werden sollen, da sie für die genetische Deutung der
Lagerstätte wichtig sind.

1. Grobkörnige Aplite mit einer Annäherung an Pegmatitstruktur, immer glimmerfrei und massig: das erzfreie Ganggestein.

2. Stufen von gefältetem Zweiglimmerparagneis mit schmalen, quergreifenden Gängen von Aplit, der auch in ganz geringer Menge Eisenglimmer führt. In den Gängen sind noch offene Drusenräume erhalten, und zwar mit einer Auskleidung von Albit (nach dem Habi=tus), Quarz, Eisenglanz und Eisenglimmer nebeneinander. Eine Gene=rationsfolge ist nicht feststellbar, die Fe=Mineralien sind aber nicht jünger als der letzte Albit. Es hat also im Zuge der Aplitfüllung der Gänge bereits die Eisenerzbildung eingesetzt und es ist weiterhin keine Durchbewegung mehr erfolgt (vollständige Parallele mit dem Vor=kommen von St. Nikolai in der Sölk).

3. Chlorit=Albitgemenge mit etwas Eisenglimmer, darin wieder Drusen von Eisenglimmer und Albit (solche Chlorite auch in St. Ni=kolai, aber auch in Grabner Wiesen bei Ober=Zeiring [Rolle] und in Waldenstein mit dem Erz).

4. Findet man in feinkörnigeren Apliten Gängchen oder Adern von Eisenglimmer, oder Eisenglimmer und Quarz. Nach dem Anschliffbild fehlt ein geringer Gehalt an feinsten Eisenglimmerschüppchen auch dem Aplit nicht, ist aber ausschließlich an die Feldspäte gebunden. In der Gangmasse ist der Quarz immer von wirren, gleichzeitig aus=geschiedenen Eisenglimmerblättchen erfüllt, auch größere Blätter können vorkommen. Drusenräume sind von Quarz ausgekleidet.

5. Stufen von ausschließlich Eisenglimmer und Quarz, selten auch etwas Pyrit (nach Morlot vorwiegend im Liegenden): Man sieht einerseits einen allmählichen Übergang der besprochenen Eisenglimmer=Quarzgemenge in eine sichtbar geregelt aufgewachsene Gangquarz=masse, die auch offene Drusen bildet; wo der Quarz mächtig ist, fehlt der Eisenglimmer in den Drusen vollständig, bei geringer Mächtigkeit kann er noch in ihnen erscheinen. Andererseits findet man auch Stellen, wo man auf eine Zertrümmerung zwischen der Quarz=Eisen=glimmer= und der reinen Quarzausscheidung schließen könnte.

6. Grobspätiger Kalzit (tiefste Halde), der an Klüften und Spaltrissen von Quarz=Eisenglimmer oder Eisenglimmer allein durch=setzt wird. Dieser hält sich auch im Anschliffbild an die Korngrenzen und liegt nur selten frei im Korn; wenn Quarz dazutritt geben die beiden Mineralien wieder das Bild gleichzeitiger Ausscheidung. Auch idiomorphe, frei in den Kalzit von Klüften aus vorstoßende Quarz=kristalle (innere Gangmetasomatose) können diesen Eisenglimmergehalt haben.

Da der Kalzit also älter ist als die Haupterzausscheidung, vermuten wir, daß er sich etwa zur Zeit der Aplite an den Stellen, wo der Gang

die Marmorbänder schneidet, aus diesen durch Umkristallisation ge=
bildet hat.

Die Stücke von der anderen Talseite folgen denselben Typen, der
J o s e f i s t o l l e n selbst (jetzt Keller der Seetaler Hütte) ist zwar noch
zugänglich, aber noch vor Erreichen der Lagerstätte verbrochen.

Den von G r a n i g g von hier angegebenen Wollastonit konnten
wir nicht mehr nachweisen, es fanden sich nur in der Nähe der Lager=
stätte Kalksilikatfelse von dem gewohnten metamorphen Bestand.

Die Bildung der Eisenerze läßt sich folgendermaßen zusammen=
fassen: Nach abgeschlossener Kristallisation der Schiefer Ausfüllung
einer N—S streichenden, sich zertrümmernden Kluft mit Apliten bis
Pegmatiten; Lokalausbildung von Chlorit=Albitgemengen an den Sal=
bändern. Nach schwacher Eisenglimmerausscheidung mit dem Feldspat
und schwacher Pressung und Zerklüftung folgt die Eisenglimmer=Quarz=
und schließlich eine reine Quarzausscheidung. Die Haupterzbildung
steht am Übergang von der aplitisch=pegmatitischen zur Restquarz=
zufuhr; sie geht wohl auf ein saures Magma zurück.

Die Ähnlichkeit der Lagerstätte mit dem Eisenglimmer=Schwefel=
kiesvorkommen von St. Nikolai im Sölktal ist so groß, daß manche
Stücke aus beiden Lagerstätten stammen könnten.

L i t e r a t u r : 1. A. v. M o r l o t, Erläuterungen zur geol. bearbeiteten VIII. Sektion der Generalstabsquartiermeister-Spezialkarte von Steiermark und Illyrien 1848. —
2. F. R o l l e, Ergebnisse der geognost. Untersuchung des südwestlichen Teiles von
Obersteiermark, Jahrb. d. Geol. Reichsanst., Wien 1854, S. 343. — 3. A. v. M i l l e r -
H a u e n f e l s, Die steiermärkischen Bergbaue als Grundlage des prov. Wohlstandes,
Wien 1859, S. 43. — 4. H a u e r - F ö t t e r l e, Geol. Übersicht der Bergbaue der
österr.-ungar. Monarchie, S. 73. — 5. J. J a n i s c h, Topogr.-statist. Lexikon von
Steiermark, Graz 1885, II. Teil, S. 410 (Ossach). — 6. F. H e r i t s c h, Geologie der
Steiermark, Graz 1921. — 7. B. G r a n i g g, Die Erzführung der Ostalpen, Leoben
1913, S. 22.

P e r c h a u. Nordöstlich von Perchau, auf der Ostseite der Seetaler
Alpen, zwischen dem Steinriegelgraben und Doppelbachgraben, liegt
ein von O nach W streichender, nach N fallender Kalkstreifen im
Glimmerschiefer. An der Grenze gegen den Kalk findet sich ein kleines
Eisenglanzvorkommen.

L i t e r a t u r : 1. F. R o l l e, Ergebnisse der geognost. Untersuchung des südwestlichen Teiles von Obersteiermark, Jahrb. d. Geol. Reichsanst., Wien 1854, Bd. V,
S. 342.

M ü h l a u. Am östlichen Rande der Neumarkter Mulde, jedoch
bereits im Altkristallin erwähnt H ö r h a g e r bei Mühlen, St. Mar=
garethen am Silberberg (Mondorfer=Leiten) Spateisensteinbergbaue, die
noch im 19. Jahrhundert in Betrieb waren und von welchen noch große
Halden Zeugnis geben.

Literatur: 1. J. Hörhager, Das Eisensteinvorkommen bei Neumarkt in Obersteier, Österr. Zeitschr. f. Berg- u. Hüttenw., Bd. 57, S. 354.

Kathal, Obdachegg bei Obdach. (Mitgeteilt von F. Czermak, Graz).

Im O schließen sich an die Vorkommen der Seetaler Alpe (Frauenlacke) im Gebiete nördlich des Obdacher Sattels die beiden kleinen Erzvorkommen bei Kathal und Obdachegg an.

Ersteres liegt südlich vom Reiflingberg (1468 m) nächst dem Anwesen vulgo Scheiber. Das letztere befindet sich auf der westlichen Seite des Kathales, zirka eine Wegstunde von der Haltestelle Kathal entfernt, nächst dem Gehöft Udler.

Beide Vorkommen gehören geologisch der kristallinen Serie der marmorführenden Brettsteinzüge an, welche teils aus dem Raume Ober-Zeiring—Judenburg, teils aus dem Raume Unzmarkt—St. Georgen mit flach bogenförmigem Verlauf von Judenburg südwärts ein SSO-Streichen annehmen. Während der den Liechtensteinerberg bei Judenburg bildende mächtige Marmorzug bei Eppenstein-Mühldorf unvermittelt an der Amering-Überschiebung abschneidet, überquert einer der südlicheren, geringer mächtigen Marmorzüge, begleitet von Glimmerschiefern und teilweise von Amphiboliten, gegen SW unter die Gneisserie der Seetaler Alpen einfallend, bei Kathal den Granitzenbach und setzt mit SSO-Streichen, annähernd parallel dem Verlaufe der Obdacher Störung, an der Ostseite des Haupttales gegen Kärnten fort.

Beide Erzvorkommen fallen annähernd in die gleiche Streichrichtung und setzen in unmittelbarer Nähe des erwähnten Marmorzuges auf. Bei Kathal bestanden an der nordwestlichen Tallehne mehrere alte Stollenbaue, welche nach v. Miller hauptsächlich auf „Braunerze" gerichtet waren. Über die Betriebsgeschichte dieser Baue ist nichts Näheres bekannt.

Der Bergbau in Obdachegg kam nach v. Morlot in den Vierzigerjahren des 19. Jahrhunderts in Aufnahme und brachen hier vorwiegend aus Eisenglanz bestehende Erze ein. Nach v. Morlot sind die Lagerstättenverhältnisse analog jenen von Seetal und wird das Auftreten der Erzführung „auf der Südseite und in der Nähe eines Lagers von körnigem Kalk" betont. Eine größere Bedeutung scheint das Vorkommen nicht erlangt zu haben.

Literatur: 1. A. v. Morlot, Erläuterungen zur geol. bearbeiteten VIII. Sektion der Generalstabsquartiermeister-Spezialkarte von Steiermark und Illyrien 1848. — 2. A. v. Miller-Hauenfels, Die steiermärkischen Bergbaue als Grundlage des prov. Wohlstandes, Wien 1859, S. 43. — 3. E. Hatle, Die Minerale des Herzogtums Steiermark, Graz 1885, S. 57. — 4. B. Granigg, Die Erzführung der Ostalpen, Leoben 1913, S. 22. — 5. F. Heritsch, Geologie der Steiermark, Graz 1921.

Stubalpe.

S a l l a — H i r s c h e g g e r a l m — P a c k. Nordwcstlich von Köflach, bei der Ortschaft S a l l a, streichen von S nach N die mit Glimmer=schiefern, Quarziten, Amphiboliten und Pegmatiten verschuppten Marmorzüge.

Im Gebiete der Höhe 1339 sind Spateisensteine, aber auch Eisen=glanz an den Marmor gebunden. Bergbau wurde sowohl auf dem nörd=lichen Hange in einem seichten Wasserriß, der in den Kohlbachgraben einmündet (Barbara=, Gutehoffnungstollen), als auch am südlichen Gehänge beim Bauer Zainer (Gottesgab=Seinerstollen) und Kaufmann (Kaufmannsstollen) betrieben. C a n a v a l erwähnt als besondere Eigentümlichkeit für dieses Vorkommen Verwachsungen von Spat=eisenstein mit großblätterigem Kalzit, ferner reichliche Turmalinführung im Nebengestein dieser Verwachsungen.

Auf einem ähnlichen Vorkommen, wie im Kohlbachgraben, bewegte sich auch der alte Bergbau am Petererkogel auf der Hirscheggalm bei Hirschegg südlich von Salla.

In jeder Beziehung, sowohl was die Gesteinsfolge anbelangt, als auch in bezug auf die Form, sehen wir ein vollständiges Analogon mit Hüttenberg vor uns.

Nördlich der Ortschaft P a c k bei Edlschrott, etwa zwischen den Worten „Ob. Rohrbach" und Punkt 928 der Spezialkarte Blatt Deutsch=landsberg—Wolfsberg, liegt zwischen den Quellrissen des Gressen=baches in etwa 950 bis 1000 m Höhe eine Eisenglimmer=Sideritlager=stätte. Auch hier stehen, wie im Kohlbachgraben, die aus Hüttenberg bekannten kristallinen Schiefer an, auch hier ist der Marmor das Muttergestein der Erze. Der Unterschied gegenüber der zuerst be=schriebenen Lagerstätte liegt im Überwiegen des Eisenglanzes über den Siderit, so daß die Lagerstätte von Pack dem Typus Waldenstein zuzu=rechnen ist. F r i e d r i c h betont besonders den auch bei Waldenstein sich findenden grünen Glimmer, ferner die starke Zermörtelung und Durchbewegung fast aller Gesteine, so daß eine Diaphthorese während des Vererzungsprozesses vorzuliegen scheint.

Alte Eisensteingruben sollen nach C a n a v a l in dieser Gegend noch bei der P u f i n g k e u s c h e oder P l e s c h h u b e, im F a r b e n=l e i t e n w a l d ober der Pleschhube und am T o n r i e g e l nächst der Farbenwaldhütte bestanden haben.

L i t e r a t u r : 1. R. C a n a v a l, Das Eisensteinvorkommen zu Kohlbach an der Stubalpe, Berg= u. hüttenm. Jahrb. Leoben u. Příbram LII, Heft 2. — 2. O. F r i e d r i c h, Briefliche Mitteilung. — 3. F. H e r i t s c h u. F. C z e r m a k, Die Geologie des Stub-alpengebirges in Steiermark, Graz 1923, S. 48. — 4. A. v. M i l l e r - H a u e n f e l s, Die steiermärkischen Bergbaue als Grundlage des prov. Wohlstandes, Wien 1859, S. 43.

3. Kärnten.

Das Mölltal.

Raggabach, Mallnitzer Tauern, Seebach, Grafen=
berg bei Außerfragant, Önetal, Hohe Nase im Lamitz=
graben. Das Hüttenwerk Raggabach, am Ausfluß des gleichnamigen
Gewässers gelegen, bezog seine Erze von Bergbauen, die auf der Nord=
und Südseite des Mölltales gelegen sind.

Zu diesem Schmelzwerk gehörten nachstehende Bergbaue:

Der Franziszi=, Wilhelminen= und Gabrielenbau im
inneren Raggatal, am nördlichen Abhang des Polinig gelegen und
zwei Stunden von Raggabach entfernt. Das Gebiet des Raggatales be=
steht aus Glimmerschiefern, Pegmatiten, Injektionsgneisen und Kalken.
Innerhalb eines geringmächtigen Kalkzuges, der im Gneis aufsetzt und
nach 13^h bis 14^h unter dem Winkel von 50° einfällt, tritt Spateisenstein,
Magnetit und Ankerit auf. Das Erzvorkommen liegt fast parallel zu
seinem Muttergestein und ist 1 bis 3'8 m mächtig. Es wurde 1200 m im
Streichen und 102 m dem Verflächen nach aufgeschlossen. Der Spat
hat 24 bis 36 % Fe, der Magnetit 50 bis 60 % Fe. Der Magnetit liegt in
Körnern bis zu 7 mm Durchmesser in einer karbonatischen Grund=
masse (Kalzit und Braunspat), die im Mikroskop Zwillingslamellierung
zeigt. Quarz, Granat, radial struierte Tremolitaggregate, Pyrit und
Magnetkies (diese in feinen Gangtrümmern) treten nicht nur spora=
disch, sondern auch in kompakten bis zu handtellergroßen Massen auf.

Die Assoziation von Magnetit mit Spateisenstein und Braunspat,
mit Tremolit, Granat, Eisen=, Magnet= und Arsenkies, das lagerartige
Auftreten im Kalkstein, der wieder mit gneisartigen Gesteinen in Ver=
bindung steht, erinnert an das Vorkommen von Moosburg bei Klagen=
furt, aber auch an Berggießhübel und Schwarzenberg in Sachsen. Ähn=
lich wie in Berggießhübel sind in Raggabach die geschwefelten Erze
einer späteren Phase als die Magnetite zuzurechnen.

Der Emilienbau am Mallnitzer Tauern, sechs Stunden von
Raggabach gelegen, ging in einer Seehöhe von 2100 m auf einem
Magnetitlager um, das zwischen Chloritschiefer und körnigem Kalk auf=
setzt. Die Erze hielten 30 bis 40 % Fe und wurden wegen der hohen Ge=
birgslage nur im Sommer gewonnen.

Das Eisensteinbergwerk zu Seebach in der Teuchel mit dem
Ferdinandi=, Barbara= und Annabau bewegte sich auf dem eisernen
Hut kiesiger Gänge und lieferte Brauneisensteine. Dieselben hielten
zwar nur 20 bis 30 % Fe, waren jedoch ihres Tonerde= und Kieselsäure=
gehaltes wegen zur Erzielung eines guten Ofenganges von Wichtigkeit.
Außerdem wurden hier Raseneisensteine (27 % Fe) gewonnen.

Die Schurfbaue am G r a f e n b e r g und im Ö n e t a l lieferten quarz=
reiche Späte mit 30 bis 40% Fe.

Die Schürfe auf der H o h e n N a s e im Lamitztal hatten wohl auch
ihre Ursache in dem eisernen Hut der Kiese des sogenannten „Loches".

Zauchengraben.

Im Zauchengraben, der bei Lengholtz in die Drau mündet, südlich
von Sachsenburg, ist mit drei Stollen ein lagerartiges Siderit=Eisen=
glimmervorkommen, sporadisch von Schwefelkies und Bleiglanz be=
gleitet und von schwärzlichem Kalkschiefer durchzogen, aufgeschlossen
gewesen. Die Lagerstätte streicht nach 10^h 9^0 und fällt mit einem
Winkel von 10^0 bis 15^0 nach SW. Sie wurde im Streichen 110 m, im
Fallen 80 m verfolgt. Ihre Mächtigkeit beträgt 1 bis 2 m, dieselbe nimmt
aber gegen die Teufe ab. Ihr Liegendes ist Chloritschiefer, ihr Hangen=
des Glimmerschiefer. Das Alter der sie einschließenden Erze läßt sich
derzeit nicht mit Sicherheit bestimmen. Die Erze wurden in Eisentratten
bei Gmünd noch in den Achtzigerjahren des vorigen Jahrhunderts ver=
schmolzen.

Laufenberg, Wullibühel bei Gummern.

Die im kristallinen Grundgebirge daselbst auftretenden Erze werden
auch bei Radenthein erwähnt.

L i t e r a t u r : 1. Die Eisenerze und ihre Verhüttung. Herausg. vom k. k. Acker=
bauministerium, Wien 1878, S. 113. — 2. R. C a n a v a l, Bemerkungen über einige klei=
nere Eisensteinvorkommen der Ostalpen, Mont. Rundschau, Bd. XXII, 1930, Heft 2 u. 3.

Umgebung der Saualpe.

Die weitere Umgebung der Saualpe besteht vornehmlich aus
Glimmerschiefern, die mit Quarziten, Kalken und Hornblende=
gesteinen — untergeordnet mit Eklogiten und Serpentinen — verfaltet
und zonenweise diaphthoritisiert sind. Sie werden von aplitischen und
pegmatitischen Adern durchdrungen und so teilweise in Injektions=
gneise (Mischgneise) umgewandelt. Nach einer Karte von H. B e c k
(Tafel I) zieht sich eine Zone besonders intensiver magmatischer Durch=
tränkung in nordwestlicher Richtung, also schräg zum allgemeinen
OSO—WNW=Streichen hin; sie bildet annähernd den Hauptkamm der
Saualpe. Naturgemäß ist die Grenze zwischen den injizierten und den
reinen Paragesteinen nirgends scharf ausgebildet, so daß man auch in
größerer Entfernung von den eigentlichen Injektionsgneisen noch mehr
oder minder mächtige, meist annähernd in der Schieferungsrichtung
liegende Pegmatitgänge antrifft. Solche Pegmatitkörper werden auch
durch den Bergbau, u. a. auf dem Hüttenberger Erzberg, angefahren.

Die kristallinischen Gesteine der Saualpe sowie ihrer weiteren Um=
gebung lassen schon auf der geologischen Karte eine äußerst komplizierte
Tektonik erkennen. Sie haben vor allem eine intensive Faltung mit=

gemacht, deren Großsättel und =mulden freilich nicht mehr erkennbar sind, da die=selben durch den starken Zu=sammenschub isoklinal zu=sammengepreßt und ausge=walzt wurden. Der allgemeine Verlauf der Gesteinszüge, namentlich der in zahlrei=chen Windungen angeordneten Kalklinsen, kennzeichnet diese „plastische" Tektonik aber aufs beste. Im kleinen sind wirre Verfaltungen an vie=len Stellen erhalten geblieben (Abb. 5 und 6).

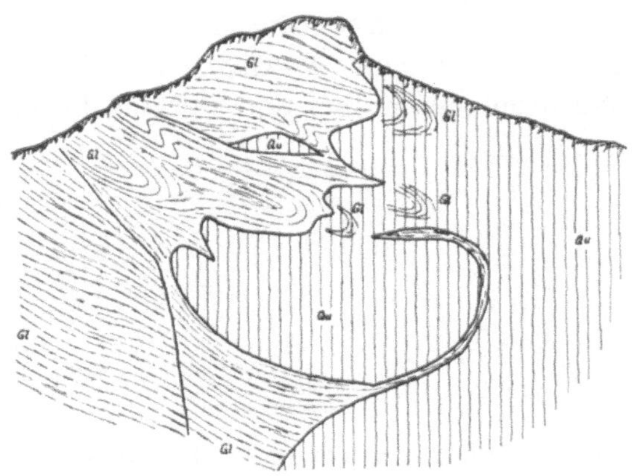

Abb. 5. Starke Verfaltung von Glimmerschiefer
(Gl) und Quarzit (Qu). Steinbruch beim Friedhof
von Hüttenberg. 1 : 100. (Nach H. Haberfelner.)

Im Stadium des Zusammenschubes wurden die gefalteten Ge=
steinsbänke durch Zerreißung der Faltenschenkel und Ausbildung
lidförmig divergierender und konvergierender Gleitflächen verschuppt
und in jene Linsenform gebracht, welche das geologische Karten=
bild beherrscht (Abb. 7).

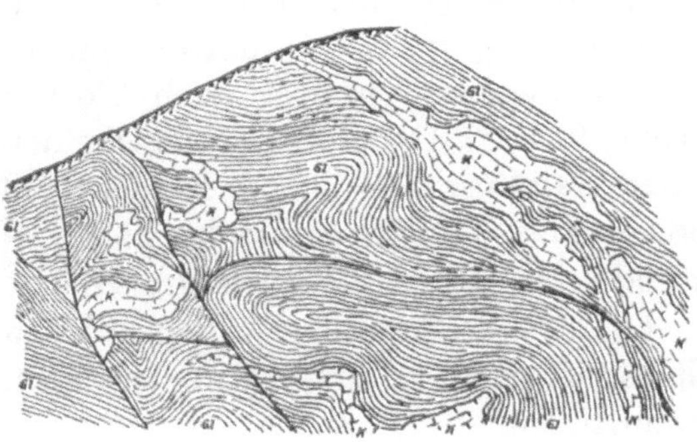

Abb. 6. Verfaltung von Kalk (K) und Glimmer=
schiefer (Gl). Profil an der Bahnstrecke, zirka
300 m nördlich von St. Stefan ob Friesach (Olsatal).
1 : 400. (Nach H. Haberfelner.)

Die Pegmatit= und Aplit=massen, welche die Schiefer=serie durchtränken, sind wohl im großen und ganzen wäh=rend der Faltung eingedrun=gen, welche ein Aufblättern der Schichten bewirkte und so das Vordringen des eruptiven Materials in der Richtung der Schichtfugen begünstigte. Die Zufuhr des magmatischen Ma=terials muß aber längere Zeit hindurch angedauert haben,
denn wir finden die Ganggesteine sowohl in mehr oder minder unver=
änderter als auch in verschieferter (vergneister) Form.

Eine jüngere tektonische Phase bewirkte die diaphthoritische Um=
wandlung der hochkristallinen Gneise und Glimmerschiefer in scheinbar
wenig metamorphe, chloritphyllitartige Gesteine. Die Diaphthorese

ergriff bald breitere Zonen (zum Beispiel südlich der Linie Hüttenberg—
Dobritsch nach H a b e r f e l n e r), bald schmale Lagen (Bewegungs⸗
flächen) innerhalb der hochkristallinen Serie.

Das jüngste tektonische Ereignis ist die Zerstückelung durch bruch⸗
artige Störungen, welche bereits fertige Erzlagerstätten abschneiden.
Naturgemäß ist über den Verlauf dieser Dislokationen nur dort Näheres
bekannt, wo der Bergbau die entsprechenden Auf⸗ schlüsse geschaffen hat. Mit den Brüchen und Überschiebungen des Hüttenberger Gebietes haben sich namentlich Q u i r i n g und H a b e r⸗ f e l n e r beschäftigt.

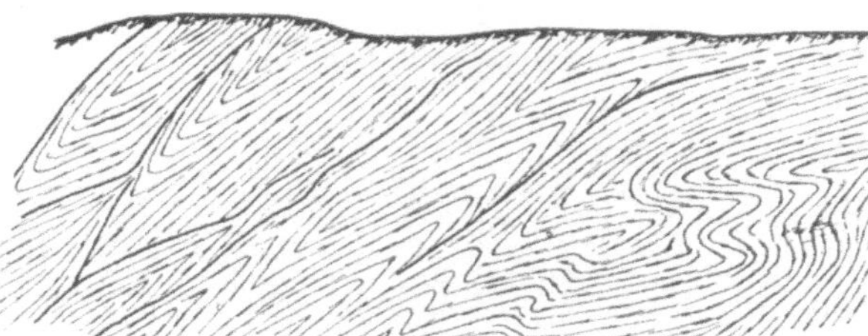

Abb. 7. Lidförmig verschuppte Glimmerschiefer. Beim
Mundloch des Löllinger Erbstollens (Hauptkalkzug).
1 : 200. (Nach H. Haberfelner.)

Der erzleere Höhen⸗ rücken der Saualpe schei⸗ det die Bergbaugebiete der Hüttenberger Umgebung sowie des Mett⸗
nitz⸗ und Gurktales im W von den beiderseits des Lavanttales gelegenen
Lagerstätten des O.

a) Hüttenberger Erzberg.

Die Erzlager des Hüttenberger Erzberges gehören dem zirka 2˙6 km
langen Hauptkalkzug an,[1] der bei Lölling beginnt und in nordwestlicher
Richtung über die Erzbergspitze (Knappenberg) hinweg nach Gossen
streicht, wo er sich gabelt und auskeilt (Taf. I). Die Gabeläste erscheinen
gegen N, also in die Richtung der Kalklinsen zwischen Zossen und
St. Martin am Silbersberg abgebogen. Das Verflächen erfolgt im allge⸗
meinen unter 50° nach S bis SW, und zwar fällt die Hangendgrenzfläche
steiler ein als die Liegendfläche. Die Mächtigkeit des Kalkes, die im
Niveau des Hüttenberger Erbstollens zwischen 500 und 300 m schwankt,
dürfte daher gegen die Teufe zu abnehmen.

Granatführende Glimmerschiefer bilden das Liegende und Han⸗
gende des Kalkzuges. Sie sind aber auch in Form von Keilen, die bei
einer streichenden Erstreckung von mehreren hundert Metern bis 100 m
Mächtigkeit erreichen können, dem Kalk eingelagert, der überdies

---

[1] Ein 60 m mächtiger Kalkzug im Hangenden des Hauptzuges führt südlich
vom Mundloch des Hüttenberger Erbstollens eine kleine Eisenlagerstätte (I g n a t z i-
g r ü b e l — P. 16 a der Karte), die vor Jahrzehnten abgebaut wurde. In unmittelbarer
Nähe des Hauptkalkzuges an der Kalk-Glimmerschiefergrenze tritt bei G o s s e n eine
kleine, wenig bekannte Limonitlinse auf (Rosa und Elsa, P. 15 der Karte, Taf. I).

Schollen und Gangtrümmer von häufig turmalinführendem Pegmatit enthält. Der Kalk ist bei grob= bis feinkristallinischer Struktur meist weiß oder grau gefärbt, gelegentlich aber auch gebändert, durch Eisen gelb gefärbt oder von zahlreichen Glimmerschüppchen (Biotit und Muskowit) durchwachsen. In seinen Liegendpartien wechsellagert er häufig mit schwachen, kaum 1 m mächtigen Glimmerschieferschichten, die allerdings in kompakte Glimmerschieferbänke übergehen können.

Störungen (Abb. 8). Der Kalkzug, der die einzelnen Lagerstätten von Siderit enthält, wird von zahlreichen Störungen betroffen, die, wie bereits erwähnt, namentlich von Quiring und Haberfelner studiert wurden. Quiring unterscheidet vorkristalline Glimmer= störungen und nach= kristalline Lettenstö= rungen. Erstere sind älter, letztere jünger als die Umprägung des Nebengesteins zum kri= stallinen Schiefer. Die Glimmerstörungen wer= den durch glimmer= reiche Lagen gekenn= zeichnet, in denen Qui= ring kristallin gewor= dene Lettenbestege sieht, welche bei den jüngeren Lettenstörun=

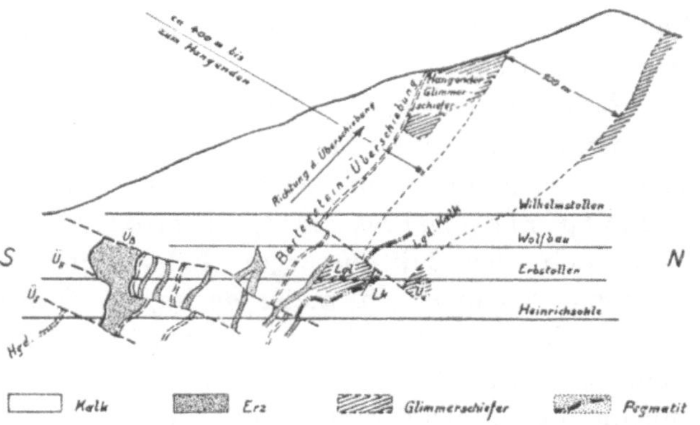

Abb. 8. Älterer und jüngerer Überschiebungstypus am Hüttenberger Erzberg. (Nach H. Quiring.)

gen mangels einer umwandelnden Metamorphose unverändert erhalten geblieben sind. Die Glimmerstörungen werden für älter, die Letten= störungen für jünger als die Lagerstättenbildung angesehen.

Es kann keinem Zweifel unterliegen, daß die Glimmerbeläge der Quiringschen Glimmerstörungen (im allgemeinen Glimmer über= schiebungen) ihre Entstehung tatsächlich tektonischen Vorgängen verdanken; doch glaubt Haberfelner im Gegensatz zu Quiring, wenigstens die mächtigen Glimmerschieferkeile im Kalk nicht als ver= änderte Bestege, sondern als Fetzen von echtem Glimmerschiefer ansehen zu müssen, welche gelegentlich der Verschuppung tektonisch zwischen die Kalkkörper gezwängt wurden. Die Existenz einer von Quiring angenommenen gewaltigen Glimmerüberschiebung zwischen dem westlichen Graitbau= und dem Bartensteinlager („Bartensteinüber= schiebung") wird von Haberfelner geleugnet.

Wesentlich wichtiger sind die Störungen mit lettiger Ausfüllung. Die südfallenden Lettenüberschiebungen weichen nach den Beobach=

tungen in der Grube nur wenig vom Streichen und Fallen der Kalke ab. Sie reißen zuweilen alte Glimmerüberschiebungen wieder auf. Ihre Schub= weiten dürften, abgesehen vom Löllinger Revier (Q u i r i n g), gering sein. Die nordfallenden Lettenüberschiebungen streichen im Mittel nach 20^h bei einem stark variierenden Fallwinkel von durchschnittlich 35° und einer Schubweite von 10 bis 25 m. Im unteren Revier des Knappen= berges sind bis jetzt sechs nordfallende Lettenüberschiebungen bekannt, welche die Erze abschneiden. Ihre Altersbeziehung zu den südfallenden Lettenüberschiebungen ist nicht geklärt.

Die Verwerfungen mit lettiger Ausfüllungsmasse ordnen sich nach Q u i r i n g in zwei Systemen an, einem NNW—SSO=System (kurz Nordsprünge genannt) und einem SW—NO=System (Nordostsprünge). Daneben gibt es auch Horizontalverschiebungen, welche diesen Sprüngen parallel laufen.

Zum System der Nordsprünge gehört der Obergossener Sprung, der den erzführenden Hauptkalkzug im W abschneidet und seine west= liche Fortsetzung um etwa 400 m nach N verwirft (Sprunghöhe nach Q u i r i n g 260 bis 280 m). Er streicht, vom Plankogel kommend, am Mundloch des Hüttenberger Erbstollens vorbei nach Obergossen. Parallele Sprünge mit meist geringerer Verwurfshöhe werden in der Grube vielfach angefahren, so zwischen dem Weißerzliegendlager und dem Bartensteinlager (Verwurfshöhe 15 m). Obertags fällt der N—S= Sprung des Steirergrabens und des Görtschitztales auf, dessen west= liches Trumm abgesunken ist, wodurch die Kalkzüge eine Horizontal= verschiebung von 400 m erleiden. Ein Parallelsprung dürfte nach H a b e r f e l n e r vom Zossener Kogel, am Zedlitzer vorbei, gegen Lichtenegg und Obersemlach streichen.

Die Nordostsprünge fallen meist steil nach SO ein. Sie sind zum Teil älter als die nordfallenden Lettenüberschiebungen (Q u i r i n g). Ihre Verwurfshöhe ist gering. Als wichtig wäre der Stoffener Sprung hervorzuheben, der den Ostteil des Hauptlagers ins Liegende verwirft (Horizontalverschiebung obertags 100 m, daraus Sprunghöhe etwa 120 m). An den Stoffener Sprung schließt sich im O ein Bündel gleich= gerichteter Störungen, dann eine fast 400 m lange, auffallend wenig gestörte Partie. Im östlich gelegenen Löllinger Revier spielen die Nord= ostsprünge wieder eine große Rolle. Die Zersplitterung des Hauptkalk= zuges südlich des Löllinger Erbstollens dürfte auf ein System derartiger Sprünge zurückzuführen sein.

E r z f ü h r u n g. Der Hüttenberger Hauptkalkzug enthält nach den bisher erzielten Aufschlüssen innerhalb einer 1880 m langen, durch= schnittlich 250 m breiten und 325 m hohen Vererzungszone 24 Lager= stätten (H a b e r f e l n e r), deren Streichen annähernd mit dem Streichen

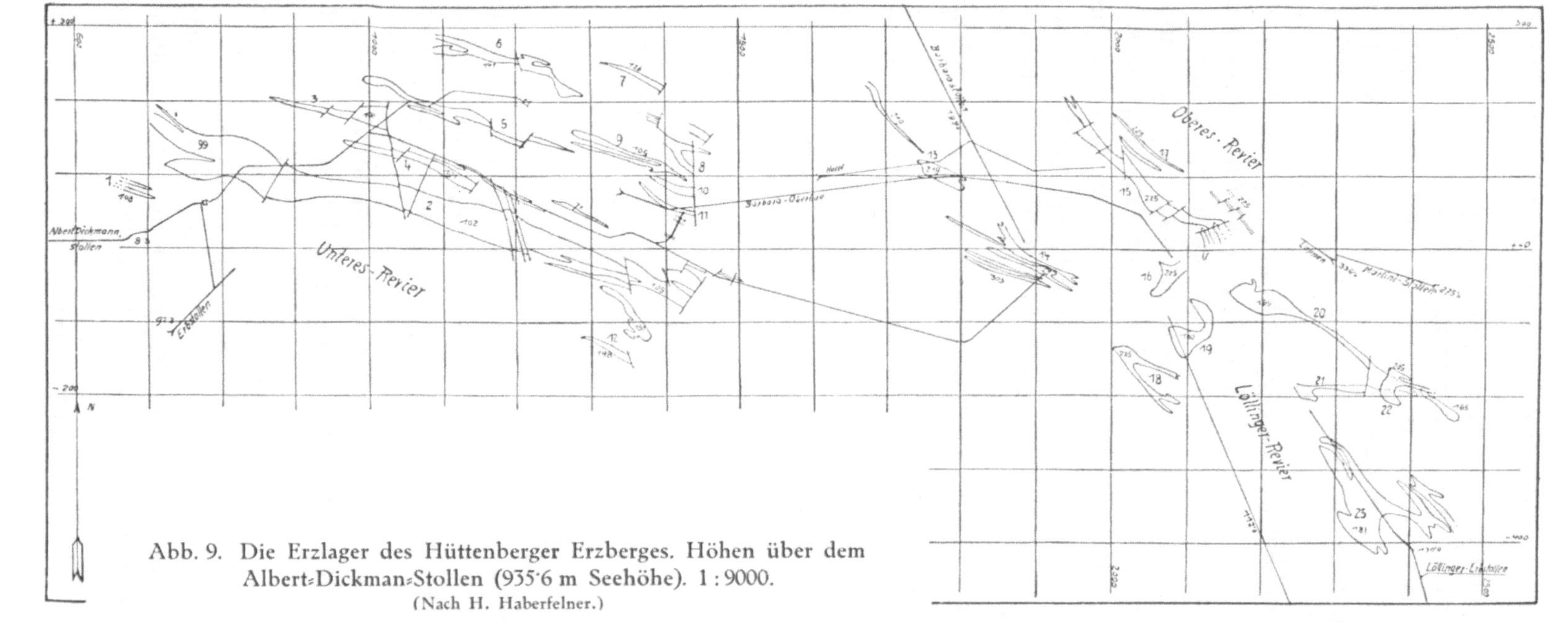

Abb. 9. Die Erzlager des Hüttenberger Erzberges. Höhen über dem Albert-Dickman-Stollen (935·6 m Seehöhe). 1 : 9000.
(Nach H. Haberfelner.)

1 Bärenbaulager	7 Punkt-Achterlager
2 Hauptlager	8 Weißerzliegendlager (Liegendlinse)
3 Westliches Graitbaulager	9 Weißerzliegendlager (Mittellinse 2)
4 Östliches Graitbaulager	10 Weißerzliegendlager (Mittellinse 1)
5 Bartensteinlager	11 Weißerzliegendlager (Hangendlinse 1 und 2)
6 Margaretenbaulager	12 Hangender Erzstreifen im Wilhelmstollen
13 Sechstellager	19 Schachthangendlager
14 Kniechtelager	20 Schachtliegend- oder Hauptlager
15 Ackerbauliegendlager	21 Schachtquerlager
16 Ackerbaumittellager	22 Pauluslager
17 Großattichlager	23 Xaverilager
18 Abendschlaglager	

des Nebengesteins übereinstimmt. Das Einfallen folgt bei zahlreichen Unregelmäßigkeiten im einzelnen im großen und ganzen gleichfalls dem Nebengestein (Abb. 9).

Wir unterscheiden im NW das Untere Knappenberger Revier, in der Mitte das Obere Knappenberger Revier und im SO das Löllinger Revier.

Unteres Knappenberger Revier. Dem unteren Knappen= berger Revier gehören folgende Lagerstätten an (vom Hangenden zum Liegenden):

Das Hauptlager mit seinen Hangend= und Liegendgefährten, das östliche und westliche Graitbaulager, letzteres mit einem Hangend= streifen, das Bartensteinlager mit seinem Liegendstreifen, das Weißerz=

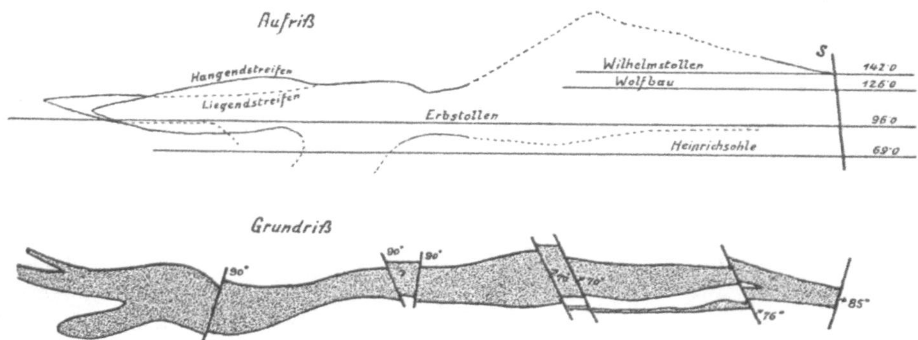

Abb. 10. Das Hauptlager des Hüttenberger Erzberges. (Nach H. Haberfelner.)

liegendlager (fünf Linsen), das Margaretenbaulager und das Punkt= Achterlager.

Das Hauptlager (auch Wilhelm= und Glücklager genannt)[1] besitzt eine streichende Ausdehnung von 800 m, eine Mächtigkeit bis zu 60 m und eine saigere Höhe von 130 m (Abb. 10). Unterhalb des Hütten= berger Erbstollens verschmälert es sich plötzlich stielartig. Im W gabelt es sich in zwei Äste, von denen sich der Liegendast abermals teilt und bis zur Heinrichsohle niedersetzt. Im O wird das Hauptlager durch den Stoffener Sprung begrenzt (Abb. 10).

Die Hangend= und Liegendgefährten werden bis 2 m mächtig. Sie entspringen zum Teil dem Hauptlager, zum Teil sind sie von ihm unabhängig. Das Einfallen des Hauptlagers stimmt mit jenem des Kalkes fast überall überein; die Grenzfläche zwischen beiden pflegt scharf zu sein, nur hie und da bilden eisenschüssige Kalke, Ankerit, Mott (eine erdige, aus zersetztem, eisen= und mangangetränktem Kalk bestehende Masse) oder Lettenbestege eine schmale Übergangszone.

---

[1] Die Beschreibung der Lager schließt sich der Darstellung Haberfelners an.

Das Erz ist meist mittel≈, selten feinkristallinisch und fast überall durch Einschaltungen schwacher Lettenschnüre gebankt; in der Heinrichsohle zeigt es paralleldrusige Struktur. Taube Mittel bestehen meist aus zer≈drücktem, verschiefertem Kalk, seltener aus Glimmerschiefer oder unregelmäßigen Putzen von stark zersetztem Pegmatit. Feinverteilter Pyrit findet sich namentlich in den hangenden Partien, Nester von Baryt in den liegenden Teilen. Eine jüngere Barytgeneration besiedelt die jungen Sprünge.

Das bis 8 m mächtige östliche Graitbaulager wird vom Hauptlager durch ein keilförmiges Kalkmittel getrennt. Es reicht nur wenig über die Erbstollensohle; die tiefere Heinrichsohle erreicht es nur im O, im W keilt es ober ihr aus. Die Grenze gegen den Kalk verläuft teilweise unregelmäßig, entsprechend der metasomatischen Verdrängung des Kalkes.

Die Erze sind meist grob≈ und mittelkristallinisch. Mott und taube Einlagerungen fehlen. Verunreinigungen durch Pyrit und Baryt wie beim Hauptlager, nur bildet letzterer hier gelegentlich auch dünne Schnüre, die mit ebensolchen Erzschnüren wechsellagern.

Im Liegenden folgt das westliche Graitbaulager, das eine etwa 250 m lange, maximal 10 m mächtige Linse bildet, die oberhalb des Hüttenberger Erbstollens vorwiegend nach SW einfällt, sich auf der Heinrichsohle aber saiger stellt. Die Erz≈Kalkgrenze ist teils kon≈kordant mit Lettenbestegen, teils diskordant ohne solche.

Das Erz ist teils mittel≈, teils feinkristallin, gelegentlich durch Pyrit, am Ostende durch Baryt verunreinigt. Überdies kommen kleine Kalk≈brocken als Relikte in der Erzmasse vor.

Das 20 bis 25 m im Liegenden des Graitbaulagers aufsetzende Bartensteinlager ähnelt ersterem hinsichtlich seiner langgestreck≈ten Linsenform. Es zieht nicht viel über die Erbstollensohle, in deren Niveau es 300 m streichende Länge besitzt, während dieselbe im tieferen Heinrichshorizont auf 400 m steigt. Mittlere Mächtigkeit 10 m. Das Einfallen ist in den höheren Horizonten flacher (30 bis 45°) als in den tieferen (55 bis 65°). Knapp unterhalb des Bartensteinlagers beginnt die bereits erwähnte Wechsellagerung von Glimmerschiefer und Kalk.

Die Limonitisierung der Siderite des Bartensteinlagers reicht bis unter das Niveau der Heinrichsohle hinab. Die unveränderten Erze sind mittel≈ bis feinkristallinisch bei zuweilen paralleldrusiger Struktur. Verunreinigungen sind selten.

Östlich des Bartensteinlagers treten die fünf meist kurzen Linsen des Weißerzliegendlagers auf, die durch sehr unregelmäßiges Einfallen ausgezeichnet sind. Die streichende Länge der kurzen Lager schwankt zwischen 60 und 100 m, die der längeren übersteigt 180 m. Die

Mächtigkeit liegt zwischen 3 und 13 m, schwillt aber in der Liegendlinse nach Vereinigung einiger Gabeläste auf 35 m an. Gegen die Teufe erreicht nur eine Linse den Horizont der Heinrichsohle.

Die Erze sind wenig limonitisiert, meist grobspätig und gegen den Kalk scharf abgegrenzt, abgesehen vom Liegenden, wo sie den Kalk gangartig durchschwärmen. Zwischen den Gabelästen findet sich Roh= wand und Mott. An Begleitmineralien tritt fein eingesprengter Pyrit und vereinzelt Baryt auf.

Das Margaretenbaulager (auch Liegendlager in den Wölfen genannt) besteht größtenteils aus Limonit, nur in den untersten Partien aus Siderit. Es befindet sich 30 m querschlägig im Liegenden des Barten= steinlagers und keilt gegen die Teufe noch oberhalb des Erbstollens aus. Die streichende Länge beträgt etwa 200 m, die Mächtigkeit maximal 30 m. An Begleitmineralien erwähnt Seeland Löllingit mit seinen Zer= setzungsprodukten, gediegen Wismut, Nickelkiese und Pyrit. Das Lie= gende des Lagers bilden im W Glimmerschieferbänke, welche mit Kalk= bänken wechsellagern, im O schiebt sich eine Liegendkalkmasse zwischen Erz und Glimmerschiefer.

In dieser Liegendkalkmasse, von ihr allerdings durch Glimmer= schieferlagen getrennt, liegt östlich des Margaretenbaulagers das Punkt=Achterlager, das in den oberen Horizonten aus Limonit, in den tieferen aus mittel= bis feinkristallinischem, ziemlich reinem Siderit besteht. Kalkeinschlüsse fehlen, Pyrit ist selten. Im Liegenden etwas Ankerit und Mott. Das Lager, welches sich im W gabelt und auskeilt, im O durch einen Sprung ins Liegende verworfen wird, besitzt 43 m über der Erbstollensohle eine streichende Länge von 150 m bei 3 m Mächtigkeit, 36 m tiefer eine Länge von 70 m bei 10 m Mächtigkeit. Noch ober dem Erbstollen wird es durch eine nordfallende Über= schiebung abgeschnitten.

Oberes Knappenberger Revier. Die Erze des Oberen Knappenberger Reviers wurden auf der Westseite des Erzberges durch den Friedenbau=, Fleischer=, Hasel= und Kniechtestollen, in der Richtung gegen Heft durch den Anton=, Andreaskreuz=, Seeland= und Barbara= stollen gefördert. Das Revier umfaßt vom Hangenden zum Liegenden folgende Lagerstätten:

Das Kniechtelager (zum Teil Probstengrüblerlager), das Ivo= lager, das Sechstellager, das Fleischerstollen=Hangend= lager (zum Teil Sonnlager), das Abendschlag=Hangend= lager, das Abendschlag=Liegendlager, das Ackerbau= Hangend=, =Mittel= und =Liegendlager, das Großattich= lager. Einem Liegendkalkstreifen gehört das Andreaskreuz=

Liegend= und Glasbaulager an. Zum oberen Revier zählen schließlich noch die Lagerstätten am F u c h s b a u westlich des Frieden= baustollens und im Liegenden desselben jene im Bereiche des Schmied= bau= und Pfefferstollens.

Die Grubenbaue des oberen Reviers sind großenteils aufgelassen, weshalb die Feststellung der Form und des Zusammenhanges der ein= zelnen Erzlager schwierig ist. Die Vererzungszone besitzt eine Länge von 600 m, eine Mächtigkeit von 250 m und eine Höhe von 200 m; sie liegt im Hauptkalkzug, in den von oben her Glimmerschieferkeile ein= greifen. Die einzelnen Erzlinsen schwanken hinsichtlich ihrer Länge zwischen 80 und 300 m, hinsichtlich ihrer Mächtigkeit zwischen 1 und 35 m und fallen generell gegen SW ein. Die Formen derselben sind sehr unregelmäßig; noch grö= ßere Komplikationen tre= ten durch postsideritische Störungen ein. Nur die liegenden Kalkschichten, welche durch den 800 m langen Barbarastollen durchfahren werden, zei= gen einfachere Verhält= nisse.

Unter den Lager= stätten des oberen Re= viers ist das K n i e c h t e = l a g e r insofern bemer= kenswert, als es nicht im Kalk, sondern in einem

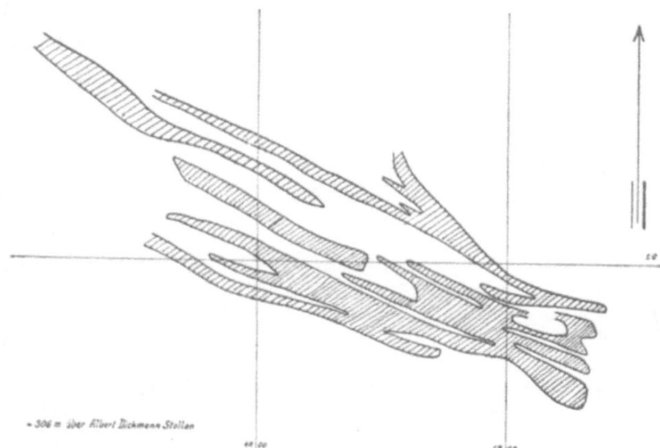

Abb. 11. Kniechtelager. Oberes Revier des Hüttenberger Erzberges. (Nach H. Haberfelner.)

100 m mächtigen Glimmerschieferkeil aufsetzt, und weil es aus sieben, meist nur 1 m mächtigen parallelen Erzstreifen besteht (Abb. 11). Seine Gesamtlänge beträgt etwa 350 m. Es scheint, ähnlich wie das Sonnlager, zu Tage ausgegangen zu sein. Das A c k e r b a u = L i e g e n d l a g e r zeichnet sich durch mittelsteiles (50 bis 60°) Verflächen in den oberen Horizonten, durch saigere Stellung in den tieferen Horizonten mit aber= maligem Übergang in mittelsteiles Verflächen und durch seine 200 m lange Erstreckung in der Fallrichtung aus.

Die Erze des oberen Reviers bestehen durchwegs aus Limoniten, die zum Teil durch Quarz und Glimmer verunreinigt waren. Besonders begehrt waren die dunklen Blauerze gegenüber den manganärmeren, aber eisenreicheren lichtbraunen Erzen. Am Ausgehenden fand häufig ein Übergang in Rohwand statt. Manche Partien der Lager wurden durch ihre Mott= und Barytführung unbauwürdig.

L ö l l i n g e r   R e v i e r. Zum Löllinger Revier gehören folgende
Lagerstätten (vom Hangenden zum Liegenden):

Das hangende und liegende A b e n d s c h l a g l a g e r, das hangende
und liegende X a v e r i l a g e r, das hangende und liegende S c h a c h tl a g e r, das S c h a c h t q u e r l a g e r, das P a u l u s l a g e r, das H a ng e n d,   M i t t e l   und   L i e g e n dA c k e r b a u l a g e r   und   das
G r o ß a t t i c h l a g e r.   Das   A b e n d s c h l a g   und   A c k e r b a ul a g e r tritt schon im oberen Revier auf, aus dem es ins Löllinger Revier
niedersetzt.

Die erzführende Zone ist fast 700 m lang, 200 bis 250 m mächtig
und rund 150 m hoch. Das Streichen verläuft im westlichen und mittleren Teile nach 20 bis 21^h 7^0, im östlichen nach 23 bis 24^h. Die Lager
liegen durchwegs im Kalk, dem
Einfaltungen von Glimmerschiefer fehlen.

Da die Grubenbaue des Löllinger Reviers seit der Jahrhundertwende verlassen sind und
erst in jüngster Zeit die drei
Ackerbaulager wieder durchfahren wurden, ist man bezüglich
der Form der einzelnen Lager auf
ältere Grubenkarten angewiesen.
Diese Formen waren durch Verzweigungen und Auslappungen,

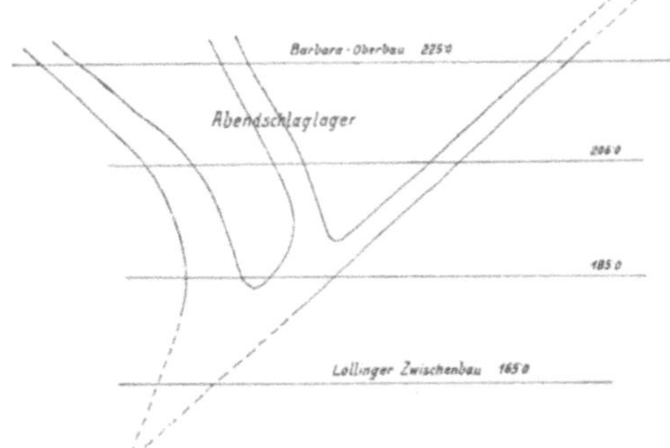

Abb. 12. Abendschlaglager in Lölling. 1 : 2000.
(Nach H. Haberfelner.)

aber auch durch Überkippungen und andere Störungen außerordentlich
kompliziert (A b e n d s c h l a g l a g e r, Abb. 12, mit zwei widersinnigen
und einem rechtssinnigen Ast). Im Zusammenhang mit diesen Unregelmäßigkeiten schwillt die Mächtigkeit zuweilen bedeutend an. So war
zum Beispiel das G r o ß a t t i c h l a g e r im oberen Revier 2 bis 4 m,
im Löllinger Erbstollen aber 45 m mächtig. Das X a v e r i l a g e r erreichte im Georgstollen sogar eine Mächtigkeit von 57 m.

Die oberen Horizonte enthalten Limonite mit der Struktur grobspätiger Siderite oder drusiger Glasköpfe; unterhalb des Löllinger Erbstollens beginnen Siderite vorzuherrschen. Verunreinigungen und Begleitmineralien wie im oberen Revier.

Ganz unabhängig von den Sideriten sind die Manganerze der Umgebung von Hüttenberg. Bei Obersemlach liegen zwei alte Schurfstollen,
welche einem Streifen Rhodonit mit Glimmerschiefern im Liegenden
und Kalken im Hangenden nachgegangen sind. Es sind Mangansilikatlager mit Manganoxyden im eisernen Hut derselben, wie sie aus der
Bukowina (Arschitza) und von Siebenbürgen bekannt sind, wie sie aber

auch in den Phylliten der Alpen häufig auftreten. Auch in den hangend=
sten Kalken des Hüttenberger Erzberges treten sie nach S e e l a n d auf;
ebenso erwähnt sie Z e p h a r o v i c h in einem Hornblendegestein von
Loben bei St. Leonhard. Auf sekundärer Lagerstätte liegen sie als
grobe Gerölle in der Moräne bei Waitschach.

Die Spateisensteinlagerstätten der Brettsteinzüge Kärntens be=
stehen in erster Linie aus Siderit und Ankerit. Größere Mengen von
Eisenglanz sind in den oberen Teufen bei St. Martin am Silbersberg,
Waldenstein usw., gefunden worden. Der Hämatit kommt auch als
Eisenglimmer an vielen anderen Punkten sporadisch im Siderit vor.

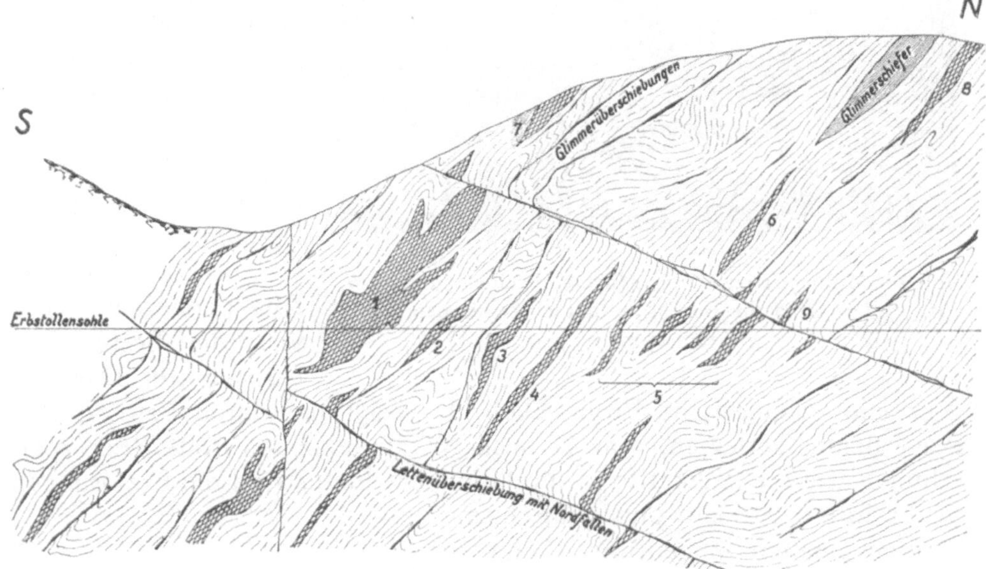

Abb. 13. Schematisches Profil durch die erzführende Kalkzone des Unteren Knappenberger
Reviers. 1 : 4000.

In Waldenstein findet sich auch Magnetit. Mehrere Barytgenerationen
durchsetzen das Erz. Fast auf allen Lagerstätten trifft man, ähnlich wie
in Ober=Zeiring, kleine Gangtrümmer von Sulfiden, die von Quarz,
Karbonaten und Baryt begleitet sind. Dazu gehört in erster Linie Pyrit,
der sowohl primär als auch sekundär das Erz imprägniert, Arsenkies
(Knappenberg, St. Bartholomä, St. Martin am Silbersberg), Löllingit,
Chloantit, Weißnickelkies, Ullmanit, Bleiglanz und Zinkblende (Knappen=
berg, Felixbau, Wölch [silberhaltig]), Kupferkies (Knappenberg, Olsa
usw.), Antimonit (Loben, Wölch, Olsa), Jamesonit (Schottenaugraben
in der Mosinz P. 19, Taf. I), Bournonit (Knappenberg, Maria=Waitschach,
Obergossen, Olsa, Wölch), Fahlerz (Greiningstollen am Minnach=

berg bei Friesach), Korynit (Greiningstollen). Selbstverständlich
sind auch alle Hutmineralien dieser Erze bekannt geworden (Limonit,
Goethit, Wismutocker, Realgar, Cerussit, Anglesit, Linarit usw.). Nicht
unerwähnt sollen, als besondere Seltenheit in den Alpen, kleine Täfelchen
von Kalkuranit auf Skorodit bleiben, die Seeland als sekun=
däre Mineralien in einer Löllingitdruse aus dem oberen Re=
vier des Knappen= berges erwähnt.

Zur Genese des Hüttenber= ger Erzberges.
Wenn wir die Entste= hung des Kärntner Erzberges verfolgen,
so liefert uns das Knappenberger Re= vier die besten An=
haltspunkte. Das bei=

Abb. 14. Millimeterstarke Lagergänge von gelbem in grauem
Spat, jeder Gang in der Mitte mit einer dünnen Lage
von Baryt.

gegebene schematische Profil (Abb. 13) zeigt die durch Faltung und
Auswalzung zerlegten, von O nach W streichenden Kalk=Erzkörper.
Ähnlich wie die Pegmatite in die Glimmerschiefer sind die Erzlösungen
in die in der Streich= und Fallrichtung ge=
legenen Spalten eingedrungen und haben
sie mit Siderit erfüllt. Nach der Bildung
der Erze erfolgte infolge der noch nicht
zur Ruhe gekommenen Bewegung ein
abermaliges Aufreißen der Klüfte und eine
jüngere Erzfüllung, wobei teils Bändererze
(Abb. 14), teils mit Erz verkittete Breccien
erzeugt wurden (Abb. 15, 16). Quer=
laufende jüngste Bruchspalten werden mit
Siderit und einer Reihe von Sulfiden
(Kupferkies, Arsenkies usw.) erfüllt. Oft
ist es schwer zu bestimmen, welcher Gene=
ration die jüngeren Spaltenausfüllungen
angehören (Abb. 17).

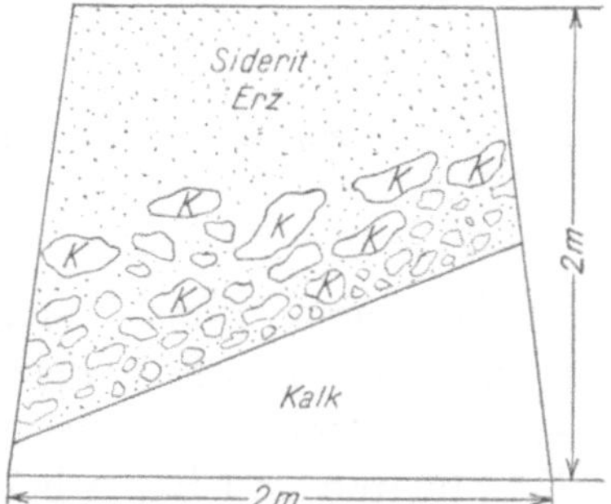

Abb. 15. Ortsbild: Obere Wolf=
bausohle. Zweiter Liegendstreifen
des Hauptlagers. Kalkbrocken im
Siderit.

Nicht nur im Kalk, sondern auch im Glimmerschiefer sehen wir
teils Lagergänge, teils quer dazu verlaufende Spaltenausfüllungen.

Wichtigste neuere Literatur: 1. H. Haberfelner, Die Eisenerz-
lagerstätten im Zuge Lölling—Hüttenberg—Friesach in Kärnten, Berg- u. hüttenm.
Jahrb., Bd. 76, Heft 3, 1928. — 2. H. Quiring, Über Glimmerklüfte, Lettenklüfte,
Schichtung und Schieferung am Südabfall der Niederen Tauern, Zeitschr. d. deutsch.
geol. Ges., Bd. 77, 1925. — 3. H. Quiring, Zur Tektonik des Kärntner Erzberges,
Zeitschr. f. prakt. Geol., Bd. 37, Heft 10 u. 11, 1929.

Zossen bis St. Martin am Silbersberg und die östliche Schiefererzgruppe Preßneralpe—Hohenwart—Löllingerberg.[1]

Die Lagerstätten liegen entweder im Kalk oder im Glimmerschiefer;
es sind kleine, Siderit und Limonit enthaltende Linsen, die in der Regel
das Streichen und Fallen
des Nebengesteins haben.
Die in der beiliegenden
Karte mit Nummern be=
zeichneten Vorkommen
sind unter dem Namen der
verliehenen Grubenfelder
beschrieben (Taf. I).

11. Wolfbau. In
einer nach N streichenden,
mit 15° bis 30° einfallenden
Kalklinse tritt eine Braun=
eisenerzlagerstätte auf, die
mit dem Kalk gleichsinnig
streicht und fällt. Die
Linse hat eine streichende
Länge von fast 300 m und
war durch zwei 200 m von=
einander entfernt liegende

Abb. 16. Haselnußgroße graue Kalkkörner, von einer
weißen Kalkrinde umflossen, im Siderit.
(Detailphotographie eines Stückes aus dem Ortsbild, Abb. 15.)

Stollen in einer Seehöhe von zirka 1200 m aufgeschlossen. Der Braun=
eisenstein von einer Halde enthält 41·6% Fe und 4% Mn.

12. Johann=Georg und Bartholomäus. Nördlich von Zossen
sind kleine, flach liegende, nach N streichende Kalklinsen erzführend.
Auf das in der südlichen Kalklinse in 1050 m Seehöhe auftretende
Brauneisenstein=Sideritlager erfolgte die Verleihung von zwei Gruben=
feldern namens Johann=Georg und Bartholomäus. Nach den Angaben der
alten Verleihungsurkunden erreichte der Aufschlußstollen die Erze bei
158 m. Sie streichen nach 20[h] und fallen flach nach W ein. Die größte
Mächtigkeit soll 16 m, die streichende Länge 150 m betragen haben.
Brauneisensteine von der Halde enthalten 42% bis 43% Fe und 4·2% Mn.

---

[1] Größtenteils nach H. Haberfelner, Die Eisenerzlagerstätten im Zuge Lölling—
Hüttenberg—Friesach, l. c., S. 112, und nach schriftlichen Mitteilungen desselben Autors.

13 a. J o n s e n. Die Lagerstätte des Grubenfeldes Jonsen tritt 200 m westlich von der Hochofenanlage Heft in einem kleinen, nach 20[h] strei= chenden und mit 35° nach S fallenden Kalkstreifen auf. Sie ist durch die alten Baue in einer streichenden Länge von etwas mehr als 100 m mit einer maximalen Mächtigkeit von 4 m aufgeschlossen. Der Ausbiß in nächster Nähe des Jonsenstadels (910 m Seehöhe) zeigt Brauneisen= stein mit 39·5% Fe und 3·7% Mn. Westlich von dieser Stelle befinden sich noch mehrere Ausbisse, die entweder Brauneisenstein oder Ankerit führen. Oberhalb der alten Schule von Heft führt ein kleiner Einbau senkrecht zum Streichen in die Lagerstätte.

13. F e r d i n a n d b a u. 350 m nördlich von der Jonsenlinse streicht in einer zirka 150 m mächtigen Kalkbank eine zweite, ähnliche Braun=

Abb. 17. Sideritgänge mit reicher Drusenbildung im Kalk. Strecke zum Schachthangendlager im Löllinger Mittelbau. 1 : 100.

eisensteinlinse nach 18·5[h] bis 19[h] und fällt mit 50° bis 60° nach SW. Sie soll 7 m mächtig und durch zwei kleine, teilweise versetzte Stollen (980 m Seehöhe) auf eine Länge von 65 m aufgeschlossen worden sein. Dicht unter der benachbarten Franzlkeusche befinden sich kaum mehr kennt= liche Halden eines Tagbaues auf eine zweite Erzlinse. Eine Erzstufe aus dem Schurfstollen ergab 36·3% Fe und 3·2% Mn.

14 a. F e l i x. Die Lagerstätte wurde durch einen 86 m langen, der= zeit verbrochenen Stollen (860 m Seehöhe) in der Waldparzelle 282/7 der Gemeinde Hüttenberg aufgeschlossen. Sie streicht nach 19[h] bis 20[h], an= scheinend im Kalk, welcher in zahlreichen Stücken auf der Halde liegt, aber übertags nicht sichtbar ist. Ihre Mächtigkeit beträgt 24 m, das Ein= fallen ist unbekannt. Der Spateisenstein enthält 32·8% Fe, 3·16% Mn und 0·13% S. Handstücke aus dem Pingenzug enthalten Zinkblende, Blei= glanz und Bournonit. Diese Lagerstätte ist die günstigst gelegene des Zossener Gebietes und kann infolge des steilen Hanges unter dem Felixstollen in einer tieferen Sohle leicht aufgeschlossen werden.

14. C ä c i l i a. 300 m nordöstlich vom Felixstollen liegt der stollen= mäßige Aufschluß des Cäciliengrubenfeldes in 1000 m Seehöhe. Ein im

Glimmerschiefer getriebener Stollen führt nach 12 m Länge in die aus Brauneisen= und Spateisenstein bestehende Lagerstätte, die nach 21[h] streicht, mit 40° bis 50° nach NO einfällt und eine Mächtigkeit bis 0'5 m aufweist. Sie ist ein Erz=gang, der eine Störungskluft im Schiefer mit Erz ausgefüllt hat (Abb. 18).

In einem Hohlweg zum Zedlitzer finden sich Lesesteine von Erzbreccien, bestehend aus serizitischem Glimmerschiefer und Kalkbrocken mit einem sideritischen Bindemittel. Die häufigen Lesesteine stammen wohl aus einer Grube zwischen Cäcilia und Felix und sind zweifellos junge Gangausfüllungen wie bei Cäcilia (Abb. 19).

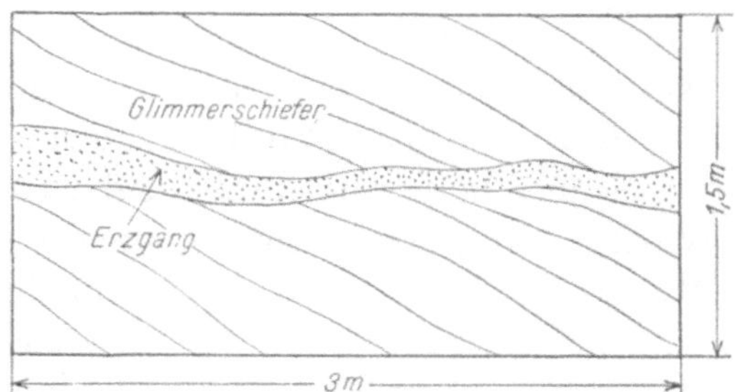

Abb. 18. Erzgang im Cäciliengrubenfeld.

29. R a u s c h e r. Kleine, im Glimmerschiefer liegende Erzvorkom=men treten im Gießgraben auf, der oberhalb Heft in den Mosinzbach mündet. Eine dieser Linsen ist durch einen kurzen Stollen 250 m oberhalb der Bonazkeusche in 990 m See=höhe aufgeschlossen. Die Erze, Spat= und Brauneisen=stein, streichen nach 21[h] und fallen mit 90° nach N ein. Ein dem gleichen Vorkom=men angehörender Ausbiß liegt in 1020 m Seehöhe, fast schon auf dem Rücken, der zwischen Gießgraben und seinem kleinen Seitengraben bis zum Jackelbauer auf=zieht. Die streichende Länge der bis 1 m mächtigen Linse ergibt sich hieraus mit we=nigstens 150 m. 600 m ober der Bonazkeusche wurde ein Schurfstollen im Glim=

Abb. 19. Ausfüllung einer Störungskluft im Cäcilien=grubenfeld beim Zedlitzer (Kalk= und Schieferbrocken, verkittet durch Siderit).

merschiefer angelegt, der zwei Erzstreifen durchfuhr, bis 105 m vor=getrieben wurde, ohne die nach 75 m zu erwartende Erzlinse erreicht zu haben.

30. O l g a. Kleine Sideritlinsen decken das fremde Grubenfeld Olga.

31. H e f t e r B e r g b a u. 150 m bachaufwärts tritt in 1030 m Seehöhe eine zweite, grobblätterigen Spateisenstein führende Erzlinse im Bach=bett des Gießgrabens auf. Die im Glimmerschiefer aufsetzenden Erze streichen nach 22[h], fallen unter 40[o] nach NO ein und sind 3 m mächtig. Am linken Grabenhang liegt ein alter verbrochener Einbau.

9., 10. R ö m e r s t o l l e n. Nördlich von St. Bartholomä streichen in Nord= und Südrichtung bis in die Gegend von St. Martin im Glimmer=schiefer aufsetzende Sideritgänge, welche göldische Arsenkiese führen. Mehrere Pingenzüge und Stollenhalden geben hiervon Zeugnis. Nach C a n a v a l wurde hier im 16. Jahr=hundert goldführender Arsenkies in den oberen Partien der Sideritgänge abgebaut. Der längste (300 m) Stollen in diesem Pingenfeld war der soge=nannte Römerstollen, der sich ober=halb des Gehöftes Schachner in 1230 m Seehöhe befindet. Er wurde im Jahre 1924 bis 60 m gewältigt und durchfuhr mehrere Arsenkies führende Spat=eisensteinschnüre.

9 a. St. M a r t i n a m S i l b e r s=b e r g. Im Tauserbachgraben nörd=lich von St. Martin setzt im Injek=tionsgneis ein von Lettenklüften be=grenzter Sideritstock auf, dessen obere Partie überwiegend aus Eisenglanz und Pyrit besteht. Der Eisenglanz ist entweder grobblätterig und rein oder feinblätterig mit Einsprengungen von Siderit und Pyrit.

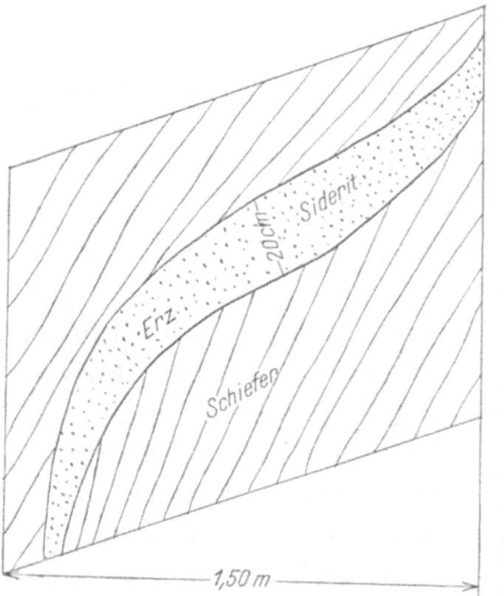

Abb. 20. Ulmenbild im Gesenke, ober=halb der Wieterlinghütte.

18. bis 28. L ö l l i n g e r b e r g—H o h e n w a r t—M o s i n z g r a=b e n—P r e ß n e r a l p e. (18. Kaiser, 19. Schottenaugraben, 20. Bären=bachgraben, 21. Löllingerberg, 22. Totenreid, 23. Kalmertratte, 24. Wieter=linghütte, 25., 26. Hohenwart, 27. Seewiesen, 28. Eckwiese ober Zos=sener Kogel.) Im O durchschwärmen den Injektionsgneis eine Anzahl meist kleiner Lagerstätten, die überall grobblätterigen Spateisenstein oder den aus ihm hervorgegangenen Limonit führen. Mit einer Aus=nahme, im Kalk am Löllingerberg (21.), liegen sie im Glimmerschiefer. Am Saualpenkamm oberhalb der Wieterlinghütte liegt im flachverfal=teten Glimmerschiefer ein nach 9[h] einfallender Lagergang, wenige Schritte weiter in einem offenen Gesenke ein Gangtrumm von 20 cm Stärke, welches deutlich die Schichtung der Glimmerschiefer verquert.

Das Erz, welches sich in der Firste flach legt, stellt sich gegen das untere Drittel steil auf, es streicht nach 22[h], fällt nach 4[h] in der Mitte mit einem Winkel von 40°. Das Hangende, der Glimmerschiefer, stößt deutlich am Erz ab und streicht nach 21[h], fällt mit einem Winkel von 40° nach 3[h] (Abb. 20).

Auch im Bärenbachgraben (20.) haben wir, da daselbst ein Schurf= stollen betrieben wurde, einen interessanten Aufschluß zu beleuchten. Der Siderit folgt im allgemeinen dem Streichen und Fallen der ihn um= hüllenden Schiefer, dennoch sieht man deutliche Verschneidungen mit diesem. Im Liegenden tritt der Kalk an einer Stelle unmittelbar an das Erz heran. Die Gangnatur des Vorkommens ist ferner durch primäre Drusen und einen 2 bis 3 cm starken Serizitbesteg gegenüber dem Neben= gestein gekennzeichnet. In einem Paralleltal gegen W liegt ein Erz= streifen in der Gegenstunde zu dem unseren.

Die Kalk=Eisenerzzüge Waitschach und Rattein.[1]

Die Kalk=Eisenerzzüge von Waitschach und Rattein beginnen in der Nähe von Hüttenberg und streichen fast parallel nach W bis Dobritsch, beziehungsweise Maissel. Das Einfallen des Waitschacher Zuges ist vor= wiegend nach S gerichtet und wird nur bei Hüttenberg und Dobritsch ein nördliches. Im Ratteiner Zug wechselt das Fallen in diesen beiden Richtungen, die Schichten stehen bald sehr steil, bald gehen sie in eine söhlige Lage über. Hangendes und Liegendes wird von Glimmerschie= fern gebildet, welche teilweise diaphthorisiert sind. Sämtliche Lagerstätten liegen im Kalk, die Konkordanz zu ihm ist nur eine scheinbare, der gangförmige Charakter äußert sich durch häufig zu beobachtende Ver= schneidungen.

Die einzelnen Lagerstätten sollen im folgenden nach ihren Einbauen bezeichnet werden.

7. Wilhelmstollen, Monikastollen, Medardusbaue.

8. Cordulastollen, Caroli=Borromäus=Stollen.

6a. Unbenannte Baue in den Grubenfeldern Anna= Antonia im Ratteingraben.

6. Martisbaue im Ratteingraben.

Die ausgedehnteste Lagerstätte liegt 900 m nordwestlich von Waitschach unterhalb des Püchelbauern und war durch den heute ver= fallenen, 70 m langen Wilhelmstollen (7., 1100 m Seehöhe) als tiefstem Einbau in einer streichenden Länge von 340 m aufgeschlossen. Sie streicht nach 21[h] bis 21·5[h], weicht also deutlich vom Streichen des Kalkes (18[h] bis 19[h] Ratteiner Kalkzug) ab. Nach einer Grubenkarte aus dem Jahre

----

[1] Ergänzt nach schriftlichen Mitteilungen H. Haberfelners in Hüttenberg.

1875 schwankt die Mächtigkeit der Erze zwischen 4 und 26 m und be⸗
trägt in der Wilhelmsohle durchschnittlich 8 m. Das nach NO gerichtete
Einfallen beträgt im mächtigeren südöstlichen Teile des Ganges 70°,
stellenweise 90°, im nordwestlichen Teile 50°. Im Gangliegenden fällt
der Kalk mit 30° bis 70° (obertägige Messungen) ebenfalls nach NO, auf
der Hangendseite jedoch mit 30° bis 40° nach S (obertägige Messungen)
ein. Die Gangspalte scheint einer nordwestlich gerichteten Störung ge⸗
folgt zu sein. 60 m über dem Wilhelmstollen befindet sich etwas unter⸗
halb des Bauernhauses Püchelbauer die große, langgestreckte Pinge des
ehemaligen Tagbaues, in deren Nähe ein unabgebauter Teil des Ganges
ansteht. Zwischen Tagbau und Wilhelmstollen, 24 m über diesem, liegt
der Mittelbaustollen, der den Gang in einer streichenden Länge von
215 m verfolgt hat. Die Teufe dieses Ganges ist unverritzt. Der Brauneisenstein dieser Grube hat 38'17% Fe und 4'93% Mn.

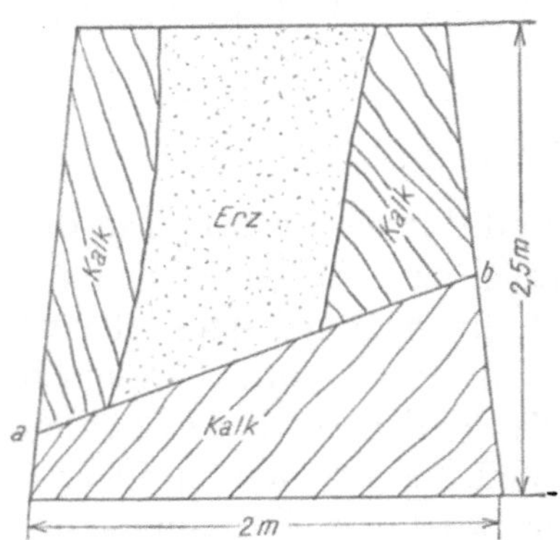

Abb. 21. Der steilstehende Gang
des Monikastollens.

350 m östlich vom Püchelbauer befindet sich in 1060 m Seehöhe der noch befahrbare Monikastollen (7.), der am Ausgehen⸗ den eines 3 m mächtigen Brauneisenstein⸗ lagers angeschlagen wurde und die Erze streichend auf eine Länge von 90 m ver⸗ folgt hat. Der Kalk des Ratteiner Zuges streicht im Stollen nach 17ʰ bis 19ʰ, der Erzgang aber nach 21ʰ, also genau parallel zum Gang im Wilhelmstollen. Der Kalk fällt mit 50° bis 70°, das Erz mit 70° bis 80°
nach NO ein. Der beim Mundloch 3 m mächtige Gang ist nach 10 m
nur 1'5 m stark und wird durch einen Sprung verworfen. Darnach setzt
neuerdings ein 80 cm messendes Gangstück auf, das sehr regelmäßig bis
zum Stollenort, wo es 1 m mißt, fortsetzt. Vor Ort wird es durch eine
Überschiebung in der Sohlennähe abgeschnitten (Abb. 21). Innerhalb
der letzten 20 m begleiten den Gang Salbänder. Wahrscheinlich ist der
Gang, welcher nach dem Sprung beim zehnten Meter auftritt, ein Parallel⸗
trumm zu dem vom Mundloch aus streichenden Gang.

Medardusbau mit dem Medardusunterbau (auch Kaje⸗
tanstollen genannt), dem Ober⸗Johanna⸗ und Sebastian⸗
stollen. Der Unterbaustollen als tiefster Einbau liegt in 970 m
Seehöhe und besaß eine Länge von 220 m. Eine kleine Grubenkarte aus
dem Jahr 1860 zeigt im Medardusstollen eine streichende Strecke von
fast 150 m Länge. Johanna⸗ und Sebastianstollen sind im Streichen ge⸗
trieben worden und waren 100 m, beziehungsweise 60 m lang. 200 m
westlich vom Sebastianstollen verzeichnet die Grubenkarte 165 m saiger

über dem Unterbaustollen einen Ausbiß. Der Unterbaustollen scheint damals die Erze noch nicht angefahren zu haben.

400 m südlich vom Wilhelmstollen tritt in 950 m Seehöhe im Wait=schacher Kalkzug eine 8 m mächtige Brauneisenlagerstätte mit wider=sinnigem, das heißt ebenfalls nordöstlichem Einfallen zu Tage. Am Aus=biß ist der noch befahrbare C a r o l i = B o r r o m ä u s = S t o l l e n (8.) ange=schlagen, der die Lagerstätte am Mundloch verquert und sie in einem 2 m tiefer liegenden Horizont, 90 m westlich, nochmals in einer quer=schlägigen Mächtigkeit von 20 m durchfährt. Hier fallen die Erze laut Grubenkarte aus dem Jahre 1875 mit 40° nach S ein. Zwischen den beiden mächtigen Partien verschwächt sich die Lagerstätte, sie scheint sich überhaupt sehr unregelmäßig zu verhalten. Die Haupterzmasse streicht zwischen 18ʰ und 21ʰ, verquert somit den kleinen Graben, auf dessen rechter Seite der Caroli=Borromäus=Stollen liegt; die benachbarten, an ihren Halden und verfallenen Mundlöchern noch kenntlichen alten Baue auf der anderen Grabenseite (Frauenbau) haben zweifellos in die=selbe Lagerstätte geführt, woraus sich eine streichende Länge von wenigstens 150 m ergibt. Das fast 500 m lange Grubengebäude des Caroli=Borromäus=Stollens hat auch an einigen anderen Stellen Erzspuren nachgewiesen, die nicht anhielten. Man hat offenbar versucht, die zirka 40 m nordwestlich über dem Stollen zu Tage gehende, 2 m mächtige Brauneisenlagerstätte anzufahren. Diese streicht nach 19ʰ und fällt mit 70° nach N ein. Die Erze des Caroli=Borromäus=Stollens enthalten 37'95% Fe und 4'12% Mn.

300 m westlich vom C a r o l i = B o r r o m ä u s = S t o l l e n ist an der Grenze von Kalk (Waitschacher Kalkzug) und Glimmerschiefer in 1059 m Seehöhe der C o r d u l a s t o l l e n (8.) angeschlagen worden, der zwei kleine Erzlinsen durchfahren hat. Die erste nach 10 m Länge ange=fahrene Erzschnur ist 2 m mächtig, streicht nach 17ʰ und fällt mit 65° bis 85° nach S ein; die zweite Linse am Ende des 55 m langen Stollens streicht und fällt generell fast gleich, ist aber im Liegenden aus=gebaucht. Ihre Mächtigkeit scheint größer zu sein. Die Haldenerze ent=halten 36'94% Fe und 5'90% Mn.

Im östlichen Teil des Ratteinergrabens trifft man in den Gruben=feldern A n n a u n d A n t o n i a (6 a.) kleine Halden alter Einbaue, die man nach einer Maßenlagerungskarte aus dem Jahre 1870 auf ver=schiedene, gegen den Martisstollen zu streichende kleine Erzlinsen an=gelegt hat. Im Talgrund des Ratteinergrabens ist 440 m westlich vom Hofferer ein Unterbaustollen im söhlig liegenden Kalk angesetzt und zirka 100 m vorgetrieben worden, ohne Erz erreicht zu haben. Die stark zerquetschten Kalkstreifen enthalten grüne Turmalinkristalle und saft=grüne Serizitblättchen.

Westlich von diesen kleinen Vorkommen liegt unweit des Gehöftes Ratteiner in einer Seehöhe von 900 m der Martisbau (6.), ein etwa 140 m langer, noch gut befahrbarer Stollen, der gleichfalls flach (10° bis 35°) bis söhlig liegenden Kalk und konkordant eingelagertes Braunerz durchfährt. Die Erze werden beim dreißigsten Stollenmeter erreicht, streichen nach 18[h] und fallen mit 20° nach S ein. Sie halten bis zu 55 m an, liegen teilweise fast söhlig und sind etwa 2 m mächtig. Nach 70 m steigt der Stollen stark an, traf am Ende nochmals Erz an, das

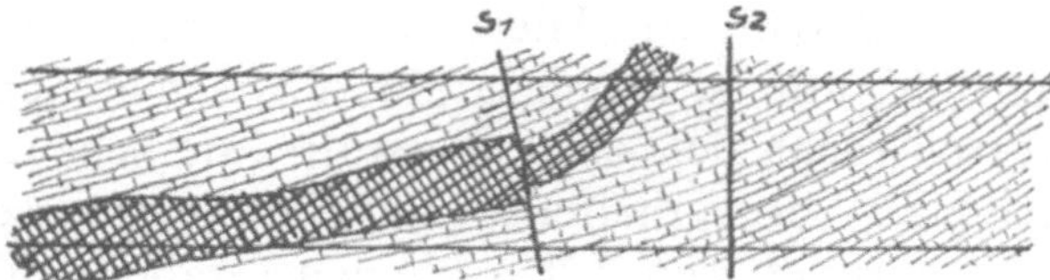

Abb. 22. Ulmenbild im Martisbau, den Gangcharakter der Lagerstätte zeigend.

einen flachen Sattel mit beiderseitigem Fallen von 10° bildet. Die im Erz getriebene Strecke ist nur mehr einige Me= ter offen. Im NW keilt das Erz aus, im SO ist die Strecke verbrochen. Die durchwegs armen Erze des Martisbaues enthalten bei 34'68% SiO_2, 33'35% Fe und 3'85% Mn. Ein Ulmenbild (Abb. 22) zeigt den deutlichen Gangcharakter der Lagerstätte an.

Gaisberg=Minachberg in der Olsa bei Friesach.[1]

Westlich vom Waitschacher und Ratteiner Kalkzug, von diesen durch eine 1'3 km breite Glimmerschieferzone getrennt, beginnt am Westhang des Hubmannskogels der Friesacher Kalkzug mit westlichem Streichen. Bei Winklern überquert er das von diluvialen Schottermassen erfüllte Tal des Heisleinbaches und erstreckt sich, nordwestliches Streichen anneh= mend, über den Minachberg zum Gaisberg, wo er auskeilt. Die streichende Länge beträgt 5'5 km, die nicht sicher bekannte Mächtigkeit mehrere hundert Meter. Am Südwestabhange des Minachberges fällt der Kalk widersinnig mit 30° bis 70° nach NO, bildet auf der Gundersdorfer Seite eine Falte, deren nordöstlicher Schenkel unter dem Glimmerschiefer des Gaisberges verschwindet. Die Kalkmasse des Minachberges wird wieder= holt von teilweise mächtigen, granatführenden Glimmerschiefereinlage= rungen schuppenförmig durchsetzt.

Am Minachberg enthält der Kalkzug eine große Anzahl von Siderit= lagerstätten mit Limonit im eisernen Hut, die in früheren Jahrhunderten Gegenstand eines sehr lebhaften Abbaues waren. Besonders südlich von Gaisberg und Gundersdorf, am Südwestabhang des Minachberges bei Olsa und Winklern gab es über hundert Einbaue (Abb. 23). Am Gaisberg waren mehrere Lagerstätten bis zu 20 m mächtig und wur=

---

[1] Entnommen der Arbeit H. Haberfelners, Die Eisenerzlagerstätten im Zuge Lölling—Hüttenberg—Friesach, l. c., S. 114.

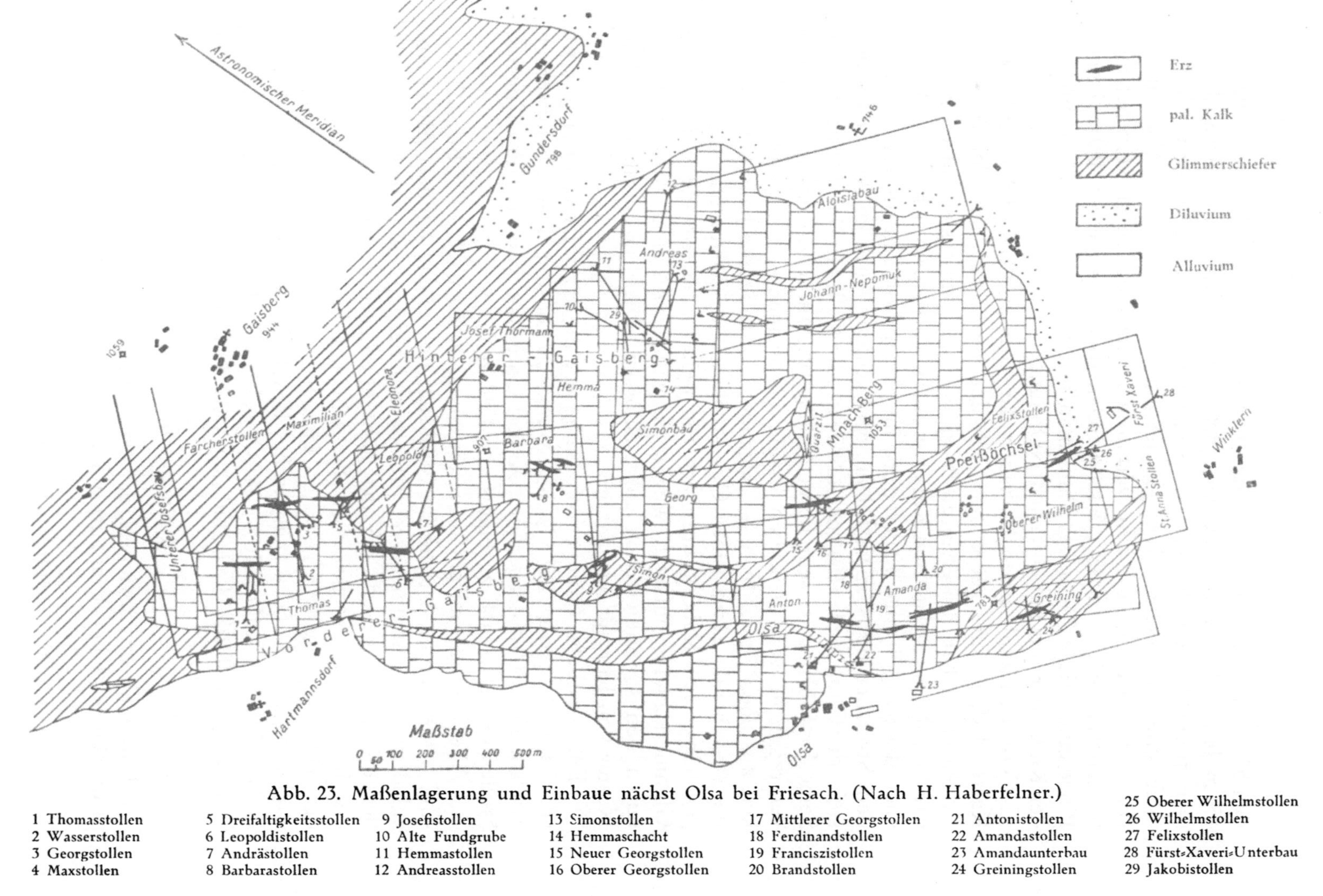

Abb. 23. Maßenlagerung und Einbaue nächst Olsa bei Friesach. (Nach H. Haberfelner.)

1 Thomasstollen
2 Wasserstollen
3 Georgstollen
4 Maxstollen
5 Dreifaltigkeitsstollen
6 Leopoldistollen
7 Andrästollen
8 Barbarastollen
9 Josefistollen
10 Alte Fundgrube
11 Hemmastollen
12 Andreasstollen
13 Simonstollen
14 Hemmaschacht
15 Neuer Georgstollen
16 Oberer Georgstollen
17 Mittlerer Georgstollen
18 Ferdinandstollen
19 Franciszistollen
20 Brandstollen
21 Antonistollen
22 Amandastollen
23 Amandaunterbau
24 Greiningstollen
25 Oberer Wilhelmstollen
26 Wilhelmstollen
27 Felixstollen
28 Fürst-Xaveri-Unterbau
29 Jakobistollen

den 500 m im Streichen abgebaut. Der 30 m über der Talsohle gelegene, 150 m lange Thomasstollen bei Hartmannsdorf hat eine dieser Lager= stätten angefahren. Näheres ist leider nicht zu crmitteln, denn alle Ein= baue sind verbrochen. Das gleiche gilt vom hinteren Gaisberg (P. 3 der Taf. I) mit den vermutlich ältesten, längst verbrochenen Stollen (Hemma=, Jakobi=, Simonstollen usw.). An einer 350 m langen Pinge eines alten Tagbaues kann man feststellen, daß das Erz mit 60°, der Kalk aber nur mit 30° nach NO einfiel.

Von den zahlreichen Einbauen der Gruppe Olsa (P. 4 und 5 der Karte, Taf. I) sind heute nur noch der Ferdinand= und der Amanda= stollen befahrbar. Im ersteren ist ein kleiner, saiger stehender Limonit= gang im flacher gelagerten Kalk verquert worden. Am besten läßt sich aber die gangförmige Lagerstätte im Amandastollen, dessen Strecken dem Streichen des Ganges folgen, beobachten. Auch im Amandastollen steht der Gang steiler (60° nach NO) als der Kalk (15° bis 40° nach NO). Seine Erzführung ist sehr unregelmäßig, vertaubte Zonen wechseln mit vererzten, in welch letzteren Limonite von mehreren Metern Mächtig= keit anstehen. Im 25 m tiefer liegenden Amandaunterbaustollen betrug die streichende Länge eines Gangstückes über 200 m. Die Begrenzung gegenüber dem Kalk ist unscharf. Ein weiterer Sideritgang, der aber im Glimmerschiefer aufsetzt, wurde südöstlich von dem Amandastollen durch den Greiningstollen aufgeschlossen. Die Erze enthalten kleine Nester von Korynit und Fahlerz.

Die westliche Gruppe von Einbauen, die Preißöchselgruppe (P. 5 a der Karte, Taf. I) bei Winklern, besitzt keine befahrbaren Stollen. Der 300 m lange Fürst=Xaveri=Unterbau war einer der längsten Stollen des ganzen Erzgebietes von Friesach.

Alle vorangeführten Lagerstätten streichen nach 19·5 h bis 22 h und sind echte Gänge, welche im Streichen nur einige hundert Meter an= zuhalten scheinen. Ihr Erzreichtum war daher trotz ihrer großen Anzahl bedeutend geringer als der des Hüttenberger Erzberges. Im vorderen Gaisberg und unmittelbar bei Olsa scheinen die Gänge bis in die Nähe der Talsohle abgebaut zu sein. Eine Sideritprobe aus dem Greining= stollen ergab folgendes analytisches Resultat: SiO_2 3·20%, FeO 35·56%, Fe_2O_3 13·04%, MnO 7·10%, Al_2O_3 2·10%, CaO 5·47%, MgO 2·75%, P_2O_5 0·02%, S 0·16%, CO_2 und geb. H_2O 30·22%.

Mettnitz= und Gurktal.[1]

Innerhalb des Zwickels, der vom Mettnitzbach bei St. Salvator bis in das Gurktal bei Straßburg reicht, liegt eine Reihe kleiner Spateisen=

[1] Nach schriftlicher Mitteilung des Ing. H. Haberfelner in Hüttenberg.

steinvorkommen. Südlich von Friesach zieht ein mächtiges, von O nach W streichendes Kalklager von den beiderseitigen Gehängen des Mettnitzbaches bis über Unzenaich bei Straßburg. An seinem Westrand wird der Kalk stark dolomitisch. Am Südrand stoßen phyllitische Gesteine (Diaphthorite?) an diesen Kalkzug (Taf. I).

32. St. Salvator im Mettnitztal. Südlich von St. Salvator liegen kleine Halden und Pingen; beim Kögler in zirka 775 m, 25 m tiefer, ein längerer Unterbaustollen. Die Erze, Braun- und Spateisenstein, liegen im Kalk. Sie wurden um 1860 noch bebaut.

33. St. Mauritzi bei Grafendorf südlich von Friesach. In einem von N nach S streichenden Kalkstreifen im Glimmerschiefer treten Spateisensteine vom Typus der Olsaerze auf. Mehrere alte Halden und ein halbverbrochener Unterbaustollen in 635 m Seehöhe, die zwischen dem Kirchlein St. Mauritzi und dem Gute Gulitzen liegen, lassen erkennen, daß eine kleine, N nach S streichende Linse im Kalk Gegenstand des Abbaues war.

39. Einöd. Am westlichen Gehänge des Einödtales, der Ruine Dürrenstein gegenüber, setzt im granatreichen Glimmerschiefer, der nach 16^h bis 18^h streicht, ein Lagergang, bestehend aus Quarz, Eisenglimmer und etwas Manganspat, auf.

34. Kullmitzen. Eine größere Zahl von Halden westlich des Gehöftes Kullmitzen zeigt an, daß hier eine Erzlagerstätte im Kalk abgebaut wurde. Der Haldenzug hat eine Länge von 800 m und erstreckt sich in nordwestlicher Richtung. Der Kalk streicht mehrere hundert Meter mächtig vom Mettnitztal in westlicher Richtung über Dobersberg. Er dürfte die Fortsetzung des über den Minachberg bei Friesach streichenden Kalkzuges sein. Dem gleichen Kalkzug gehören die drei folgenden Vorkommen an.

35. St.-Lorenz-Stollen. Ein kleines, nicht aufgeschlossenes Eisenerzvorkommen bei dem Hause Ostrog im Kalk.

36. Oberer Michaelistollen. An der Teichpeinte in der Gemeinde Dobersberg ist in dem fast horizontal gelagerten Kalk ein Stollen auf limonitisierten Siderit getrieben, der bei 60 m verbrochen ist. Das Erz ist barytführend.

37. Wildbachgraben. In dem bei Mellach in die Gurk einmündenden Wildbachgraben hat man im linken Gehänge, zirka 2 km nördlich von Mellach, Stollen auf kleine Linsen von Spateisenstein im Kalk angeschlagen. Die Stollen sind verbrochen.

38. Wildbacher. Dicht oberhalb und unterhalb des Bauernhauses Wildbacher im Wildbachgraben liegen, wahrscheinlich in mehreren Bänken, im Schiefer Brauneisensteine. Eine dieser Lagen ist 1 m

mächtig. Neben reinem Brauneisenstein ist auch viel rauhes ver=
kieseltes Erz vorhanden.

40. D r a s c h e l b a c h. In den kleinen, südlich von St. Jakob bei
Gurk sich zum Draschelbach vereinigenden Gräben kommen im Schie=
fer unbekannten Alters wiederholt schieferigen Brauneisenstein führende

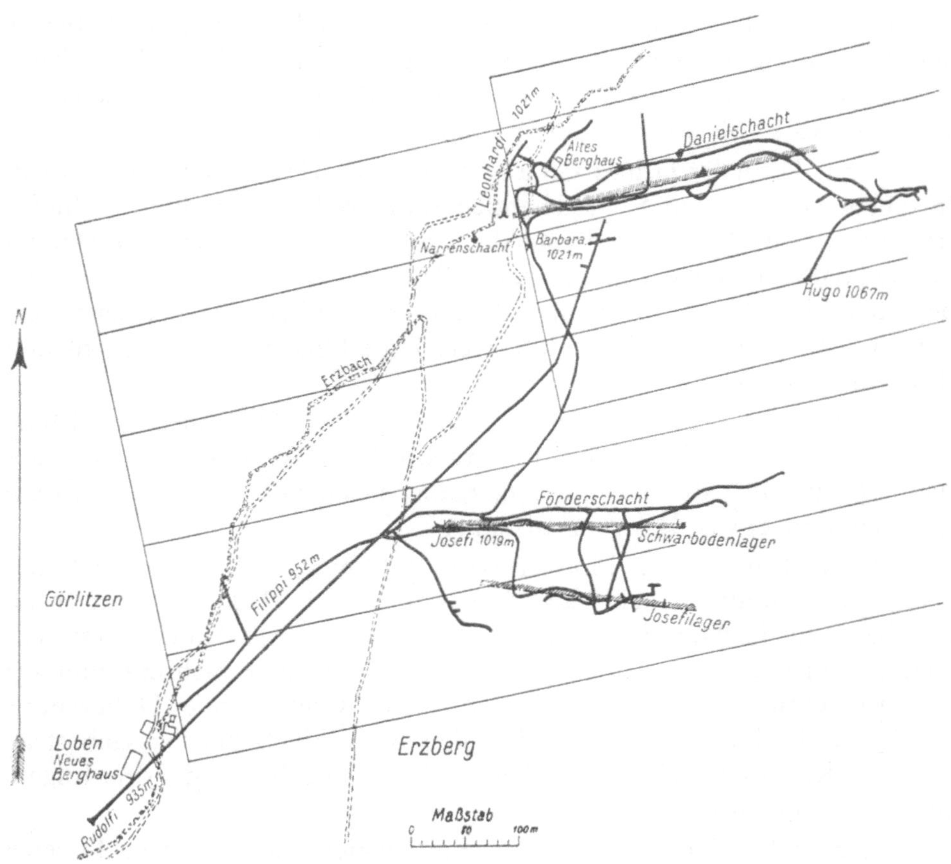

Abb. 24. Eisensteinbergbau Loben bei St. Leonhard.

Bänke vor. Derartige Erzausscheidungen dürften sich noch an manchen
Stellen des Mödringberges finden.

Die meisten der vorangeführten Eisenerzlagerstätten wurden in den
früheren Jahrhunderten von den sogenannten Waldeisengewerkschaften
ausgebeutet.

Das Lavanttal.

Die Fortsetzung der Erzlagerstätten der Umgebung von Hüttenberg
gegen O liegt an beiden Gehängen des Lavanttales. Die Gesteinsfolge
ist die gleiche wie in Hüttenberg, auch in der tektonischen Anlage sehen
wir wenige Unterschiede.

Mischlinggraben, Polzbauer. Auf der Westseite des Tales befindet sich ein kleines Vorkommen im Mischlinggraben, nordwestlich von St. Leonhard; südlich von diesem Ort verzeichnet die Manuskriptkarte der Geologischen Bundesanstalt in Wien Eisenerze an der Westlehne des Polzbauerkogels.

Theißinggraben (Raningberg, Kalkberg). Auf der Ostseite des oberen Lavanttales im Theißinggraben befindet sich beim

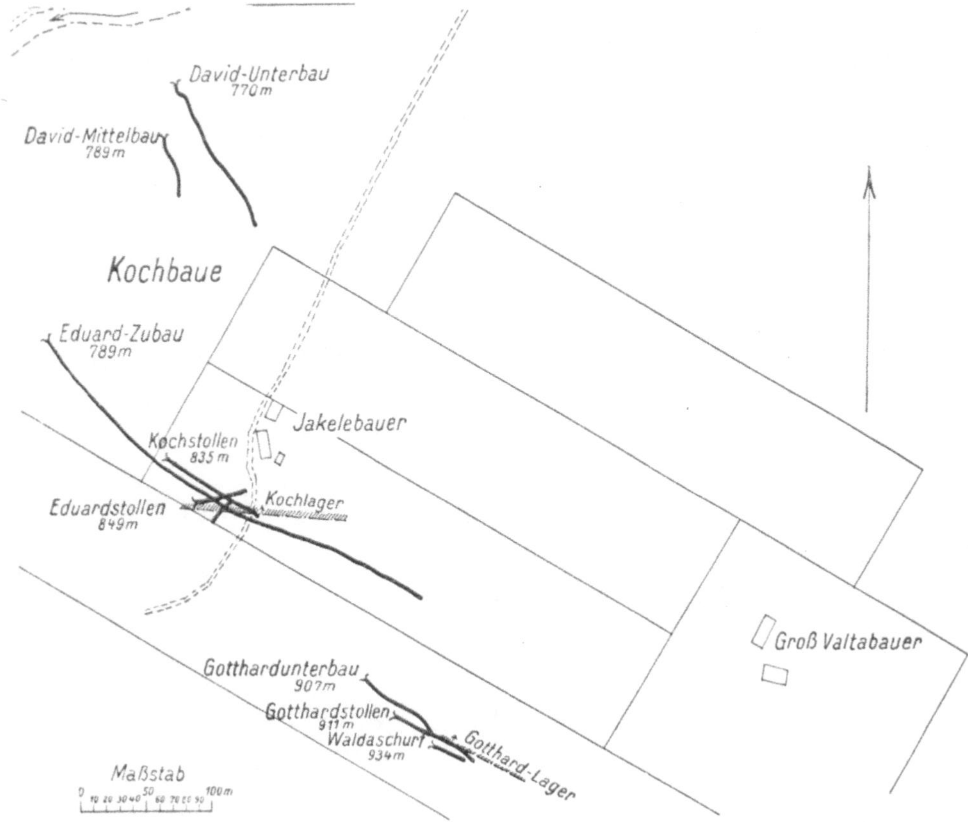

Abb. 25. Eisensteinbergbau Waldenstein. (Gotthard= und Kochstollenweißerzlager.)

Schmerlabschurf eine geringmächtige Eisenerzlinse, in welcher auch Kupfererze einbrechen.

Bergkogel. Über dem Bergkogel (1640 m) zieht ein Kalkband, in welchem ein von O nach W streichendes Sideritlager aufsetzt.

Loben. Der Bergbau zu Loben bewegt sich in einem von NO nach SW streichenden Ausläufer der St.=Leonhard=Alpe. Es werden vier Eisenerzlager im Kalk (Josefi, Schwarzboden, Philippi, Hugo) unterschieden (Abb. 24). Die Kalkzüge sind durch Zwischenmittel von injiziertem Glimmerschiefer getrennt, gehen bald in ihn über, bald setzen sie scharf an ihm ab. Das Streichen der Schichten ist ein ostwestliches, das Fallen unter einem Winkel von 60° bis 70° nach S gerichtet. Der Spateisenstein liegt teils an der Hangendgrenze des Kalkes, im Schiefer, teils an der Liegendgrenze, aber auch im Kalk selbst.

Schon R i e d l unterscheidet eine ältere, lagerartig ausgebildete, von einer jüngeren, gangförmigen Erzmasse. Die lagerartigen Erze gehen im Streichen entweder in Rohwand und in den unveränderten Kalk über oder

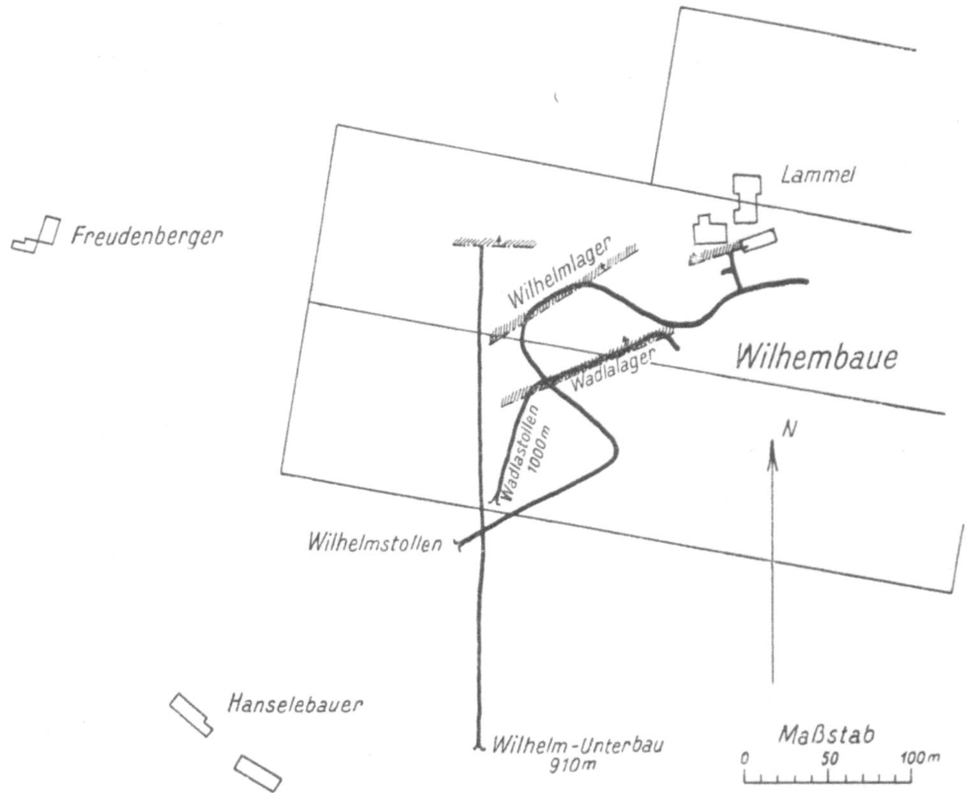

Abb. 26. Eisensteinbergbau Waldenstein. (Wilhelmstollenrohwandlager.)

sie keilen in langgestreckten, verfingerten Streifen aus, die ebenfalls durch Ankerit und Kalkspat verunreinigt sind. Das Ausgehende selbst enthält Drusenräume, welche Kalkspatkristalle von seltener Vollkommenheit führen. Rechtwinkelig zur Streichungsrichtung der Kalke treten Klüfte nach 12[h] (Zwölferklüfte) auf, die sich teilweise als Höhlen im Kalk zeigen, teilweise mit dichtem Brauneisenstein, Wad und Pyrolusit erfüllt sind. Eine zweite Gruppe von Zwölferklüften ist entweder mit taubem Nebengestein angefüllt oder sie zeigt Beläge von nadelförmig bis rosettenartig angeordnetem Antimonit.

Die Siderite haben folgende Zusammensetzung:

$FeCO_3$ . . . . 80·44 %
MnO . . . .   3·12 %
$MgCO_3$ . . . . 15·54 %
Unl. Rückst. . . . .   0·59 %

Summe . . . 99·69 %

T w i m b e r g (J a k o b = E d u a r d = P a u l u s = B a u). Am Ausgang des Waldensteinergrabens in das Lavanttal sind kleinere, 60 bis 90 cm starke, 40 bis 60 m im Streichen anhaltende Siderit=Limonitlinsen verfolgt worden. Sie setzen, ähnlich wie am Hohenwart, im Glimmerschiefer auf und streichen vorwiegend N—S.

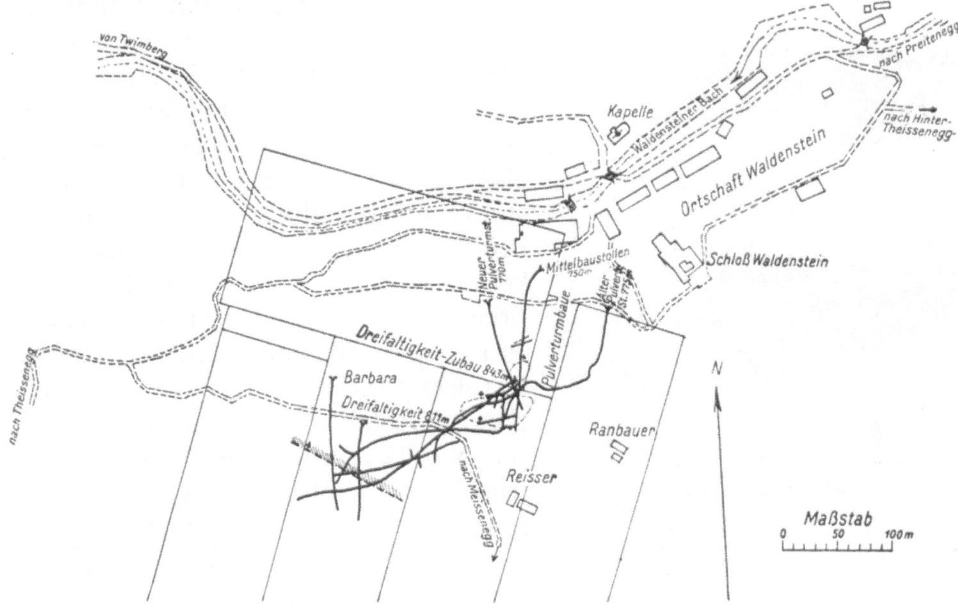

Abb. 27. Eisensteinbergbau Waldenstein. (Pulverturmbaue.)

W a l d e n s t e i n.[1] Südöstlich von St. Leonhard im Waldensteiner= graben werden fünf Spateisensteinlagerstätten unterschieden: 1. das K o c h s t o l l e n w e i ß e r z l a g e r beim Jackelbauer; 2. das G o t t = h a r d l a g e r beim G. Vallabauer, 0·1 bis 7 m mächtig. Beide streichen zwischen 7[h] und 9[h] und verflächen gegen N (Abb. 25); 3. das W i l h e l m = s t o l l e n r o h w a n d l a g e r, südlich des Bauern Lammel (Abb. 26), ist inklusive der 6 m starken Rohwand 8 m mächtig, es streicht zwischen 6[h] und 8[h] und fällt steil nach N; 4. die S c h ö n i x b a u e beim Schönix; 5. die P u l v e r t u r m b a u e, unmittelbar beim Orte Waldenstein (Abb. 27).

---

[1] Die Grubenkarten von Loben, Waldenstein und Wölch wurden von W. N e u- m a n n in Waldenstein angefertigt.

Ursprünglich wurde der Siderit und Limonit für den Hochofen in Waldenstein gewonnen. Seit den Achtzigerjahren des vorigen Jahr=hunderts wird im Pulverturmbau der mit dem Siderit einbrechende Eisen=glimmer abgebaut und zur Farben=fabrikation verwendet.

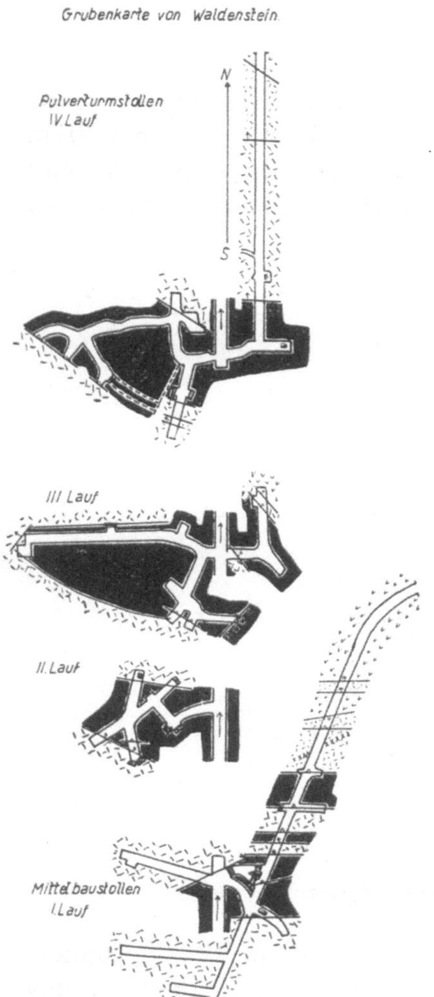

Die derzeitigen Aufschlüsse im Pulverturmbau zeigen zwei Erzkörper. B r u n l e c h n e r und C a n a v a l ge=ben als Schichtfolge im alten Pulver=turmstollen Kalk, Cipollin, Glimmer=schiefer, Eisenglanz (4 bis 6 m), Kalk (34 m) und nochmals Eisenglanz (10 m) an. F r i e d r i c h beschreibt den derzeitigen Bergbau folgendermaßen: „Der größere südliche Eisenglimmer=stock A besteht aus kompaktem Eisenglimmer, dessen söhlige Mächtig=keit etwa 40 m beträgt. In ihm sind Breunerit (Ankerit), spärlich Siderit und auch Pegmatit eingeschlossen. Der Erzstock ist auf 200 m im Strei=chen verfolgt. Seine nördliche und südliche Begrenzung ist durch OW=streichende Ablöser gegeben. Nach einigen Metern durchörtert der Mittelbaustollen gegen N ein weiteres schmales Eisenglimmerlager, welches sich bei fortschreitendem Abbau als eine Abspaltung des Erzstockes A herausstellen dürfte. Auch dieses Band ist durch Störungen, welche den obigen nahezu parallel verlaufen, vom hangenden und liegenden, breuneriti=schen Marmor getrennt. Gegen N folgt im Hangenden zunächst 10 m vor=wiegend Breuneritmarmor, dessen Hangendes der zweite große Erz=stock B bildet, welcher in der gleichen Weise begrenzt ist wie die anderen Erzstöcke. Dieses nördliche Lager ist bisher nur auf kurze Entfernungen ausgerichtet worden. Im Hangen=den des Erzstockes B liegt wieder Breuneritmarmor, der gegen N zahl=

Abb. 28. Grubenkarte der Pulverturmbaue bei Waldenstein. (Nach O. Friedrich.)

(Schwarz = Eisenglimmer. Schräge Kreuze = Peg=matit. Haken = Glimmerschiefer usw. Gestrichelt dünn = Kalk. Gestrichelt dick = Breunerit.) Die Erzkörper sind durch Verwerfer begrenzt.

reiche Blöcke von Kalzitmarmor aufnimmt und so ein Ausklingen der Vererzung anzeigt.

In dem etwa 50 m höher liegenden Pulverturmstollen, der durch einen Bremsberg und zwei Abbaustockwerke (2. und 3. Lauf) mit dem Mittel=baustollen verbunden ist, wurde der Erzstock B nicht mehr angefahren. Dafür steht hier auf zwei Drittel der Stollenlänge stark breuneritischer Marmor an, der einige Spateisensteinblöcke führt, die, von Störungen begrenzt, hier durchfahren wurden. Diese Verhältnisse sind aus der beigegebenen Grubenkarte ersichtlich (Abb. 28).

Im dritten Laufe findet sich eine Anzahl von Pegmatit=Breunerit=blöcken aus der benachbarten Marmorzone an einer lokalen Störung ein=gepreßt. Die Ortsbilder beweisen deutlich, daß die Vererzung jünger ist als das Aufdringen der Pegmatite, da sie durch die Vererzung durch=tränkt und umgewandelt werden (Abb. 29). Die=ser Pegmatit und der Breuneritmarmor erscheinen in mächtigen Blöcken, welche von Eisenglimmer allseits eingewickelt werden, wobei die Eisen=glimmerschuppen den Grenzen der Blöcke folgen, in ihrer unmittelbaren Umgebung besonders grob=schuppig werden. Das Ganze erweckt den Ein=druck einer Dislokationsbreccie und dürfte an die=ser Stelle die Grenze des Eisenglimmerstockes nicht mehr ferne sein.

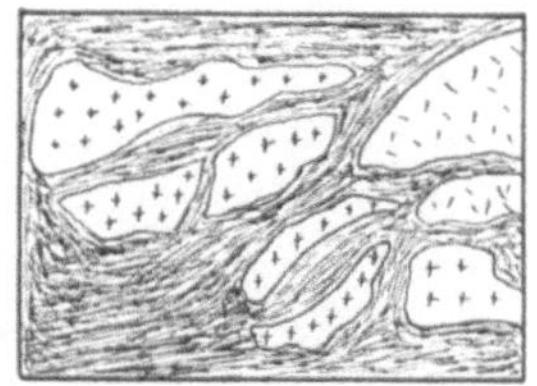

Abb. 29. Pegmatit und Breunerit im Eisenglim=mer. (Nach O. Friedrich.)

Unmittelbar beim Bremsberg des dritten Laufes findet sich eine Breuneritmarmorscholle, welche wohl das Ende des Keiles darstellen dürfte, der das schmale, dem Erzstock A nördlich vorgelagerte Eisen=glimmerlager von diesem trennt."

Friedrich, dem wir außer der geologischen Bearbeitung auch einige wertvolle genetische Beobachtungen verdanken, zeigt, daß größere Teile der Marmorzüge bei der Vererzung durch die Magnesia=Eisen=zufuhr in ein Magnesium=Eisenkarbonat umgewandelt wurden, das er als Breunerit bezeichnet, obwohl man es nach den Analysen besser als eisenschüssigen Dolomit und Ankerit benennen könnte. Innerhalb dieser eben genannten Gesteine bilden die Siderite und Eisenglimmerstöcke Zungen und unregelmäßige linsenförmige Körper von bedeutendem Ausmaß. Die Friedrich schen Analysen zeigen die verschiedenste Zusammensetzung der Karbonate, allen aber ist ein großer Magnesium=gehalt eigen, selbst den Sideriten. Auch in der Loben sahen wir den hohen Magnesiumgehalt der dortigen Spateisensteine.

	Siderit	Dolomit	Ankerit nach F r i e d r i c h	Breunerit
$FeCO_3$	89·14	2·50	17·80	32·41
$MgCO_3$ . . .	8·53	41·95	28·48	20·59
$CaCo_3$	2·32	55·55	53·72	47·00

4*

Der Aufbau der Lagerstätte erfolgt durch mehrere Vererzungs=
vorgänge. Ausfüllung von Spalten durch Siderite unter manchmal gleich=
zeitiger Verdrängung des Kalkes durch dieses Karbonat; metasomatische
Dolomit=Ankerit=(Breunerit=) Umwandlung des kalkigen Nebengesteins;
Eisenglimmerbildung nach Siderit; Einwanderung von jüngerem
Siderit, Bournonit, Ullmanit usw.; jüngste Kluftausfüllung durch Quarz
und wenig Fahlerz (Polybasit). Nicht unerwähnt soll das Auftreten des
Magnetites im Eisenglimmer (nach Döll Pseudomorphosen nach
Hämatit) bleiben.

T h e i ß e n e g g. Südlich von Waldenstein liegen im Glimmer=
schiefer, 60 bis 75 m voneinander getrennt, 20'40 und 21 m mächtige Lager

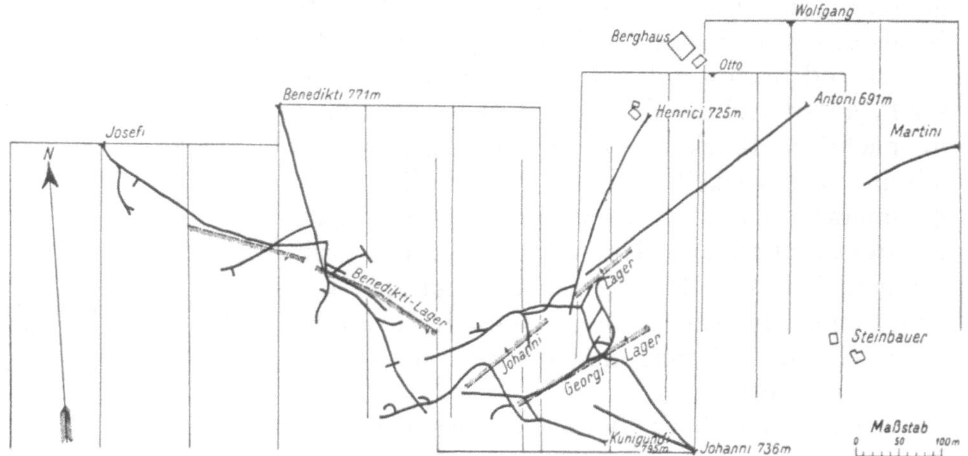

Abb. 30. Eisensteinbergbau Wölch bei St. Gertraud.

von kristallinem Kalk, welche von O nach W streichen und mit 45° bis
70° nach N fallen. Teils im Kalk selbst, teils an der Grenze von Kalk
und Glimmerschiefer brechen Spateisensteine mit einer maximalen
Mächtigkeit von 8 bis 12 m ein.

W ö l c h. Am Erzberg in der Wölch am rechten Lavanttalgehänge,
nördlich von Wolfsberg, setzen in einem 60 m mächtigen Kalklager, bald
im Hangenden, bald im Liegenden, Eisenerze auf. Die Einteilung in ein
westliches und östliches Revier gründet sich auf dem plötzlich veränderten
Streichen der Schichten, welches in dem Benediktistollen und auch
über Tag zu sehen ist (Abb. 30). Ein tauber Schieferkeil durchsetzt hier
die gerade Streichungslinie und zwingt beide Trümmer in eine ab=
weichende Fallrichtung, so zwar, daß das östliche ein Streichen nach
5ʰ bis 6ʰ und ein Einfallen gegen N, das westliche ein Streichen nach
7ʰ bis 8ʰ und ein Einfallen nach S zeigt. Im westlichen Revier unter=
scheiden wir im Streichen das Benedikti= und Josefilager; sie haben

eine maximale Mächtigkeit von 7 m; nach ihrer örtlichen Ausdehnung gleichen sie Stockwerken. 10 m unter der Benediktisohle vertauben sie im kristallinen Kalk, der wieder selbst nach zirka 20 m im Schiefer zer=splittert und ausgabelt. Die Erze waren öfters durch Wölchit (zersetzter Bournonit) verunreinigt.

Im östlichen Revier, das aus einer Liegendlagerstätte Georgi und einer Hangendlagerstätte Johanni besteht, finden sich auch echte Gänge von 0·6 bis 1·5 m Mächtigkeit, die bald nach 6^h (Sechser=), bald nach 12^h (Zwölfergänge) streichen.

Literatur: 1. L i p o l d, Sitz.-Ber. d. Geol. Reichsanst., 27. März 1855, Jahrb. d. Geol. Reichsanst., Wien 1855, Bd. VI, S. 199. — 2. K. v. H a u e r, Die wichtigeren Eisenerze d. österr.-ungar. Monarchie, Wien 1863, S. 62 bis 66. — 3. Die Eisenerze und ihre Verhüttung, aus Anlaß der Pariser Weltausstellung verfaßt im k. k. Ackerbauministerium in Wien 1878. — 4. E. R i e d l, Die Eisensteinvorkommen zu Loben nächst St. Leonhard, Zeitschr. d. berg- u. hüttenm. Vereins f. Kärnten II, 1870, S. 11. — 5. R. C a n a v a l, Bemerkungen über das Eisenglanzvorkommen von Waldenstein in Kärnten, Carinthia II, Nr. 3, 1902. — 6. F. W i e l a n d, Die Wölch, Freunde d. Naturwiss. in Wien, Bd. V, 1849, Nr. 3. — 7. O. F r i e d r i c h, Die Siderit-Eisenglimmerlagerstätte von Waldenstein in Ostkärnten, Berg- u. hüttenm. Jahrb., Bd. 77, Heft 4, S. 131.

Die Eisenerze nördlich des Gailtales.

In dem Streifen kristalliner Schiefer unbekannten Alters (Glimmer=schiefer, Quarzphyllit usw.), der im N das Gailtal begleitet, liegt eine Reihe von spätigen, kupferkiesführenden Gängen, deren Eisenerz=inhalt im 18. Jahrhundert Veranlassung zur Verhüttung gab. Es sind nach R. C a n a v a l folgende Baue: 1. zu Siegelsberg; 2. im Knappental nördlich von Dellach; 3. im Dellachergraben bei Dellach; 4. auf der Gurina; 5. auf dem Monselberg, auch auf der Monsel unter der Jauken genannt; 6. auf dem Leiflingerberg; 7. zu Sauseng auf der Reisacheralpe; 8. zu Kamerisch am Guggenberg.

II. Die Eisenerze des Paläozoikums und der Trias.

A. Die nördliche Grauwackenzone.

Über den hochkristallinen Schiefern der Zentralalpen liegen wenig metamorphe paläozoische Gesteine. Sie bilden einen vom östlichen Alpenrand bei Gloggnitz mit Unterbrechungen gegen W bis nach Tirol streichenden Zug, die sogenannte Grauwackenzone, welche der kristal=linen Zentralzone im N vorgelagert ist; sie erscheinen aber auch in größeren und kleineren isolierten Inseln, welche auf dem Rücken der kristallinen Zone ruhen (Grazer, Sausaler, Murau=Neumarkter, Paler, Stangalpe=Turracher, Klagenfurter Paläozoikum). Das Paläozoikum und die darüber folgende Trias birgt, ähnlich wie die kristalline Zentral=

zone, eine Reihe von Eisenlagerstätten mit meist karbonatischem, selte=
ner oxydischem Inhalt.

Sieht man vom Grazer Paläozoikum ab, so sind die paläozoischen
Gesteine, soweit sie für uns in Betracht kommen, äußerst fossilarm. Die
Klarlegung des geologischen Gebirgsbaues muß sich daher in erster
Linie auf die Verfolgung rein petrographisch charakterisierter Schichten
stützen. Sie wird ganz außerordentlich erschwert durch den Umstand,
daß zahlreiche Gesteinstypen bisher keine Fossilien geliefert haben und
daß andererseits durchaus gleichartig aussehende Gesteine erwiesener=
maßen in verschiedenen Formationen wiederkehren. Immerhin hat die
geologische Spezialaufnahme größerer Gebiete, vor allem der Grau=
wackenzone, bereits ein gewisses Altersschema der einzelnen Schicht=
gruppen gezeitigt, das im folgenden wiedergegeben werden soll.

a) Zone der Quarzphyllite. Sie beginnt stellenweise mit
Quarzkonglomeraten (sogenannte Rannachkonglomerate). Darüber
folgen seidenglänzende bis grünlichgraue, serizitische Quarzphyllite,
zuweilen auch dünnplattige, feldspathaltige Quarzite (Blattelschiefer
oder Blattelquarzite).

b) Zone der unteren Grauwackenschiefer. Schwarze,
graue, bis grünliche, zuweilen phyllitartige Tonschiefer, mit schwarzen
Kieselschiefern und grünlichen bis weißlichen glimmerhaltigen Sand=
steinen wechselnd, welch letztere stellenweise ziemlich grobkörnig sind
oder in serizitische Quarzite übergehen. Nach den spärlichen Fossilfunden
scheint Untersilur (Caradoc) bis Obersilur vertreten zu sein. Die Ge=
steine dieser Gruppe unterscheiden sich von denen der Gruppe a) vor
allem durch ihre geringe Metamorphose. Sie sind namentlich in der
Nähe der Erze gelegentlich stark serizitisiert. Vereinzelte Grünschiefer=
vorkommen sind als veränderte Diabase zu deuten.

c) Porphyroid (Vaceks und Foullons Blasseneckgneis).
Lichtgrüne bis grünlichgraue Gesteine von öligem Glanz, welche von
Ohnesorge und Redlich als umgewandelte porphyrartige Erguß=
gesteine erkannt, von Heritsch und Angel dann näher untersucht
und in die Gruppe der Quarzkeratophyre eingereiht wurden. Je nach
dem Grade der tektonischen Beanspruchung haben sie in vielen Fällen
bei einer völlig serizitisierten Grundmasse ihre massige Form, ihre korro=
dierten Quarzeinsprenglinge, zuweilen auch ihre Feldspateinsprenglinge
sehr gut erhalten, in anderen Fällen sind sie zu Serizitschiefern aus=
gewalzt. Tuffige Ausbildungen scheinen nicht zu fehlen. Die Por=
phyroide repräsentieren als Durchbruchgesteine natürlich kein strati=
graphisches Niveau, da ihre Hauptmasse eben an der oberen Grenze
der Grauwackenschiefer, gewöhnlich knapp unterhalb der erzführenden

Kalke, auftritt, geben sie dennoch einen wichtigen Leithorizont. Ihre Intrusion, bzw. Effusion ist in das Silur zu stellen.

d) Neben Porphyroid beschreibt H. P. Cornelius[1] aus der Veitsch (siehe die geologische Karte, Taf. III) einen Gabbro an der Rothsohlschneid, der offenbar jünger als die Gesteine der Grauwacken= zone, aber älter als die Trias ist.

e) Obere Grauwackenschiefer. Sie ähneln den unteren Grauwackenschiefern (Gruppe b) und schalten sich bei gewöhnlich geringer Mächtigkeit, stellenweise deutlich transgredierend, zwischen dem Porphyroid und dem erzführenden Kalk ein.

f) Erzführender Kalk. Schwärzliche, graue, weiße, auch röt= liche (Sauberger Kalk) oder grauweiß gebänderte Kalke von massiger, bankiger oder schiefriger Textur, meist feinkristallinisch bis dicht, selten grobkörnig. Auf den Schieferungsflächen der Kalkschiefer scheiden sich grünliche oder durch Graphitspeicherung grau gefärbte Serizitbeläge, selten Büschel von grünem Strahlstein aus. Eine stratigraphische Gliede= rung des mächtigen Kalkkomplexes ist bei der außerordentlichen Fossil= armut desselben nicht möglich. Man weiß nur, daß Obersilur bis Mittel= devon vertreten ist.

Einige Fossilfunde haben gezeigt, daß in der petrographisch ein= tönigen Grauwackenzone auch limnisches und marines Karbon mit alt= paläozoischem Gestein verfaltet und verschuppt ist.

Oberkarbonische Pflanzen wurden in dunklen Tonschiefern mit Graphitflözen gefunden, welche mit Sandsteinen und Konglomeraten verknüpft sind, so bei Klamm am Semmering (Schatzlarer Stufe), im Preßnitzgraben bei St. Michael (Schatzlarer Stufe), in der Leims bei Kammern (Ottweiler Stufe) und auf der Stangalpe bei Turrach (Ott= weiler Stufe).

Größere Verbreitung besitzt marines Karbon. Ihm gehören wechsel= lagernde Sandsteine, Konglomeratbänke (Silberberggrauwacke?), dunkle Schiefer und vereinzelte Kalkzüge an. Zu Grünschiefern veränderte basische Eruptiva sind in dieser Serie häufig. Knapp unterhalb der im Hangenden folgenden magnesitführenden Kalken, bzw. in Schieferlagen, welche in die Kalke selbst eingelagert sind, wurden von Koch und Klebelsberg Fossilien beschrieben, welche für marines Unter= karbon sprechen. Aus den Magnesitkalken im Sunk bei Trieben hat Heritsch eine devonische Koralle, andererseits vom gleichen Fundort (allerdings aus einem losen Block) Productus giganteus (Unterkarbon) angegeben. Ob nun der Magnesit in verschiedenen Kalken auftritt oder

---

[1] H. P. Cornelius, Aufnahmsbericht über Blatt Mürzzuschlag, Verh. d. Geol. Bundesanst., Wien 1930, Heft 1.

ob die unterkarbonischen Kalke an einer Stelle auf klastischem Unter=
karbon ruhen, an anderer Stelle sich aus den devonischen Kalken ent=
wickeln, ist derzeit nicht zu entscheiden.

Im Semmering, wo einigermaßen abweichende Verhältnisse herr=
schen, findet sich im innigen Kontakt mit den Karbonschiefern, und
zwar unterhalb derselben, ein Streifen von weißen serizitischen Arkosen,
feinkörnigen Quarziten und Serizitschiefern, der stellenweise von Kalken
und Dolomiten (Semmeringtrias?) überlagert wird. Die stratigraphische
Stellung dieser Quarzite ist noch umstritten. Von Uhlig, Mohr und
anderen werden sie wegen ihrer Gipsführung als permotriadisch an=
gesprochen, während Schwinner sie mit den Blattelquarzen an die
Basis der Grauwackenserie stellt.

Über den Gesteinen der Grauwackenzone liegt diskordant die Trias.
Die Schichtfolge beginnt in den für uns in Betracht kommenden Ge=
bieten mit Kalk=Quarz=Konglomeraten und Breccien von weißer bis
roter Farbe (Verrucano, Prebichlkonglomerat), welche Einlagerungen
von oft serizitischen, rot oder grünlich gefärbten sandigen Schiefern ein=
schließen. Darüber folgen rote und grüne Werfener Schiefer, das sind
Tonschiefer und sandige Schiefer, deren eingestreute Muskowitblättchen
in der Nähe der Erze häufig verlorengehen und durch Serizithäute er=
setzt werden, schließlich die Kalke und Dolomite der Trias.

1. Niederösterreich.

Die Eisensteinbergbaue des Semmeringgebietes.

Ternitz, Gasteiner Prigglitz (Lit. 3 und 5). Kleine Vor=
kommen — Ankerite mit 5 bis 10% Fe aus dem Graben, der bei Ternitz
nordwärts zieht; im Streichen der Schichten gelegene Siderite am rechten
Ufer des Klaus=Saubach=Grabens, nördlich des Gehöftes Gasteiner;
schließlich die Erze westlich von Prigglitz und nördlich des Gehöftes
„Auf der Wiesen" — sind die ersten Anzeichen dieses Erzzuges im O.
Sie liegen an der Basis der Werfener Schiefer, teils in bunten seriziti=
schen, teils in sandigen Tonschiefern.

Grillenberg (Lit. 3 und 5). Nordöstlich der Eisenbahnstation
Payerbach, eine halbe Stunde entfernt, längs der Häuser von Werning
(siehe österreichische Spezialkarte 1 : 75.000, Zone 15, Kol. XIV, Neun=
kirchen—Aspang), erhebt sich als ein Teil der Gahnsleiten der
Grillenberg. An seiner Basis besteht er aus grauem, feinkörnigem,
paläozoischem Quarz=Serizitschiefer, der durch Chlorit grün, durch
Graphit schwarz gefärbt wird. Darüber folgt ein derbes Konglomerat
(Werfener Basiskonglomerat), bestehend aus bis haselnußgroßen Quarz=
geröllen und verkittet durch eine schiefrige Masse, die sich unter dem

Mikroskop als Quarz, Serizit und wenig Feldspat auflöst. In diese Konglomeratmasse, welche bis auf den Gipfel des Grillenberges reicht, schieben sich mehr oder minder mächtige Bänke eines lichten Schiefers ein, der unter dem Mikroskop dieselben Bestandteile wie das Konglomerat zeigt, das heißt Quarz, Serizit und Feldspat. Das Ganze ist ein stark metamorphosiertes Gestein. Die Schiefer bilden das Liegende, die Konglomerate das Hangende der Grillenberger Sideritlagerstätte (Abb. 31). Es sind zwei Haupterzzüge vorhanden, die ein Generalstreichen von O nach W und ein Einfallen nach N zeigen. Der nördliche, dem Kalkgebirge näher liegende Zug läßt sich nur aus den Pingen und den Ausbissen der Lagermasse erkennen. Der südliche, bis 1906 Gegenstand des Abbaues, wurde zunächst von den Alten als Tagbau und in kurzen, kaum ½ m breiten und 1 m hohen geschlögelten Einbauen erschlossen, bis 1791 die Erze wieder aufgefunden und dem regelmäßigen Abbau zugeführt wurden. Als erster wurde der Mariaschutzstollen nahe den Ausbissen, später der tiefere Kronprinz-Ferdinand- (jetzt Fürst-Adolf-) Stollen und schließlich, nachdem das Erz in beiden auszugehen be-

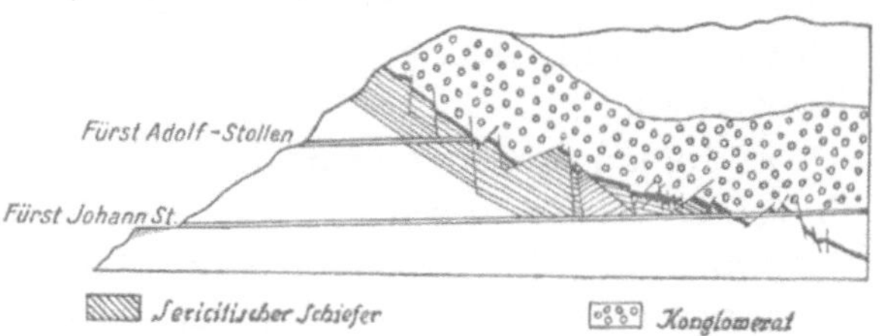

Abb. 31. Profil durch den Grillenberg. 1 : 4000.

gann, im Jahre 1845 der tiefste Unterbau, der Ferrostollen (jetzt Fürst-Johann-Stollen), angelegt. Nicht unerwähnt sollen die beiden im Werninggraben weiter westlich liegenden (oberer und unterer) Kübeckstollen bleiben, welche heute verrollt sind, jedoch wegen einer eventuellen Löcherung mit dem Fürst-Johann-Stollen von einiger Wichtigkeit werden könnten, da nur eine kleine Querstrecke fallen müßte, um beide zu verbinden.

Die Erze zeichnen sich durch große Reinheit (wenig Ankerit, Baryt, Kupferkies usw.) aus; ein Bericht aus dem Jahre 1846 rühmt, daß aus 100 Zentner Hauwerk 40 Zentner schmelzwürdige Eisensteine mit einem Halt von 40 bis 50% Eisen ausgeschieden wurden. Dieser Qualität steht die wechselnde Mächtigkeit schädigend gegenüber, da sie häufig von 4 m auf wenige Zentimeter herabsinkt, so daß lange Strecken im Tauben getrieben werden müssen. Die Erze liegen konform in den Schiefern, doch sind primäre Liegend- und Hangendtrümmer, die bald der Hauptmasse parallel laufen, bald die Schichten verqueren, durchaus nichts Seltenes. Bis 30 cm große Geröllstücke liegen in der Erzmasse und verleihen ihr ein tigerfellartig gesprenkeltes Aussehen. Das Verflächen variiert außerordentlich stark, von 15° bis 20° geht es wechselnd bis in die ganz saigere

Stellung über, förmliche Treppen bildend, welche noch durch zahlreiche Störungen auseinandergeschnitten werden.

Hirschwang, Altenberg, Schendlegg (Lit. 5). Die westliche Fortsetzung des Grillenberges erreichen wir auf der Straße von Payerbach nach Reichenau. Dort, wo sich diese teilt, einerseits nach Hirschwang, andererseits nach Edlach führend, beginnt jener Zwickel, welcher die Reviere Hirschwang, Altenberg und Schendlegg umfaßt und im S und W durch die Großau und den Preinerbach, im O durch das Höllental, im N durch die steil abfallenden Wände der Rax begrenzt wird. Die geologische Karte (Abb. 32) illustriert sowohl die geographischen als auch die geologischen Verhältnisse. Zu tiefst liegen graue metamorphe Tonschiefer, wie am Grillenberg, welche besonders schön in den Steinbrüchen gegenüber der Konriedschen Wasserheilanstalt und am Eingang des Kleinauwassergrabens aufgeschlossen sind. Sie sind bereits erzführend (I. Erzzug). Nach oben schließen sich grüne Schiefer von oft massigem Aussehen an (umgewandelte basische Eruptivgesteine).

Es folgen nun metamorphe lichte (gelblichweiße bis graugrüne) Porphyroide, welche, in Bänke gegliedert, das allgemeine OW-Streichen und Nordfallen der überlagernden Schichten der Rax angenommen haben, bald mehr massiges, bald mehr schieferiges Aussehen aufweisen (II. Erzzug).

Darüber liegt ein derbes, bald rotes, bald weißes Konglomerat, das durch seine Feldspatführung stellenweise eine Arkose wird und nach dem Hangenden in rote und grüne Schieferbänke übergeht. Dieser Komplex, welcher den Basiskonglomeraten der Werfener Schichten angehört, birgt den III. Erzzug. Auch die hangenden Schiefer enthalten Erzschmitzen.

Ein Verwurf, der Veranlassung zur Talbildung des Kleinauwassers gab, teilt das ganze paläozoische Gebiet in zwei Teile, nämlich das Hirschwang—Altenberg—Kleinau-Revier einerseits und das Schendlegg —Schwarzeck-Revier andererseits. Wir sehen auf der Karte die grünen Schiefer und Konglomeratschiefer des Ostens regelmäßig bis an die Störung heranstreichen, ihre Fortsetzung im W dagegen wird nur in den tieferen Gliedern sichtbar, während die oberen unter das Raxmassiv zu liegen kommen, das sich wahrscheinlich südwärts über das Ganze geschoben hat. Eine Bestätigung der Störung finden wir auch in der auffallenden Änderung im Streichen der Erze, das im W fast rein ostwestlich, im Schendlegger Revier dagegen nach NO (2^{h}) gerichtet ist.

Wie schon erwähnt, sind die Erze in drei Zonen zu finden und folgen wie am Grillenberg im allgemeinen auch im Porphyroid dem Streichen und Fallen der Schichten, doch können Verschneidungen mit dem Nebengestein beobachtet werden. Eine weitere auffallende Erscheinung ist das Auftreten zahlreicher sekundärer Gangtrümmer, welche am besten im Florastollen von Hirschwang und in dem schon öfter erwähnten Prayerstollen beobachtet werden konnten. Ein ganzes Netzwerk sekundärer Absätze durchzieht die Lagerstätten. Häufig entsteht Kokardenstruktur, indem sich um einen Siderit- oder Nebengesteinskern mehrere Lagen, und zwar in erster Generation von Quarz mit Kupferkies und Fahlerz, in zweiter Generation von jüngerem Siderit und schließlich von Baryt, bilden. Auf gleiche Weise wird im Prayerstollen der Siderit

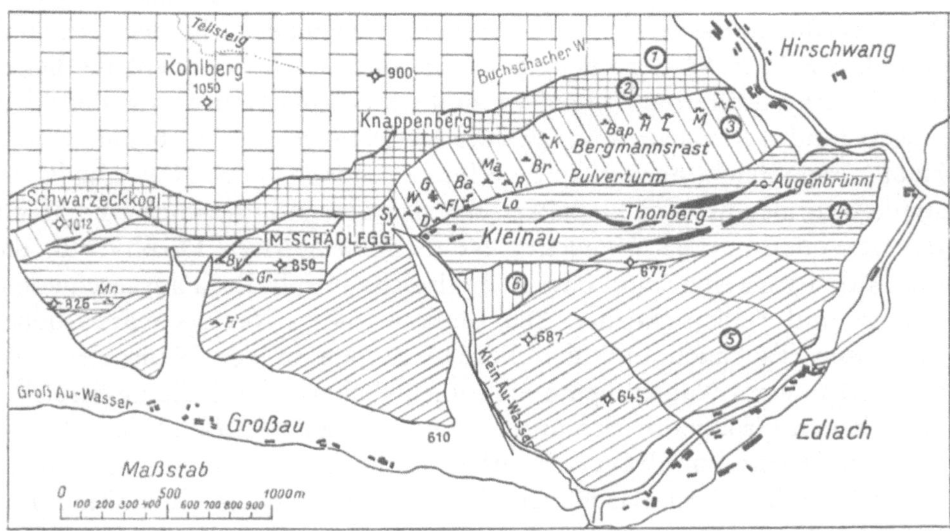

Abb. 32. Geologische Karte der Umgebung von Edlach.

1 Triaskalk und Dolomit. 2 Werfener Schiefer. 3 Konglomerat, mit rotem und grünem Schiefer wechsellagernd. 4 Porphyroid. 5 Grauer Phyllit. 6 Chloritschiefer.

F = Florastollen. M = Merletstollen. L = Lichtenfelsstollen. H = Hallerstollen. Bap = Baptiststollen. K = Heilige-Kreuz-Stollen. Br = Breunerstollen. R = Raabstollen. M = Mariahilfstollen. Ba = Barbarastollen. Lo = Lobkowitz-stollen. Fl = Florianistollen. D = Dreifaltigkeitsstollen. Sy = Syboldstollen. W = Wegstollen. G = Ganstrin-stollen. Fi = Fischerstollen. By = Prayerstollen. Gr = Großauerstollen. Ma = Mandlstollen.

durch jüngeren Quarz (selten Kupferkies führend) in Teilrhomboeder zerlegt, zwischen welchen er sich dehnt, so daß ein schachbrettartiges Gefüge zustande kommt. Der Quarz dringt oft in Kristallgruppen in den Siderit vor, wodurch wiederum rosettenartige Zeichnungen entstehen. Die tiefste Lagerstätte, in grauem und schwarzem (graphitischem) Tonschiefer gelegen, wurde durch den im Jahre 1900 begonnenen und zirka 280 m vorgetriebenen Fischerstollen konstatiert. Es fanden sich hier fingerbreite Schmitzen von Kupferkies, im höher gelegenen Prayerstollen ausgesprochene Gangtrümmer bis zu einer Mächtigkeit von ½ m, die aus symmetrischen Lagen von Siderit, Quarz, Kupferkies und Fahlerz bestehen. Sie verqueren teilweise das Gestein mit einem Verflächen nach

W oder aber sie folgen parallel der Schichtung. Die zweite Erzzone (I. Pingenzug) liegt im metamorphen Quarzporphyr. Mächtige Pingen — man zählt deren am Altenberg allein 260 —, welche beim Augenbrünnl beginnen und bis in die Kleinau reichen, deuten auf die Arbeit der Alten an den Ausbissen hin. Um die Erzzone in der Teufe zu unter= suchen, wurden in den Vierzigerjahren des vorigen Säkulums der Michailowicz= und Schwarzhuberstollen getrieben, welche jedoch beide in einer Streichendstrecke von 15 Klaftern nur Erzschnüre antrafen und daher eingestellt wurden. Der schon beschriebene Verwurf ist der Grund, daß wir die Fortsetzung im W erst am Schendlegg (in den Original= aufnahmen 1 : 25.000 Schädlegg genannt) finden. Die Grubenbaue liegen hier auf einer isolierten Kuppe. Es sind neben dem Hauptgang, der allein Gegenstand des Abbaues war, zahlreiche Paralleltrümmer bekannt. Der Hauptgang streicht nach 2^h und verflächt unter 50° nach NW. Die Eisen= steine beginnen mit den kleinsten Dimensionen und erreichen eine Mäch= tigkeit von 6 m. Das Hangende ist mehr schiefriger Porphyroid, das Liegende ist massiger und enthält zahlreiche porphyrisch ausgeschiedene Quarz= und Feldspatkörner. Die Einbaue dieses Reviers waren neben den alten Tagbauen und den kurzen Stollen in der Nähe des Aus= gehenden, deren Namen heute nicht mehr bekannt sind, die im Streichen getriebenen Großauer= (Schmitten=) und Antonistollen und der 1843 be= gonnene Ritter=von=Prayer=Unterbaustollen, welcher von der nörd= lichen Seite her durch das Hangende den Großauerstollen um 32 m unter= teuft. Kleinere Untersuchungsbaue am Abhang des Schwarzeckkogels, vor allem bei dem Bauerngehöft M a n d l, beschließen im W den zweiten Erzzug.

Die größte Ausbeute hat der dritte Erzzug gegeben, der im Liegen= den von grobkörnigen Konglomeraten, im Hangenden von roten und grünen Schiefern eingeschlossen wird (Werfener Schichten). Zwei Pingen= züge, ein südlicher und ein nördlicher, deuten auf die in der Teufe sich findenden Erze hin. Dieser mit dem Namen Altenberger Grubenbau be= zeichnete Teil liegt ungefähr in der gleichen Höhe wie das Grillenberger Erzvorkommen, mit welchem er auch fast gleichaltrig ist, nur daß in dem einen Falle die groben Konglomerate hauptsächlich im Hangenden, in dem anderen dagegen im Liegenden sich befinden. Nach der Aus= dehnung kann man drei Unterabteilungen annehmen, wovon die mittlere, höhere oder Hauptgrube den Altenberg im engeren Sinne, die östliche Hirschwang und die westliche, welche ihre Begrenzung in dem Kleinau= wasserverwurf findet, die Kleinau in sich begreift. Die weitere Fort= setzung nach W liegt unter dem Raxmassiv, was kleine Ausbisse am Schwarzeckkogel beweisen.

Alle drei Abteilungen gehören einem II. Pingenzug an und nur am Altenberg ist ein III. nördlichster Pingenzug zu finden, der durch einen Einbau, den Gerstorffstollen, im Jahre 1846 untersucht wurde (Abb. 33).

Die Hauptgrube, der Altenberg im engeren Sinne, liegt auf dem läng= lichen, gegen W, S und SO abgedachten, nördlich aber mit einem kleinen Sattel an das hohe Kalkgebirge, den Grünschacher, sich anschließenden Altenbergerkogel. Auf der westlichen und südlichen Seite, wo das Erz zu Tage geht, liegen die Haupteinbaue, der Graf=Breuner=, der Hofrat=, Raab=, der Mariahilf= und der Barbarastollen, die miteinander in Ver= bindung stehen und mit den Zechen und Zwischenläufen den eigent= lichen Grubenbau ausmachen. Die beiden Baptist= und der Heilige= Kreuz=Stollen, die ein 11 m mächtiges Lager angefahren haben, stimmen

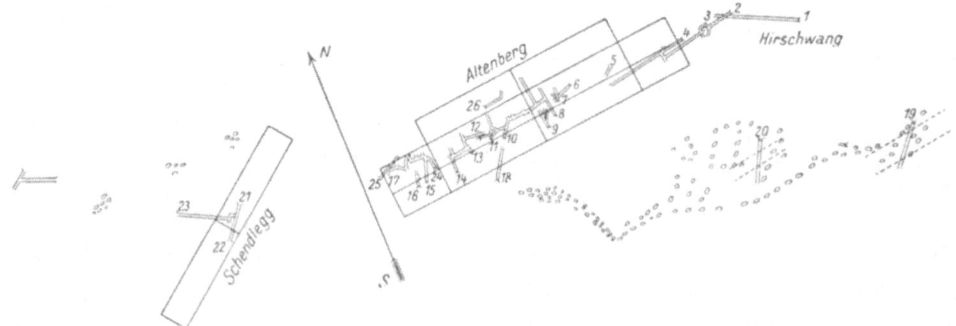

Abb. 33. Übersichtskarte der Reviere Hirschwang, Altenberg, Schendlegg.
1 Florastollen. 2 Merletstollen. 3 Lichtenfelsstollen. 4 Hallerstollen. 5 Unterer Baptiststollen. 6 Oberer Baptiststollen. 7 Hl.=Kreuz=Stollen. 8 Breunerstollen. 9 Martinistollen. 10 Raabstollen. 11 Mariahilfstollen. 12 Barbarastollen. 13 Hörzerstollen. 14 Josefistollen. 15 Dreifaltigkeitsstollen. 16 Schürfstollen. 17 Wegstollen. 18 Lobkowitzstollen. 19 Schwarzhuberstollen. 20 Michailowiczstollen. 21 Antonistollen. 22 Schmittenstollen. 23 Prayerstollen. 24 Floriani= stollen. 25 Syboldstollen. 26 Gerstorfstollen.

ganz mit dem Streichen und Verflächen des Hauptlagers überein, sind jedoch mit den vorgenannten Bauen nicht gelöchert.

Die Erze mit Einschluß der tauben und unbauwürdigen Massen zeigen am Altenberg eine Mächtigkeit bis 76 m und sind durch die Grubenbaue auf eine Länge von 320 m ununterbrochen aufgeschlossen. In einer Tiefe von 28 m wird dieser Stock durch eine 5 bis 9 m mächtige Lettenschichte, welche ihrem Fallen nach der Gegenstunde des Ge= birgsverflächens entspricht, abgeschnitten, ohne daß die Erzmasse unter ihr wieder gefunden wurde. Um die Erze noch unter dem Raabstollen zu erreichen, wurde der Lobkowitzstollen als Unterbau angelegt, der bei 129 m die Lettenschichte, jedoch nicht die Erze antraf, welche also schon zwischen dem Raab= und Lobkowitzstollen die Verwerfungskluft erreichen und an ihr abschneiden.

Der III. Pingenzug im N wurde durch Vortrieb des Breuner= stollens bis an das Kalkgebirge und durch einen kurzen Einbau, der nördlich vom Raabstollen liegt und Gerstorffstollen genannt wurde, in den Vierzigerjahren des vorigen Jahrhunderts untersucht, ergab jedoch keine günstigen Resultate, namentlich war das Erz sehr kupfer‑ reich, ein Umstand, der für die damalige Zeit als großer, fast unüber‑ windlicher Nachteil galt; die alten Grubenkarten ver‑ zeichnen auch einen Baryt‑ gang im Hangenden, ohne jedoch seine Mächtigkeit anzugeben. Ob das zuletzt besprochene Erzvorkom‑ men mit dem an der Letten‑ kluft abgesunkenen Teile zusammenhängt oder als selbständiges Glied aufzu‑ fassen ist, läßt sich heute nicht mehr konstatieren.

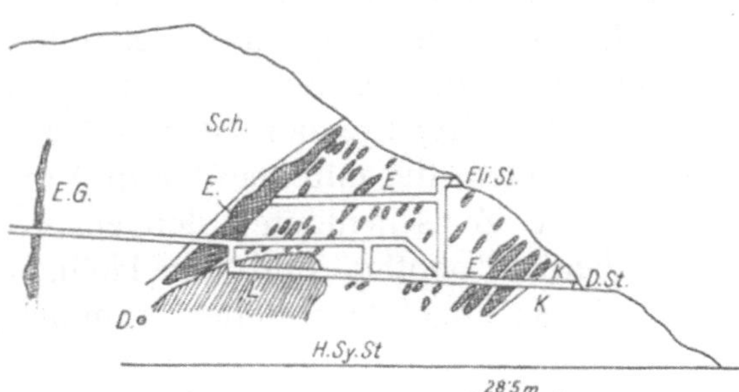

Abb. 34.   Profil des Florianistollens.   (Nach A. Schmidt.)

Fli. St. = Florianistollen. D. St. = Dreifaltigkeitsstollen. E = schich‑ tige Erzlagen. K = Quarzkonglomerat. Sch = serizitisierte Werfener Schiefer. L = Letten und mürber Schiefer. EG = quer zur Schichtung verlaufender Erzgang. H. Sy. St. = Horizont des Syboldstollens.

In der Kleinau sind zwei gesonderte Gruben, eine höhere, aus dem Floriani‑ und Dreifaltigkeitsstollen (Abb. 34), und eine tiefere, aus dem Weg‑ und Syboldstollen (Abb. 35) bestehend. Mit den ersteren wurde das Hauptlager in einer Mächtigkeit von 44 m auf‑ geschlossen; die bauwürdigen Erze lagen in der Nähe des Hangenden und Liegenden. In den letzte‑ ren Stollen dagegen scheinen nur Hangendtrümmer in Form von Butzen zum Abbau ge‑ langt zu sein.

Die jüngsten, erst in den letzten Dezennien eröffneten Grubenbaue liegen gegen Hirschwang zu, und zwar die in der Fortsetzung des Baptist‑ stollens gelegenen Haller‑, Lichtenfels‑, Merlet‑ und Flo‑ rianistollen, welche u n t e r‑ e i n a n d e r in der Strei‑

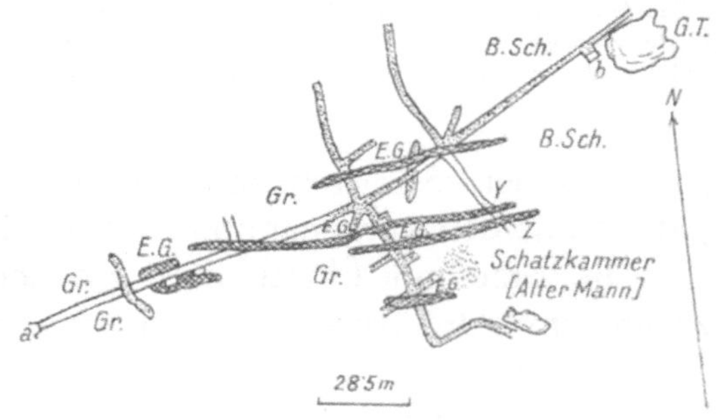

Abb. 35.   Grundriß des Syboldstollens. (Nach A. Schmidt.)

a = Mundloch. Gr = Basiskonglomerat. B Sch= blaue Schiefer. Eg = Erzgänge. GT = Ganstrintagbau.

chungsrichtung des Erzganges liegen, miteinander durch Aufbrüche in Verbindung stehen und bis vor kurzem betrieben wurden. Kurze Quer‑ strecken wurden bis an die hangenden Werfener Schiefer (hier schwach gipsführend) getrieben, schlossen jedoch kein weiteres Erzvorkom‑ men auf.

Der mineralogische Inhalt der Lagerstätte besteht aus Siderit *,[1] Ankerit *, Kupferkies *, Schwefelkies *, Antimonfahlerz *, Arsenkies *, Baryt *, Zinnober *, Quarz *, Kalzit *, Buntkupferkies *, Eisenglanz *, Eisenglimmer *, Limonit * als Ocker oder als brauner Glaskopf, Stilpno= siderit *, Eisenblüte *, Vivianit *, Azurit *, Malachit *, gediegen Kupfer *, Rotkupfererz *, Kupferschwärze * und Wad *.

Der Siderit kommt mit dem Ankerit innig gemischt, teils in derben Massen von grob= oder kleinkörnigen Aggregaten, teils in größeren Kristallen vor.

Als Erz hat er einen Durchschnittsgehalt von 34% Eisen, ferner verhältnismäßig viel Kieselsäure, welche bis 20% steigt. Die Röstspäte ergaben im Jahre 1901 in einem mehrmonatigen Durchschnitt 53% Eisen.

Das zweitwichtigste Mineral ist der Kupferkies. Er ist entweder im Eisenerz fein verteilt und bedingt dann seinen mehr oder weniger großen Kupfergehalt oder er kommt in mehr oder weniger großen Butzen von Faust= bis Kopfgröße vor. Manchmal sind an einer Stelle so viele Kupfererze vorhanden, daß sie schon des öfteren Veranlassung zu Schürfungen auf Kupfer gegeben haben, ein anderes Mal konnten gelegentlich der Eisensteingewinnung Mengen erobert werden, deren Einlösung rentabel war. So zum Beispiel wurden in den Jahren 1871 bis 1873 von der Berg= und Hüttenverwaltung Brixlegg 2037'93 Wr. Zentner Kupferkies, teils aus Hirschwang, teils aus Schendlegg übernommen. — Mit dem Kupferkies innig verwachsen ist das Fahlerz, das nach S i g = m u n d Antimonfahlerz ist. Die größte Menge wurde in dem Prayer= stollen, und zwar in einem Gangtrumm von ½ m Mächtigkeit angetroffen, in welchem 15 cm starke Lagen von reinem Fahlerz gefunden wurden. Leider wurde der Gang bald verworfen, das Blatt aber nicht weiter verfolgt. Heute ist der größte Teil des Stollens verbrochen, so daß nur die vor dem Stollen liegende Erzmasse das Vorhandensein dieses Minerals verrät. Es ist lichtstahlgrau und derb, hat nach einer Analyse von L. St. R a i n e r einen Kupfergehalt von 14'73% und einen geringen Silbergehalt.

Aber auch in allen anderen Stollen wurde Fahlerz eingesprengt ge= funden; ein fahlerziges Hauwerk von Knappenberg gab 3 g Gold, 137 g Silber und 44'9 kg Kupfer per Tonne (Analyse L. St. R a i n e r).

Mehrere andere Proben ergaben wieder nur Spuren von Gold und Silber oder waren ganz frei von diesen Bestandteilen, so daß man im

---

[1] Die mit einem Sternchen (*) versehenen Minerale sind bereits in Z e p h a r o - v i c h - B e c k e, Mineralogisches Lexikon für das Kaisertum Österreich, I bis III, S i g m u n d, Verzeichnis der Minerale Niederösterreichs, Wien 1902, und S i g m u n d, Über einige seltene Mineralien Niederösterreichs, enthalten.

allgemeinen sagen kann, daß die Erze namentlich dort, wo sie kies=
reicher sind, einen wechselnden Gehalt von Silber und Gold besitzen.

Der Arsenkies findet sich in den die Siderit= und Kupferkiesgänge
begleitenden Serizitschiefern der Großau; die Kristalle sind 2 mm bis
1 cm groß, lichtstahlgrau.

Der Zinnober findet sich, namentlich am Knappenberg, derb bis
nußgroß im Siderit.

Der Eisenglimmer liegt hauptsächlich in der Nähe des eisernen
Hutes oder dort, wo zirkulierende Wässer die Veranlassung zu Um=
setzungen bildeten. Besonders mächtig ist er in der Lagerstätte am Ende
des Saubach=Klausgrabens, nordwestlich von Pottschach entwickelt, wo
zwischen den zersetzten Sideritmassen mehrere Wagenladungen Eisen=
glimmer gewonnen wurden.

Der Baryt bildet Gänge im Siderit und hat rote, gelbe oder graue
Farbe.

Der Quarz bildet vor allem sekundäre Gänge in der Sideritmasse,
kommt aber auch primär vor. Vereinzelt konnten Kristalle von Feld=
spat (Albit) im Erz beobachtet werden.

Wartenstein, Ottertal, Erzkogel, Fröschnitz. Vom
Schlosse Wartenstein am Semmering streicht bis über den Frösch=
nitzgraben bei Steinhaus in Steiermark, südlich des eigentlichen Erzzuges
der Grauwackenzone, ein Streifen von lichten serizitischen Quarzit=
schiefern und Konglomeraten (Semmeringquarzit) unbestimmten Alters
(siehe S. 54). In ihm liegen kleine Sideritlagerstätten.

So erwähnt Cžjžek östlich von Wartenstein lichten Quarzit, in
welchem Siderit eingesprengt ist.

Weiters spricht Mohr von einem kleinen Erzvorkommen im Liegen=
den der Wolfenkogelscholle, nahe der Kote 853, nördlich von Kirch=
berg am Wechsel, an der Grenze des Quarzites und Kalkes.

Seit alters her sind die Erzlinsen an der Südwestseite des Otter=
berges im Ottertal (nach Mohr beim Schabbauer) bekannt.

Das gleiche gilt vom Erzkogel (1501 m) südlich des Göstritzberges
(Sonnwendstein). Das Vorkommen ist an die Grenzzone von Trias=
kalk und Quarzit gebunden; neben Spateisenstein bricht hier in nicht
unwesentlicher Masse Bleiglanz ein.

Schließlich gehört diesem selben Zug das Sideritvorkommen des
Fröschnitzgrabens in Steiermark an. Nach einer freundlichen schrift=
lichen Mitteilung des Herrn H. P. Cornelius ist das Gebiet außer=
ordentlich kompliziert gebaut. Es handelt sich um eine vom Kristallin
überwölbte Kuppel der Semmeringtrias, wobei die Zugehörigkeit der
Quarzite zur Trias noch fraglich ist (Abb. 36). Gleich am Beginn des
Tales in der Nähe des alten Hochofens erwähnt bereits Toula Ankerit,

der lagenweise im dolomitischen Kalk auftritt (Punkt 1). Tiefer im Tale ist bei Punkt 2, ebenfalls im Dolomit, ein Stollen getrieben, ohne daß daselbst Erzspuren zu sehen wären. Die Hauptbaue waren zirka 2 km im Fröschnitztal an der Westlehne gelegen (Punkt 3). Nach Miller sind es drei stark aufgerichtete, durch 2 bis 4 m taube Mittel getrennte Lager, die konform mit den Schichten des Nebengesteins nach N fallen. Nach Mohr setzen sie im Quarzit nahe dem hangenden Kalk auf. Sie haben von allen eben genannten Lagerstätten die größte räumliche Ausdehnung, ihre Mächtigkeit schwillt bis auf 22 m an, sie halten auch verhältnismäßig lange im Streichen an. So wurde das Erz auf der Sohle im Katharina=

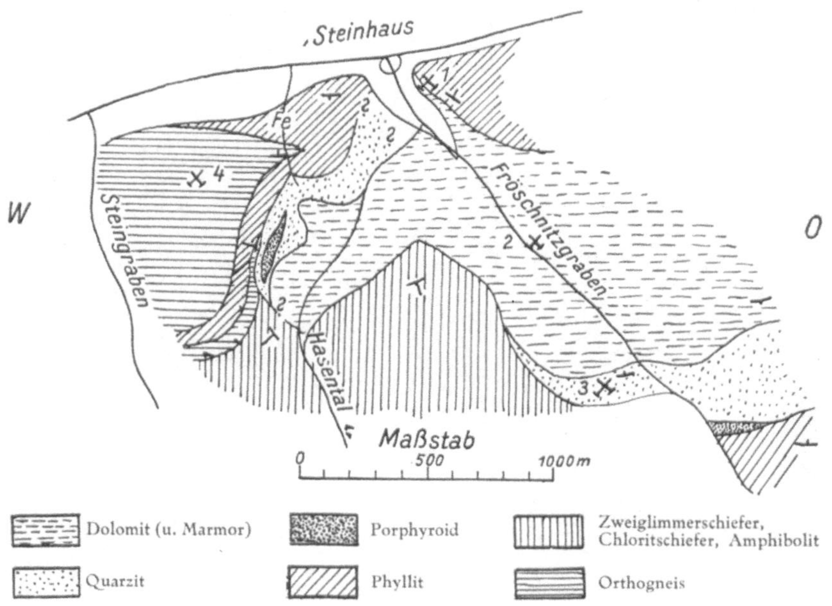

Abb. 36. Geologische Karte des unteren Fröschnitzgrabens. (H. P. Cornelius, 1930.)

stollen zirka 180 m verfolgt, bis es, zertrümmert, allmählich in Ankerit überging. Miller erwähnt auch, daß hier silberhältiger Bleiglanz ge= wonnen wurde. Der tiefste Stollen, nur wenig über der Talsohle ge= legen, war der Katharinastollen; nach der Tiefe zu wurde das Erz hier gesenkmäßig abgebaut.

Literatur: 1. J. Cžjžek, Das Rosaliengebirge und der Wechsel in Nieder= österreich, Jahrb. d. Geol. Reichsanst., Wien 1854, V. Jahrg. — 2. A. v. Miller= Hauenfels, Die steiermärkischen Bergbaue als Grundlage des prov. Wohlstandes, Wien 1859. — 3. H. Mohr, Zur Tektonik und Stratigraphie der Grauwackenzone, Mitteil. d. Geol. Ges. Wien III, 1910, S. 176, Taf. VII. — 4. H. Mohr, Versuch einer tektonischen Auflösung des Nordostsporns der Zentralalpen, Denkschr. d. Akad. d. Wiss. in Wien, Bd. 88, 1913, S. 638. — 7. K. A. Redlich, Bergbaue Steier=

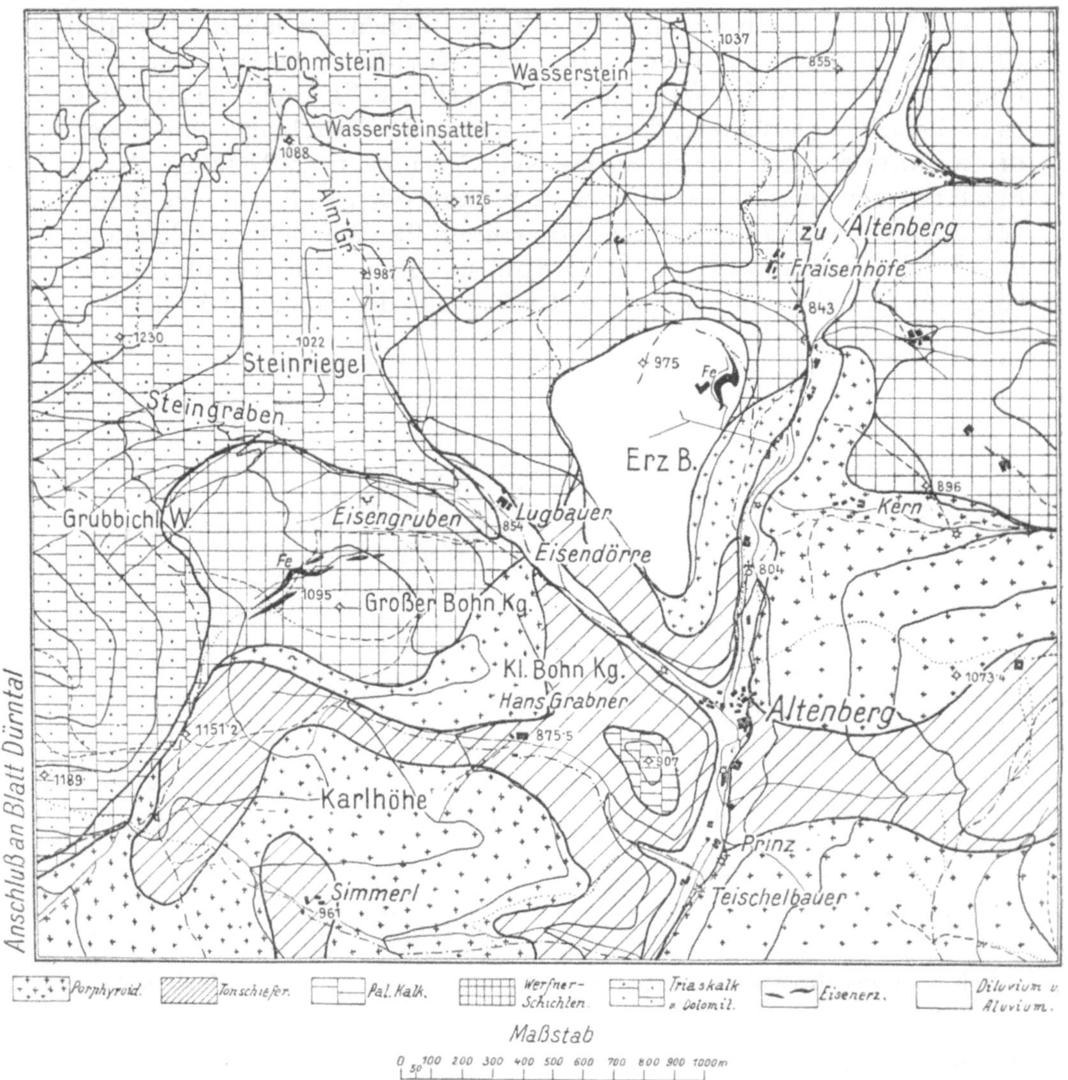

Abb. 37. Geologische Karte von Altenberg und Bohnkogel.
(K. A. Redlich, 1922.)

marks, Der Eisensteinbergbau in der Umgebung von Payerbach-Reichenau, Berg- u.
hüttenm. Jahrb. d. mont. Hochsch. Leoben u. Příbram, 1907. — 6. A. S i g m u n d,
Verzeichnis der Minerale Niederösterreichs, Wien 1902, Verlag F. D. Deuticke. —
7. F. T o u l a, Geologische Untersuchungen in der Grauwackenzone, Denkschr. d.
Akad. d. Wiss. in Wien, Bd. L, 1885, S. 15. — 8. T u n n e r s Bericht der bergm.
Hauptexkursion, Jahrb. d. Bergakad. Leoben u. Příbram, Schemnitz 1842. — 9. M. V a -
c e k, Über die geol. Verhältnisse des Semmeringgebietes, Verh. d. Geol. Reichsanst.,
Wien 1888, S. 260.

2. Steiermark.

Die Eisenerzlagerstätten östlich und westlich von Neuberg.

Altenberg. Nördlich von Kapellen, im Altenberger Tal in der Nähe des Ortes Altenberg, liegen die Bergbaue Altenberg (Erzberg) im östlichen, Bohnkogel im westlichen Teile des Grabens (Abb. 37).

Der eigentliche Erzberg besteht aus Porphy=roiden, in welche wirbelartig die Tonschiefer eingefaltet sind.[1] Diskordant liegen darauf die Werfener Schichten, bestehend aus einer harten Breccie und lichtgetönten Schiefern, die keilför=mig in einer jüngeren Faltungsperiode über die Höhe 975 in das ältere Gebirge eingezwängt wurden. Die Porphyroide sind tiefgrün und grobkörnig und zeichnen sich dadurch aus, daß einzelne, bis 1 cm große Arsenkieskristalle un=mittelbar in ihnen eingebettet erscheinen. Ähn=liche Arsenkieskristalle im Nebengestein der Sideritgänge (Serizitschiefer) sind aus Mitter=berg bei Außerfelden (Salzburg) usw. bekannt. Besonders mag darauf hingewiesen werden, daß die Siderite turmalinführend sind. In den Porphyroiden setzen bis zu 50 cm starke Gänge von Siderit auf, die deutlich eine Sukzession von 1. Siderit, 2. Turmalin, Quarz, Fahlerz, Baryt und 3. jüngsten Quarztrümmern zeigen. Diese letztgenannten Quarzgänge setzen auch in den Porphyroid über (Abb. 38).

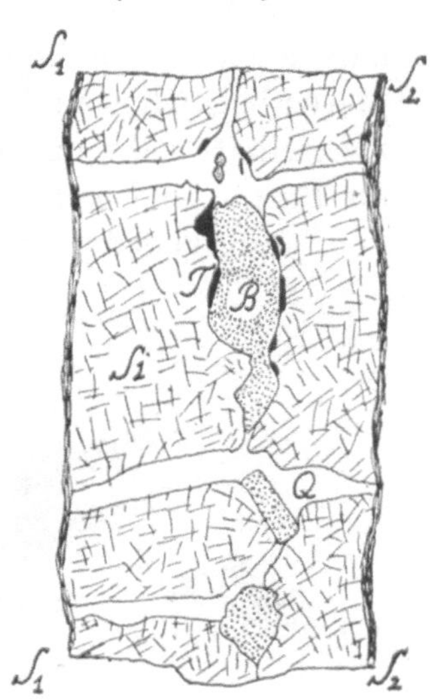

Abb. 38. Symmetrischer Sideritgang im Porphyroid mit jüngerem Turmalin, Baryt u. Quarz. Altenberg. S_1 S_2 = Salbänder. Si = Siderit. T = Turmalin. B = Baryt. Q = Quarz.

Neben diesen deutlich symmetrischen Gängen findet sich der Turmalin auch in scheinbar brecciöser Form in einem zirka 15 cm starken Sideritgang, der im Porphyroid aufsetzt (Abb. 39).

Ein genaueres Studium dieses Vorkommens ergab, daß in der offenen Gangspalte Brocken von Porphyroid, also vom Nebengestein, vorhanden waren, die einerseits verquarzt, andererseits von den Rän=dern und von Sprüngen ausgehend turmalinisiert, das heißt in ein sehr feinkörniges Gemenge von pflasterförmig aggregiertem Quarz und kleinen Turmalinsäulchen umgewandelt wurden. Nicht nur diese Neben=gesteinsbrocken wurden turmalinisiert, sondern auch das Nebengestein selbst erhielt an den Salbändern der Gangspalte einen Turmalinbelag.[2]

---

[1] Die Einzeichnung der Tonschiefer unter dem Gerölle des Erzbergs in der Karte ist alten Grubenkarten entnommen.

[2] Turmalinisierung des Nebengesteins erwähnt auch Sigmund (L. 13, S. 18) vom benachbarten Bohnkogel.

Der Turmalin ist also hier die älteste Ausscheidung. Später erfolgt die
Ausfüllung der Gangspalte mit Siderit, der selbst in kleinen Gang=
trümmerchen in die turmalinisierten Nebengesteinsbrocken eindringt.
Noch jünger ist eine sekundäre Verquarzung des Erzes, welche von
Sprüngen ausgeht, die sich in den Porphyroid hinein fortsetzen.

Ein Vergleich der beiden beschriebenen Turmalinvorkommen zeigt,
daß zwei Turmalingenerationen vorhanden sind, eine ältere v o r=
s i d e r i t i s c h e und eine jüngere n a c h s i d e r i t i s c h e. Ganz un=
zweifelhaft geht aus den Beobachtungen hervor, daß die Sideritgänge
im Porphyroid keinesfalls als sekundäre, durch Metallverschiebungen
von untergeordneter Bedeutung entstandene Gangzotten aufgefaßt

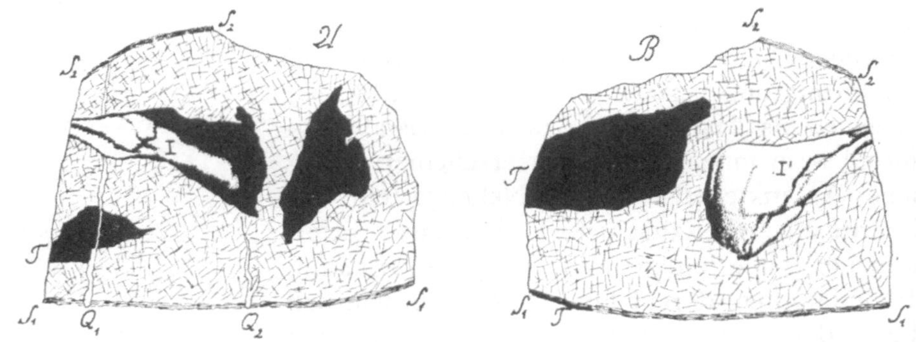

Abb. 39. Sideritgang mit Schollen von turmalinisiertem Nebengestein. Altenberg.

A, B = Vorder= und Rückseite der Stufe. S₁ S₂ = Salbänder mit anhaftendem, bei T turmalinisiertem Porphyroid.
I I' = Vorder= und Rückseite eines vom Rande und von Klüften aus turmalinisierten Nebengesteinsbrockens.
T = vollständig turmalinisierte Scholle. Kreuz und querschraffiert = Siderit. Q₁ Q₂ = jüngere Quarzgänge.

werden können, sondern daß im Verlaufe längerer Zeiträume ein wieder=
holtes Aufreißen der Gangspalten stattfand, daß die Sideritgänge im
Porphyroid also als echte juvenile Erzgänge angesprochen werden
müssen. Da man ähnliche jüngere Turmalinnachschübe auch aus den
analogen und gleichalterigen Sideritlagergängen der Bindt und der
Gegend von Dobschau (Slowakei) kennt, kann es sich nicht um
zufällige, lokale Erscheinungen handeln.

Über den Porphyroiden folgt im nordöstlichen Teile der Grube ein
hartes Konglomerat, bzw. Breccie der Werfener Schichten, in welchem
sich schmälere Gangtrümmer finden, im südwestlichen Teile schieben
sich nach alten Grubenkarten schwarze Schiefer ein. Dort, wo die
Breccien, mit Schiefern wechselnd, in die jüngeren Werfener Schichten
übergehen, liegt, soweit die unklaren Bezeichnungen der Alten es er=
kennen lassen, die Hauptmasse der Lagerstätte innerhalb graugrüner
serizitischer Schiefer. S c h m i d t sagt über die Lagerstätte (Abb. 40)
folgendes: Der Lageraufschluß im ganzen erstreckt sich dem Streichen

entlang auf zirka 280 Klafter (531 m) und im Verflächen vom Tage bis zur Sohle des Kaiser=Franz=Unterbaues auf 30 bis 36 Klafter (59 bis 68 m). An höchster Stelle ist der Kreuzstollen (863'591 m), in welchem das Erz bis fast zu Tage, wo es auf diluviale Schotter stößt, verhaut wurde; dann folgt der Benedikt=Matthias=Stollen und fast in der Talsohle der Franzstollen (811'891 m). Weiter im N wurde an der Westlehne des Erzberges eine Reihe von Stollen auf höheren Horizonten, namentlich auf dem Mitternachtsgang angelegt, die

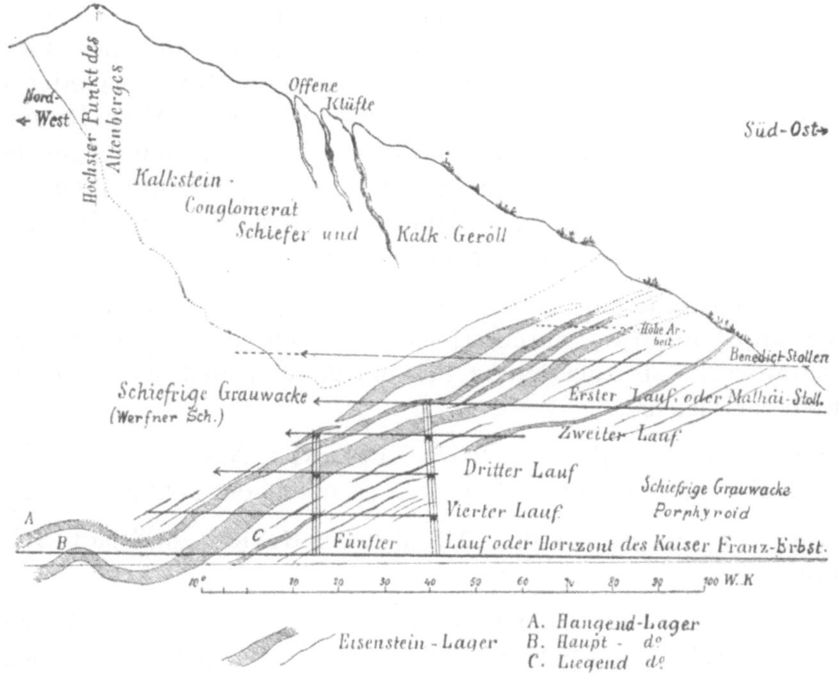

Abb. 40. Hauptdurchschnitt vom Eisensteinbergbau am Altenberg bei Neuberg.
(Nach A. Schmidt.)

von S nach N der Reihe nach Barbara=, Josef=, Aufschluß=, Theresia= und oberer Kreuzstollen hießen. Am anderen Ufer des Baches, am Haarriegel, findet sich im Porphyroid eine große Halde eines Schurfstollens, der wohl die streichende Fortsetzung der Gänge hätte suchen sollen.

Die Mächtigkeit des Lagerzuges beträgt ungefähr 24 Klafter (45 m), wovon beiläufig die Hälfte auf die Summe der Erzlager entfällt, das übrige aus tauben Schieferzwischenmitteln besteht.

Es sind außer den kleinen Erztrümmern vorhanden: ein kleiner Liegendgang in den oberen Horizonten, der in seiner Mächtigkeit und streichenden Ausdehnung größte Mitternachtsgang, der durch eine natürliche Biegung der Gesteine aus der N—S-Richtung in eine O—W-Richtung übergeht, und schließlich der durch Schichtbiegung in einem Winkel gestellte Hangendgang.

Die größte Mächtigkeit des Hauptlagers, inbegriffen einige dünne Schieferstreifen, ist 5 bis 6 Klafter (9'5 bis 11'4 m). Gegen die beiden Endpunkte verschmälert sich der Adel immer mehr und mehr bis zur völligen Ausschneidung. Einige Lager sind weniger als einen Fuß (0'316 m) mächtig und deshalb nicht bauwürdig. Eine scharfe und anhaltende Begrenzung des Lagerzuges findet man nur am Hangenden desselben, wo ein nach 3^h streichendes und parallel mit den Gebirgsschichten fallendes Blatt das Hauptlager in seiner Nähe begleitet, oder, wie ein Salband, unmittelbar auf demselben anliegt. Vom Hauptlager gegen das Liegende des Erzzuges werden die einzelnen Lager immer schmäler, die Erzpartien kürzer, in größeren Zwischenräumen voneinander liegend, und lösen sich dann in zerstreute kleine Butzen und Spuren auf, bis sich auch diese gänzlich verlieren.

Die Eisensteine sind größtenteils braun, grobflinzig, zum Teil auch gelblich und feinkörnig, durchaus sehr rein, nur mit Quarz und schieferiger Grauwacke als Lagermasse, hie und da aber auch mit wenig Eisenglimmer verwachsen.

Jüngere Nachschübe von Quarz, Kupferkies, Arsenfahlerz und Baryt liegen an einzelnen Stellen im Siderit. S c h m i d t erwähnt auch Zinnober.

Analysen von Erzen des Altenberger Reviers sind auf Seite 69 zu finden.

B o h n k o g e l. Am großen B o h n k o g e l sind kleine Erzbutzen im hellgrauen serizitischen Schiefer (Porphyroid?) vorhanden. Sie wurden in dem am südlichen Hange gelegenen Josefistollen angefahren. Die übrigen zahlreichen Gänge liegen innerhalb der Breccie und der sandigen Schiefer der Werfener Schichten und sind von graugrünen und lichten serizitischen Schiefern begleitet (Abb. 37).

Diese Nebengesteine wurden mikroskopisch untersucht. Die eine Art besteht in erster Linie aus Quarz mit ausgesprochener Mörtelstruktur, Serizit, der teils lagenförmig auftritt, teils häufchenartig das Gestein durchsetzt; Epidot, Chlorit, Leukoxen und Karbonatkörner vervollständigen das Bild. Das Gestein war ursprünglich zweifellos ein sandiger Tonschiefer, wie wir ihn reich an Muskowitschuppen in den Werfener Schichten finden, wofür als besonderer Beweis der Übergang in ausgesprochene lichte, rotgrüne Konglomerate anzusehen ist. Der andere Typus besteht vorwiegend aus Serizit, der Quarz tritt sehr zurück, eingelagert sind große Chloritaggregate, die stellenweise deut-

	Derbes	Geröstetes Erz					
	II	III	IV	V	VI	VII	VIII
Fe_2O_3	} 53·17 {	72·54	67·22	70·62	63·84	} 62·78	63·10
FeO		0·83	4·69	0·52	0·69		
Mn_2O_3 . . .	0·83	3·15	3·36	(MnO) 3·24	2·79	2·76	2·54
CaO	0·30	0·60	1·29	1·20	1·89	1·07	1·30
MgO	3·32	4·94	4·11	4·55	4·31	4·52	4·52
CuO	—	Spur	0·07	—	0·03	0·026	0·022
H_3PO_4 . . .	Spur	Spur	Spur	0·043	0·027	0·03	0·046
H_2SO_4 . . .	—	0·20	0·49	0·330	0·29	0·44	0·326
CO_2	} 38·27 {	1·60	} 3·35	2·45	2·17	2·11	2·821
H_2O		1·00					
$Ni + Co$ . .	—	—	—	—	Spur	Spur	Spur
Al_2O_3	0·78	3·70	2·49	3·55	6·01	6·09	4·55
SiO_2	3·20	12·05	12·49	13·15	18·55	20·10	21·00
Summe . .	99·87	100·61	99·56	99·653	100·597	99·926	100·214
Eisengehalt .	—	51·45	—	49·83	45·23	43·95	44·17
Mangan . . .	—	—	—	2·23	2·01	1·99	1·83
Phosphor . .	—	—	—	0·019	0·012	0·013	0·020
Schwefel . .	—	—	—	0·132	0·12	0·176	0·130
Kupfer . . .	—	—	—	—	—	0·21	0·018

I. A. Gsell, Jahrb. d. Geol. R.=A. XVI, S. 527

II. Unbekannter Au= tor A. M. A. G.

III. Berg= u. hüttenm. Jahrb. XIV, S. 185

IV. A. v. Lichtenfels, Berg= u. hüttenm. Jahrb. XVII, S. 360

V. H. Sturm, Berg= u. hüttenm. Jahrb. XXI, S. 256

VI. L. Schneider, Berg= u. hüttenm. Jahrb. XXIII, S. 352

VII. F. Lipp, Berg= u. hüttenm. Jahrb. XXVI, S. 202

VIII. L. Schneider, Berg= u. hüttenm. Jahrb. XXVII, S. 186

lich walzenförmige, bis 3 cm lange Formen annehmen; sie gleichen Kon=
kretionen. Im Querschnitt beobachten wir in erster Linie eine Chlorit=
hülle (Pennin), im Kern dagegen tritt der Chlorit zurück; es überwiegt
nach innen zu immer mehr Quarz, Serizit und Karbonate. Im Chlorit
finden wir einzelne Turmalinnadeln. Bergverwalter H a m p e l, Betriebs=
leiter in Altenberg und Bohnkogel, hat nach einer Mitteilung des der=
zeitigen Leiters der mineralogischen Abteilung des Joanneums in Graz,
Professor A. S i g m u n d, im Jahre 1891 Turmalin (Schörl), 2 bis 6 cm
lange Knollen und Wülste, im serizitischen Schiefer eingebettet, dem
Museum geschenkt. Als Fundortsangabe führen diese Stücke: Gefunden
im Hangendschiefer der 12. Abbaustraße über dem Mittellauf des Unter=
baustollens des Bergbaues Bohnkogel. Hochinteressant ist das Auf=
treten einzelner Talkblättchen, die auch im Nebengestein der Erze von
Gollrad nachgewiesen werden konnten. Das Vorkommen dieses Ma=
gnesiumsilikates weist direkt auf eine Neubildung im Nebengestein
unter dem Einfluß der stets magnesiumführenden Eisenerze hin. Es läge
sehr nahe, die Serizitschiefer als Porphyroidlagen im Werfener Schiefer
anzusehen, im Zusammenhang mit den Schiefern und Konglomeraten
aber betrachtet, sehen wir, daß auch sie ursprünglich Sedimente
waren, welche bei der Umkristallisation ihren heutigen Charakter an=
nahmen.

Die Gänge am Bohnkogel wurden auf der südlichen Lehne des
Berges durch den obersten Barbarastollen und den tiefsten Josefistollen,
auf der nördlichen Seite durch den nach der Teufe folgenden Hampe=
(Seehöhe 1020157 m), Mittel= (Seehöhe 1009873 m) und schließlich
Unterbaustollen (Seehöhe 928667 m, 1858 begonnen, 1863 die Lagerstätte
erreicht) aufgeschlossen (Abb. 41).

Nach S c h m i d t unterscheidet man „zwei bauwürdige Lager, näm=
lich das Hauptlager mit seinen Trümmern, aus schönem, braunem Spat=
eisenstein bestehend, und das Neben= oder sogenannte Weißerzlager,
5 bis 7 Klafter (95 bis 133 m) im Hangenden des ersteren".

Im ganzen betrachtet, bilden die Bohnkogler Lager mehrere sehr
langgestreckte Erzlinsen, deren größte Mächtigkeit über 1 Klafter (19 m)
beträgt. An einigen Stellen fehlen die Erze. Im Tiefbau wurde mit
einem Querschlag sogar eine 3 Fuß (095 m) mächtige Lage von braunem
Sand und mürbem, ockerigem Schiefer als Stellvertreter des Erz=
lagers angefahren. Beide Erzlager verflächen unter 45 bis 60° gegen
Mitternacht.

Einige Erztrümmer verlaufen sich im Streichen aus dem Schiefer
in die körnige Grauwacke, wonach diese Lagerstätten mehr als lager=
förmige Gänge zu betrachten sein dürften, zumal auch der $\frac{1}{2}$ bis $1\frac{1}{2}$ Fuß

(0'16 bis 0'47 m) mächtige Lettenbesteg, welcher das Hauptlager im Liegenden begleitet, dies anzudeuten scheint.

Schmale, etliche Zoll dicke Erzblasen kommen, vorzüglich im höheren Teile des Grubenreviers, sowohl im Hangend= als auch Liegend= gestein der Hauptlager vor. Dem Weißerzlager schließen sich hangend= seits zwei solche Gefährten so nahe an, daß sie mit demselben unter einem in Abbau genommen werden konnten.

Die Mineralführung ist dieselbe wie am Altenberger Erzberg (Siderit, Ankerit, Baryt, Schwefelkies, Kupferkies).

Die Analysen der Bohnkogelerze finden sich auf S. 73.

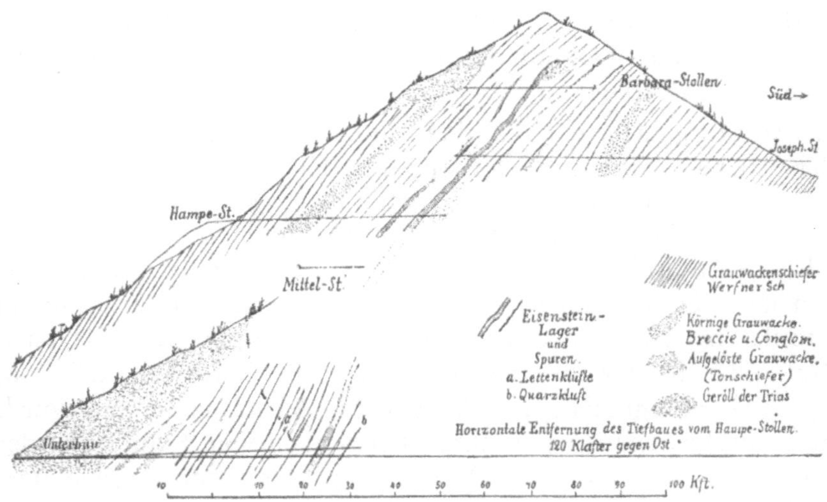

Abb. 41. Eisensteinbergbau am Bohnkogel bei Neuberg. (Nach A. Schmidt.)

Der in der Öffentlichkeit viel zu wenig bekannte Erforscher und ausgezeichnete Beobachter ostalpiner Lagerstätten, A. R. Schmidt, bildet eine große Zahl von Ortsbildern von Altenberg und Bohn= kogel ab. Wir sehen da im Erz unregelmäßige Brocken des Neben= gesteins eingebettet, Lagergänge, die Lager vortäuschen, jedoch ins Liegende und Hangende Erzzoten senden, sich mehrfach spaltende Lagerlinsen usw., kurz alle Erscheinungen, welche auf eine Epigenesis der Lagerstätte hinweisen. Ganz dieselben Verhältnisse treffen wir in den bereits beschriebenen benachbarten Eisensteinbergbauen der Um= gebung von Payerbach=Reichenau, so daß es wohl kaum einem Zweifel unterliegen kann, daß wir es mit späteren Erzimprägnationen und Durch= tränkungen zu tun haben und nicht mit Erzlagern.

Ö d w i e s e. Westlich vom Bohnkogel verengen sich die Werfener Schichten bis auf einen äußerst dünnen Streifen, um sich erst wieder im Lichtenbach zu verbreitern. An der Westlehne desselben bis hinauf zur Ö d w i e s e liegen in den Werfener Schichten kleine Sideritlinsen, welche mehrfach beschürft wurden. Am M i c h e l b a u e r g u t waren ein 8 Fuß tiefer Schacht, ferner drei Stollen im Betrieb, von welchen nach S c h m i d t s Aufzeichnungen einer 120 Fuß lang war, zuerst zersetzte blaugrüne Schiefer antraf, dann ein Gipslager von 2½ Fuß Mächtigkeit mit einem Verflächen von 61° nach S und schließ= lich dunklen Kalk anfuhr (Taf. II).

H i e r z e r g u t. Nicht unerwähnt möge bleiben, daß an der West= lehne, nahe dem Ausgang des Lichtenbachtales, am H i e r z e r g u t (nach demselben Autor) Graphit gefunden wurde; Spuren von Ton= schiefer, zwischen Dolomit und Porphyroid, dürften den Fundort lokalisieren (Taf. II).

L e c h n e r g r a b e n. Parallel zum Lichtenbach verläuft der L e c h n e r g r a b e n, der beim Neubergerdörfl endigt. Mehrere größere Halden am rechten Ufer zeugen von einer stärkeren bergbaulichen Tätigkeit. Die Stollen sind zweifellos im Porphyroid getrieben. An= geblich soll daselbst Kupfererz von einem gewissen Jernburg gewonnen worden sein, der auch der Kirche von Neuberg eine Kupferplatte opferte. Man findet im Haldenmaterial Spuren von Kupferkies in Quarz ein= gebettet. H a t l e erwähnt in den „Mineralien Steiermarks" von hier Siderit, Ankerit und Fahlerz. Auch beim A l m b a u e r g u t wurde auf Eisenerz geschürft. In der direkten Umgebung von Neuberg finden wir zwischen den Felsen d e s R a b e n s t e i n e s an der Grenze der Por= phyroide und Tonschiefer zum p a l ä o z o i s c h e n K a l k in diesem Ankerit. A. S c h m i d t erwähnt auch hier „graue, großblätterige Flinze auf einer sechszölligen Erzkluft in sehr grobkörniger Grauwacke" (Porphyroid?) (Taf. II).

B e i d e r B r ü c k e d e s N e u b e r g e r W e r k e s. Eine Viertel= stunde von Neuberg, b e i d e r B r ü c k e, ist in Kieselschiefer ein schroffer, isolierter, steil verflächender, paläozoischer Kalkfelsen ein= gebettet. In dieser zirka 4000 m langen Kalkrippe, bekannt unter dem Namen Steinbauergrube liegen ausgesprochene Hohlraumaus= füllungen von überwiegend Rohwand neben Siderit. R e d l i c h[1] hat bereits im Jahre 1902 auf diese Gänge im Kalk, welche verrohwandend in das Nebengestein weiterwachsen, hingewiesen. Das Erz wurde im

---

[1] K. A. R e d l i c h, Das Schürfen auf Erze von ostalpinem Charakter, Mont. Rund= schau Nr. 21, Wien, 1. November 1912, und Ber. des Allg. Bergmannstages, Wien 1912, S. 91, Abb. 4.

	Derbes	Geröstetes Erz				
	I	II	III	IV	V	VI
Fe_2O_3	} 54·85 {	74·46	72·25	73·93	} 69·10	68·894
FeO		1·22	2·72	0·44		
Mn_2O_3	MnO 0·73	3·19	3·20	MnO 3·13	3·46	Mn_3O_4 3·864
CaO	0·05	0·62	1·10	1·10	0·80	0·801
MgO	5·08	5·96	5·71	5·57	5·76	5·551
CuO	—	0·22	0·18	0·263	0·228	0·337
H_3PO_4	—	Spur	Spur	0·043	Spur	0·031
H_2SO_4	—	0·34	0·60	0·310	0·55	S 0·238
CO_2	39·14	1·63	} 1·50	2·00	1·00	—
H_2O	—	0·60				
Ni + Co	—	—	—	—	Spur	—
Al_2O_3	—	1·90	1·50	2·55	3·01	2·139
SiO_2	—	10·50	11·73	11·00	16·35	17·027
Summe . . .	—	100·64	100·49	100·336	100·25	98 882
Eisengehalt . . .	43·9	53·10	—	52·09	43·37	—
Mangan	—	—	—	2·26	2·49	—
Phosphor . . .	—	—	—	0·019	Spur	—
Schwefel	—	—	—	0·124	0·220	—
Kupfer	—	—	—	0·210	—	—

I. A. Gsell, Jahrb. d. Geol. R.-A. XVI, S. 527

II. M. v. Lill, Berg- u. hüttenm. Jahrb. XIV, S. 185

III. A. v. Lichtenfels, Berg- u. hüttenm. Jahrb. XVII, S. 360

IV. H. Sturm, Berg- u. hüttenm. Jahrb. XXI, S. 256

V. F. Lipp, Berg- u. hüttenm. Jahrb. XXVI, S. 202

VI. Baron F. Jüptner

Tagbau und in zwei Stollen gewonnen. Der Gehalt an Eisen variiert infolge der Überwucherung der Rohwand außerordentlich; nach Schmidt hatten die Erze im Oberbau 10%, im Unterbau 14 bis 15% Eisen. Andere Analysen beweisen, daß auch hochwertigere Erze hier gefunden wurden.

	Derbes Erz		Schwach geröstetes Erz		
	I	II	III	IV	
FeO	$\Big\}$ 39·03	23·00	36·50	26·75	I. Berg- u. hüttenm. Jahrb. XIII, S. 34
Fe_2O_3					II. M. v. Lill, Berg- u. hüttenm. Jahrb. XXI, S. 258
CaO	10 13	33·36	18 35	23·83	
MgO	9·92	1·51	9·46	9·53	III. Vom Oberbau, Berg- u. hüttenm. Jahrb. XIII, S. 34
SiO_2	0·75	6·40	3·75	3·65	IV. Vom Unterbau, Berg- u. hüttenm. Jahrb. XIII, S. 34
CO_2	39·96	26·10	24·44	28·67	(III u. IV ist im Original geröstet angegeben,
H_2O	—	5·52	7·50	7·57	auffallend ist der hohe CO_2-Gehalt)
Mn_2O_3	—	2·40	—	—	
Al_2O_3	—	1·80	—	—	
CuO	—	0·009	—	—	
H_2SO_4	—	Spur	—	—	
H_3PO_4	—	0·067	—	—	
Summe	99·79	100 176	100·00	100 00	
Eisengehalt	30 10	16·50	25·80	18·50	
Mangan	—	1·67	—	—	
Kupfer	—	0·007	—	—	
Phosphor	—	0·029	—	—	

Die Karbonate werden besonders im Tagbau von bis 20 cm starken Quarzgängen durchsetzt, von welchen einzelne Schwefelkies, Kupferkies und Fahlerz führen. Von sonstigen Mineralien erwähnt Hatle Witherit und Vivianit; Jüptner analysierte den von Bergmeister Hampel gefundenen Strontianit:[1]

$$SrCO_3 \quad \ldots \ldots \ldots \ldots \quad 97·65\,^0/_0$$
$$CaCO_3 \quad \ldots \ldots \ldots \ldots \quad 1·97\,^0/_0$$
$$MgCO_3 \quad \ldots \ldots \ldots \ldots \quad Spur$$
$$Fe_2O_3 \text{ und } Al_2O_3 \quad \ldots \ldots \quad Spur$$
$$Verlust \quad \ldots \ldots \ldots \ldots \quad 0·83\,^0/_0$$
$$100·00\,^0/_0$$

Veitschbachgraben. In dem dem Stifte Neuberg gegenüberliegenden Veitschbachgraben wurde bei den ersten Häusern im

---

[1] H. Freih. v. Jüptner, Mitteilung aus dem chem. Laboratorium in Neuberg, Österr. Zeitschr. f. Berg- u. Hüttenwesen, 1884, S. 594.

Gehänge ein Schurfbau betrieben, ohne daß es möglich ist, den Fundort derzeit näher zu bestimmen.

S ü m p f e n t a l. Nördlich von Neuberg teilen sich vor der Kuppe, die „Zu Alpel" heißt, die Werfener Schichten in einen nördlichen und in einen südwestlichen Zug. Im letzteren liegt eine Reihe von Lagerstätten, die mit dem S ü m p f e n t a l beginnt (Taf. II). Am rechten Gehänge

Abb. 42. Durchschnitt vom Eisensteinbergbau am Rettenbach bei Neuberg.
(Nach A. Schmidt.)

findet sich in einer Höhe von zirka 940 m eine Halde von Schiefer und Breccien mit schwachen Sideritgängen. Eine Analyse der auf der Halde gefundenen Erze ergab (Analytiker Dr. W. S t a n c z a k in Prag):

$$
\begin{array}{lr}
\text{FeO} & 1{\cdot}04\,\% \\
\text{Fe}_2\text{O}_3 & 44{\cdot}90\,\% \\
\text{MgO} & 5{\cdot}77\,\% \\
\text{CaO} & 0{\cdot}49\,\% \\
\text{Mn}_3\text{O}_4 & 8{\cdot}89\,\% \\
\text{H}_2\text{SO}_4 & \text{Spur} \\
\text{H}_3\text{PO}_4 & \text{Spur} \\
\text{CO}_2 & 32{\cdot}82\,\% \\
\text{SiO}_2 & 1{\cdot}04\,\% \\
\hline
& 100{\cdot}16\,\%
\end{array}
$$

R e t t e n b a c h g r a b e n. Ein zirka 1 m starkes Ankeritvorkommen s ü d l i c h d e s S c h a f k o g e l s bildet das Verbindungsstück zu den Lagerstätten des R e t t e n b a c h g r a b e n s (Taf. II). Am ganzen Westabhang des Rettenbachgrabens liegt eine Reihe von Stollen, von welchen aus zweifellos mehrere Erztrümmer gebaut wurden (Abb. 42).

S c h m i d t sagt im Jahre 1870 über diesen Bergbau: „Von dem Verhalten dieses Lagers im oberen, seit langer Zeit verfallenen Grubenrevier ist nichts bekannt. Am H a u s stollen, dem mittleren Einbau, beträgt die Ausdehnung desselben in der Streichrichtung 70 Klafter, auf dem um 10 m tieferen S c h e i d s t u b e n s t o l l e n zirka 40 Klafter.

Nach dem Verflächen 50° bis 60° gegen S hat das Lager zirka 45 Klafter angehalten, aber nur teilweise einen zusammenhängenden Adel, jedoch schöne Erze geführt. Schon 3 Klafter unter der Sohle des Scheidstuben= stollens, am W a s s e r s t o l l e n, besteht das Lager nur noch aus taubem Quarz."

Soweit obertags Beobachtungen möglich sind, ist das Verflächen der Schichten nicht, wie S c h m i d t angibt, ein südliches, sondern ein nördliches, wie dies auch in anderen alten Angaben betont wird. Alle Angaben stimmen jedoch in dem Umstand überein, daß eine der Lager= stätten gangförmig ist und den Gebirgsschichten ins Kreuz unter 40° nach S fällt und im Schiefer liegt, die zweite dagegen lagerförmig in der körnigen Grauwacke aufsitzt und bei 63° nördlich einfällt. Sie ist bis

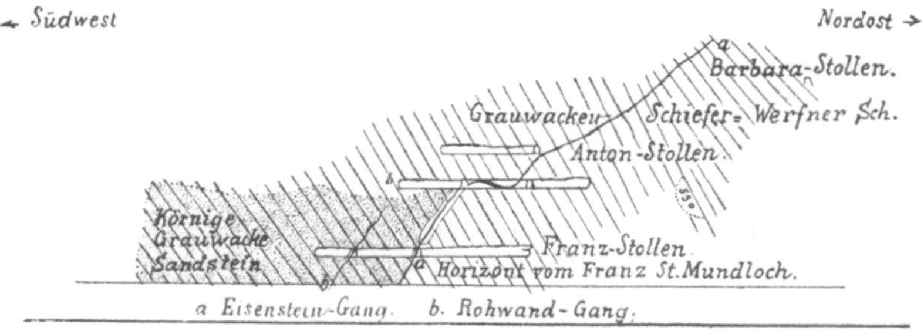

Abb. 43. Durchschnitt vom Eisensteinbergbau am Steinkogel (Debrin) bei Neuberg.
(Nach A. Schmidt.)

zu 3 Fuß mächtig (H a i d i n g e r). Es ist leider nicht möglich, den obgenannten Widerspruch in den Beobachtungen zu erklären, da der Bergbau ganz verfallen ist. Fast 100 Jahre lieferte diese Lagerstätte Erze nach Neuberg, die sich durch ihre besondere Reinheit und Leichtflüssig= keit auszeichneten.

Eine Analyse des Siderites vom Scheidstubenstollen, von W. S t a n= c z a k ausgeführt, soll das Gesagte bestätigen:

$$FeO \dots \dots \dots 40{\cdot}09\%$$
$$Fe_2O_3 \dots \dots \dots 18{\cdot}56\%$$
$$MgO \dots \dots \dots 3{\cdot}06\%$$
$$CaO \dots \dots \dots 0{\cdot}64\%$$
$$Mn_3O_4 \dots \dots \dots 3{\cdot}26\%$$
$$H_2SO_4 \dots \dots \dots Spur$$
$$CO_2 \dots \dots \dots 30{\cdot}42\%$$
$$Al_2O_3 \dots \dots \dots 2{\cdot}11\%$$
$$SiO_2 \dots \dots \dots 0{\cdot}87\%$$
$$99{\cdot}91\%$$

D e b r i n. Viel klarer liegen die Verhältnisse in der D e b r i n (Abb. 43). Es sind außer zwei Hauptgängen zahlreiche kleine Neben=

trümmer am Steinkogel vorhanden, welche zweifellos q u e r z u m V e r
f l ä c h e n d e r S c h i c h t e n fallen und ihre Gangnatur dadurch besonders scharf kennzeichnen. Sie liegen innerhalb der Breccien und
Schiefer der Werfener Schichten (Taf. II).

S c h m i d t schreibt darüber: „Gegenstand dieses aus drei Tagstollen bestehenden Bergbaues war ein im Durchschnitt 6 Schuh mächtiger Gang von Spateisenstein und Rohwand, welcher teils im Grauwackenschiefer, teils, und zwar in dem tieferen Horizont, zwischen
diesem Gestein und körniger Grauwacke aufsetzt und bei 33° gegen
SW verflächt, während die Schichten des Gebirges zwischen 40 bis 55°
gegen NO einfallen.

Wo beide Gesteinsarten auftreten, bildet der Schiefer das Liegende,
die körnige Grauwacke das Hangende des Ganges.

Der Grauwackenschiefer zeigt eine verschiedene Färbung: in der
Nähe des Ganges ist er gewöhnlich grünlichgrau, in einiger Entfernung
aber grau und auch dunkelgrau. An manchen Stellen geht er in
schieferige Grauwacke über. Die körnige Grauwacke ist undeutlich
geschichtet, stark quarzig, sehr fest und zunächst beim Gange häufig
mit kleinen Spateisensteingefährten nach verschiedenen Richtungen
durchzogen.

Nach unseren im Jahre 1849 gemachten Beobachtungen zeigt sich
der Gang nur soweit edel und abbauwürdig, als er entweder, wie in den
oberen Grubenetagen, ganz dem Schiefer angehört oder wenigstens
dieses Gestein zum unmittelbaren Liegenden hat. Wie er aber in die tiefer
vorliegende körnige Grauwacke eintritt, was durchschnittlich in der
18. Klafter (dem Verflächen nach) vom Tagrande erfolgt, vermindern
sich die Erze allmählich und nimmt dafür die Rohwand, welche im
höheren Revier nur eine untergeordnete Rolle spielt, immer mehr zu,
bis endlich der Gang in weiterer Entfernung vom Schiefer fast ganz in
Rohwand ausartet und der Eisenstein nur noch in kleinen Butzen darin
ausgeschieden erscheint.

Ferner hat sich durch geognostische Erhebungen herausgestellt,
daß man am Steinkogel es nicht mit einer einfachen Lagerstätte zu tun
habe, sondern daß der Gang zwischen dem Mittellauf und Franzstollen
innerhalb des ersten Kommunikationsschuttes in zwei Trümmer auseinandergeht, wovon das eine, bzw. Liegendtrumm, mehr nach dem
Hauptstreichen zunächst am Schiefer erzführend fortsetzt und sonach,
den Biegungen der Gebirgsscheidung folgend, ein steileres Verflächen
(55°) annimmt, dagegen das Hangendtrumm unter Behaltung des Hauptverflächens völlig taub in die körnige Grauwacke sich verläuft.

Nebst Spateisenstein, der fast ganz kiesfrei und nur wenig mit dem
die Gangart bildenden Schiefer vermengt ist, führt der Gang noch Eisen

glimmer, welcher sowohl mit dem Flinz als auch mit der Rohwand nester=
weise einbricht.

Der im Gangstreichen am weitesten eingetriebene Franz=Unterbau=
stollen hat eine Länge von zirka 156 Klafter erreicht. Der vordere Teil
ist in der Rohwand, die innere Strecke nach dem eigentlichen Gang mit
absätzigen Erzmitteln getrieben.“

Analysen der Erze vom Steinkogel:

	Derb, stark zersetzt (Wedding, Eisenhüttenkunde II, S. 167)	Rohwand (Schrötter, in Schmidt, 13, S.651)
$FeCO_3$	84·6 %	35·308 %
$MnCO_3$	4·3 %	3·084 %
$CaCO_3$	2·3 %	50·113 %
$MgCO_3$	7·7 %	11·846 %
Unlösl. Bestandteile	2·4 %	—
	101·8 %	100·351 %

Eine von Dr. W. Stanczak (Prag) ausgeführte Analyse des auf
der Halde des Steinkogels gefundenen Erzes ergab:

FeO	46·66 %
Fe_2O_3	6·96 %
MgO	2·64 %
CaO	3·00 %
Mn_3O_4	5·47 %
H_2SO_4	Spur
CO_2	33·77 %
Al_2O_3	0·24 %
SiO_2	1·15 %
	99·89 %

Ein kleines, ähnliches Vorkommen ist im nahen Dürrgraben.

Südlich am Fridlkogel und am Kaskögerl sind seit langem Mangan=
spat, durchsetzt von jüngeren Mangansilikaten (Rhodonit, Friedelit,
Granat und Manganophyll), bekannt, die nach Vacek Spaltaus=
füllungen im paläozoischen Kalk sind. Sie wurden vom Jahre 1880
an ausgebeutet, die Produktion erreichte in diesem Jahre 22.000 q Erz,
im Jahre 1884 als Maximum 34.246 q Erz; von da nahm sie ab, bis im
Jahre 1891 der letzte Betrag von 1392 q ausgewiesen wird. Im Jahre 1892
wurde der Bergbau als erschöpft aufgelassen.[1]

Literatur: K. A. Redlich, Bergbaue Steiermarks X. K. A. Redlich
und W. Stanczak, Die Erzvorkommen in der Umgebung von Neuberg, Mitt.
d. Geol. Ges., Wien 1922, Bd. XV, S. 1 (daselbst auch die ältere Literatur).

---

[1] A. Hofmann und F. Slavik, Über die Manganminerale von der Veitsch,
Bull. int. de l'académie de Bohème, 1909.

Die Eisenerzlagerstätten südlich der Hohen Veitsch.

Von H. P. Cornelius, Wien.

Schallern, Brunnalpe, Johanni=Hauptbau, Eckalm, Königsgraben (Taf. III und Abb. 44). Auf der Südseite der Hohen Veitsch, im Hintergrund des Großveitscher Tales, befinden sich eine Anzahl von Eisenerzlagern, welche einst Gegenstand recht lebhafter Ausbeute waren. Nach Tunner standen sie im ganzen nordsteirischen Erzzug um die Mitte des vorigen Jahrhunderts hinsichtlich der Produk=

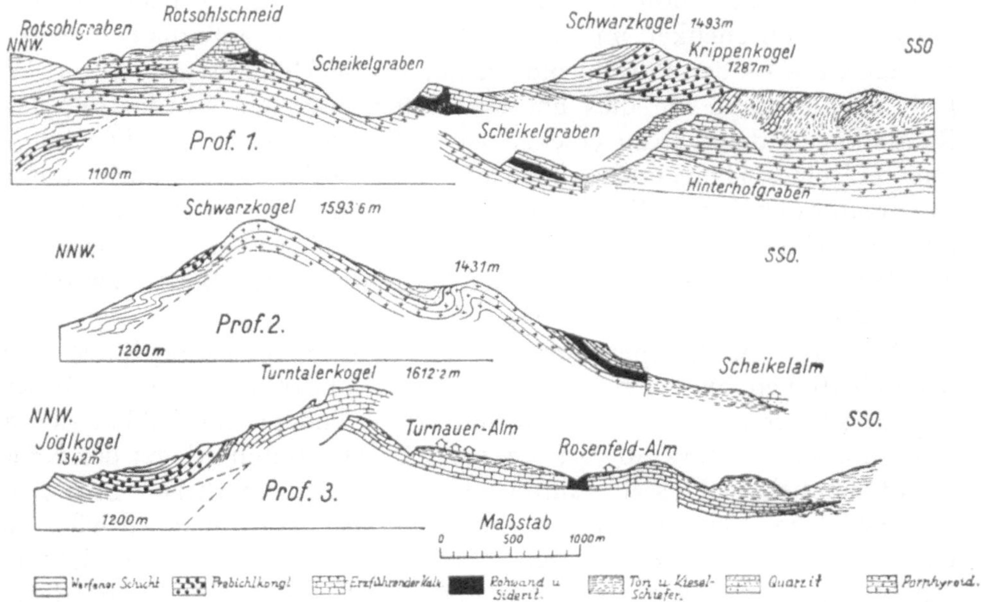

Abb. 44. Profile durch das Eisenerzgebiet der Hohen Veitsch. (Nach H. P. Cornelius, 1929.)

tion an vierter Stelle. Miller erwähnt fünf Gruben von W nach O: 1. Schallern, 2. Brunnalpe, 3. Johanni=Hauptbau, 4. Eck= alm, 5. Königsgraben. Heute sind sie sämtlich längst verlassen und verfallen, zum Teil so gründlich, daß selbst der Ort, wo sie sich befanden, in keiner Weise mehr kenntlich ist und von ihrer einstmaligen Existenz auch unter der einheimischen Bevölkerung sich nur mehr vom Hören= sagen die Kunde erhalten hat. Es ist daher außerordentlich schwierig, die Lage der einzelnen Baue mit Sicherheit anzugeben; gelungen ist dies nur bei den unter 2. und 3. oben angeführten Orten, welche übrigens auch die wichtigsten gewesen zu sein scheinen.

Weitere Eisenerze befinden sich an dem von der Hohen Veitsch gegen SW ziehenden Rücken der Rotsohlschneid, wo sich alte Tagbaue befinden, sowie in dem gegen W anschließenden Kamm des Turntaler=

kogels und Schottenkogels, wo ebenfalls verfallene Gruben an ver=
schiedenen Stellen zu sehen sind. Auch dort ist heute längst alles außer
Betrieb. (Hier waren auch Schurfbaue auf Kupferkies im schwarzen Ton=
schiefer in Betrieb.)

Die Tektonik der Grauwackenzone ist in den großen Zügen ver=
hältnismäßig einfach: der erzführende Kalk bildet in dem Kamm
Schottenkogel—Turntalerkogel ein ziemlich flaches Gewölbe, das östlich
unter dem Porphyroid des Schwarzkogels untertaucht. Letzterer liegt
darauf als überschobene Decke, die selbst auch die Biegung jenes Ge=
wölbes mitmacht. Südlich schließt sich daran eine große flache Mulde,
als deren Südschenkel im Eibenkogel=Roßeck — außerhalb unserer
Kartenskizze — der Porphyroid wieder in die Höhe steigt. Gegen W
keilt der letztere, wie dies am Kaiserstein und am Nordostfuß des
Rauschkogels deutlich zu ersehen ist, auffallend rasch aus. Die Silur=
schiefer seines Hangenden setzen die Schubdecke jedoch noch weiter
fort; man sieht sie zum Beispiel in einzelnen, durch die Erosion isolierten
Lappen auf dem Südgehänge des Kammes westlich vom Turntalerkogel
auf dem Kalk kleben und ebenso am Nordgrat dieses Berges zwischen
Kalk und transgredierender Trias.

Bei näherem Ansehen gewahrt man jedoch noch eine Reihe von
Komplikationen, zunächst im Hangenden der Porphyroiddecke. Dieses
besteht wieder aus Silurschiefern und erzführendem Kalk. Aber deren
Tektonik weicht stark ab von jener der Porphyroidunterlage: der Kalk
steckt nämlich in Gestalt zahlreicher, meist geringmächtiger Späne in
den Schiefern. Der nördlichste und mächtigste von ihnen enthält die
Lagerstätten der Brunnalm. Meist sind sie — im Gegensatz zur Unter=
lage — mehr oder weniger steil gestellt; die Schiefer spielen die Rolle
einer plastischen Hüllmasse, deren Mächtigkeit den größten Schwan=
kungen unterliegt. In der Gegend der Rotsohlschneid ändert sich die
Sachlage insofern, als der Kalk sich hier flachlegt (vgl. Abb. 44, Prof. 1),
die Schiefer, die ihn vom Porphyroid trennen, auf wenige Meter redu=
ziert, streckenweise auch ganz ausgewalzt sind — eine Erscheinung, die
auch aus anderen Gegenden der Grauwackenzone, zum Beispiel den
Bergen nördlich des Liesingtales, bekannt ist. Auf der Südseite des
Schwarzkogels ist dem Porphyroid noch eine Spezialmulde, mit Quar=
ziten im Kern, eingesenkt. Ebenso gibt es Detailverfaltungen der
Schiefer mit dem erzführenden Kalk in Gestalt geringmächtiger Schiefer=
zungen. Eine solche quert zum Beispiel die Rotsohlschneid oberhalb
des auffälligen Kalkzackens.

In ganz ähnlicher Weise ist auch der Kalk des Turntalergewölbes
mit Schiefern verfaltet; sehr schön aufgeschlossen ist darin zum Beispiel
eine Schieferzunge in einer der obersten Verzweigungen des Greit=

grabens südwestlich unter P. 1386. Wahrscheinlich ihre Fortsetzung ist es, die unter P. 1259 den Schottenkogel-Südrücken quert. Auf den steilen, von Kalkschutt überdeckten Waldgehängen ist eine Verfolgung dieser Schieferzungen jedoch meist unmöglich. Gegen S löst sich die Kalk-masse des Turntalers in mehrere Keile auf, die in den Schiefern endigen; die primär ins Liegende des Kalkes gehörigen Schiefer und die auf ihn überschobenen fließen damit — da ja dort der Porphyroid ausgekeilt ist — in der Gegend des Greithofes zu einer untrennbaren Masse zusammen. Die kleinen Stöcke von Hornblendegabbro an der Rotsohl-schneid sind wohl jünger als die Hauptzüge dieser Tektonik, wenn auch klare Kontakte nicht aufgeschlossen sind. Jedenfalls aber sind sie noch vortriadisch.[1]

Die transgredierende Trias macht die Tektonik nur teilweise mit; insbesondere liegt sie ganz gleichmäßig auf Unterlage und Schubdecke. Danach ist die Ü b e r s c h i e b u n g der letzteren als v a r i s-z i s c h gekennzeichnet. Dagegen ist das Turntalergewölbe nachtriadischer Entstehung; die Auflagerungsfläche der Trias ist im wesentlichen kon-form zu den paläozoischen Schichten verbogen; gegen N steigt sie in bedeutende Tiefe hinab. Mehr noch: auf der Nordseite des Turntaler-gewölbes hat eine i n t e n s i v e V e r s c h u p p u n g z w i s c h e n T r i a s u n d P a l ä o z o i k u m, wenigstens auf einige hundert Meter, statt-gefunden. Die obersten südlichen Verzweigungen des Rotsohlgrabens lassen darüber keinen Zweifel: viermal übereinander trifft man dort Porphyroid, durch Werfener Schichten, bzw. Prebichlkonglomerat ge-trennt. Auch nördlich des Turntalerkogels scheint eine Aufschuppung von Paläozoikum auf Trias aus dem Kartenbild hervorzugehen (die Auf-schlüsse sind dort ungenügend). In dem Graben westlich des Schotten-kogels ist dagegen das keilförmige Eindringen von erzführendem Kalk gegen N in die Werfener Schichten wieder sehr deutlich zu sehen.

Endlich ist noch der B r ü c h e zu gedenken. Solche sind in den verschiedensten Richtungen vorhanden. Von größerer Bedeutung sind aber nur die Querbrüche, mit N—S- bis NNW—SSO-Streichen. Der ansehnlichste von allen ist der Rotsohlbruch, welcher die Trias der Hochveitsch um 100 bis 200 m gegen ONO absenkt. Auch westlich vom Schottenkogel scheint der erzführende Kalk durch einen Querbruch ab-geschnitten. Während diese beiden Brüche sicher zu den allerjüngsten tektonischen Erscheinungen gehören, scheint der recht beträchtliche Bruch, der an der Scharte östlich vom Turntalerkogel die Porphyroid-decke gegen den erzführenden Kalk um einen nicht genauer bekannten

---

[1] Wegen der Möglichkeit eines Zusammenhanges mit der Erzführung (Auftreten von Roteisenstein in diesen Eruptionen) vgl. Verh. d. Geol. Bundesanst. 1930.

Betrag (sicher über 100 m) absenkt, vortriadisch angelegt und später nur
in geringem Maße wieder aufgelebt, denn die Auflagerungsfläche der
Trias auf der Nordseite des Kammes verstellt er kaum nennenswert;
es müßte denn sein, daß seine Sprunghöhe erst von dort gegen S zu
größeren Beträgen anwächst.

Die Lagerstätten, auf welchen sich diese Veitscher Baue bewegten,
sind mit wenigen Ausnahmen, die in Werfener Schiefer aufsetzen, an
den Kalk gebunden. Sie fallen im allgemeinen nach N mit einem Winkel
von 36° bis 60° ein (an der Rotsohlschneid wesentlich flacher), bestehen
zum geringen Teil aus Siderit (29% Fe im rohen, 38% Fe im gerösteten
Erz), zum größten Teil aus Rohwand (an der Rotsohlschneid mit 16 bis
18% Fe). Der Siderit wurde in erster Linie in den Gruben der Hoch⸗
veitsch⸗Südseite in guter Qualität gewonnen. In den heute allein zu⸗
gänglichen Tagesaufschlüssen ist er nur ab und zu — zum Beispiel in
dem großen Tagbau südlich unter der Rotsohlschneid — in geringfügigen
Schmitzen kenntlich; die dunklere, tief kupferrote Verwitterungsfarbe
unterscheidet ihn von der vorherrschenden lichtbraunen Rohwand. Von
anderen Mineralien wird von den Veitscher Bauen Schwefelkies an⸗
gegeben, ferner Kupferkies und Fahlerz mit Quarz gemischt in kleinen
Gangtrümmern.

Die Gestalt der Lagerstätte ist, soweit feststellbar, zumeist die
von unregelmäßigen Stöcken und Butzen, in allen Größen⸗
verhältnissen bis zu 100 und mehr Metern Durchmesser. In den Tag⸗
bauen der Rotsohlschneid sieht man vielfach, wie sie sich in den um⸗
gebenden Kalk unregelmäßig hinein verästeln. Auch abseits von den
größeren, auf der Karte ausgeschiedenen Massen findet man nicht selten
noch kleinere, die oft nur noch die Form von den Kalk durchdringenden,
zum Teil verzweigten Adern haben; so zum Beispiel im Graben nördlich
vom Radwirtshaus (Ostseite); Nordseite des Turnergrabens; Graben
westlich vom Schottenkogel.

Eine abweichende, im wesentlichen lagerförmige Gestalt hat nur
die bergbaulich bisher nicht erschlossene größte Rohwandmasse
des ganzen Gebietes in den oberen Verzweigungen des Hinter⸗
hofgrabens nördlich der Scheikelalm. Sie erstreckt sich dort von SW
nach SO über fast 2 km, vom Kaiserstein über den Südsporn des
Schwarzkogels — wo sie mit zirka ½ km ihre größte Breite erreicht —,
weiter längs der Südostseite des Scheikelgrabens bis gegen dessen
Wurzel. Ihre Mächtigkeit ist auf große Ausdehnung mit 30 bis 40, sogar
bis 50 m zu veranschlagen; gegen S nimmt sie am Kaiserstein rasch ab.
Von dort gegen O scheint ihre, bzw. des beherbergenden Kalkes, Süd⸗
grenze durch eine Verwerfung gebildet zu sein, welche zur Folge hat,
daß dort die Rohwand nicht mehr in voller Mächtigkeit östlich vom

untersten Scheikelgraben zu Tage kommt; jedenfalls fehlt sie ganz an der (durch die Verwerfung relativ gehobenen) Fortsetzung des Kalkes am Krippenkogel. Diese Rohwand liegt a n d e r B a s i s des erzführen= den Kalkes, unterlagert unmittelbar von Porphyroid oder von gering= mächtigen, verquetschten und serizitischen Silurschiefern (vgl. oben). Daß indessen auch sie n u r s c h e i n b a r ein Lager bildet, erkennt man an der unregelmäßigen Gestalt des Daches: sowohl am Kaiserstein wie auf dem Rücken südöstlich des Scheikelgrabens trifft man Zapfen und breite Aufbuckelungen, mit denen die Rohwand in den hangenden Kalk eingreift (auf der Karte nur schematisch wiedergegeben). Sie zeigen, daß man es auch hier keineswegs mit einer normalen schichtigen Lagerstätte zu tun hat — eher, wenn man sich so ausdrücken darf, mit einem Stock, dessen Grundriß abnorm groß ist im Vergleich zur Höhe. Übrigens gehören die Erzstöcke an der Rotsohlschneid vielleicht noch als ab= getrennte Ausläufer zu dieser Masse; mindestens der westliche (über der Rotsohlalm) zeigt deutlich gleiche Lagerung an der Basis des erz= führenden Kalkes.

Der erzführende Kalk birgt zwar weitaus die größte Menge unserer Eisenerze, jedoch nicht die Gesamtheit. Spuren davon finden sich — wenn auch spärlich — in den anderen paläozoischen Ablagerungen; so unterhalb der Scheikelalm, leider nur in verschleppten Stücken un= bekannter Herkunft, in grauen serizitischen Silurschiefern Adern von Siderit mit Quarz. Auch der Gabbro ist zum Teil mit Hämatit imprägniert. Wesentlich reichlicher sind die Erze, die in dem Werfener Schiefer liegen. Das Eisenkarbonat findet sich hier in zweierlei Form, in Gestalt von öfters deutlich quer durchgreifenden grobspätigen, kaum fingerdicken Gangtrümmern, zum Beispiel im unteren Rotsohl= graben; andererseits sind es Imprägnationen von Quarzsandsteinen und feinen polymikten Breccien, deren ganzes Bindemittel durch feinkristal= line Eisenkarbonate erfüllt wird. Solche findet man am Weg vom Rad= wirtshaus zur Salteralm, wo sie im Wald zwischen 1100 und 1200 m wiederholt anstehen, wenig über der Auflagerungsfläche der Trias. Auch im Rotsohlgraben (nördlicher Hauptast bei 1400 m) sind sie nicht weit von dieser entfernt. Im Königsgraben dagegen gehen derartige Einlagerungen in vielfacher Wiederholung fast durch die ganze Mächtig= keit der Werfener Schiefer hindurch; die einzelnen Bänke sind fast immer unter 1 m mächtig, mitunter aber auch bedeutend stärker. Auf= fallend ist, daß an solchen Stellen das mächtige Prebichlkonglomerat ganz erzfrei ist; noch mehr, daß die Vererzung gegen oben gerade dort ihr Ende findet, wo kalkreiche Schichten überhandnehmen. Eine prak= tische Bedeutung haben diese Vorkommen nicht.

Es muß noch kurz die Frage gestreift werden, ob an den beschrie=
benen Örtlichkeiten die neuerliche Aufnahme des Bergbaues Aussicht
auf Erfolg hat. Es kann die Möglichkeit nicht in Abrede gestellt werden,
daß die oben erwähnte große Rohwandplatte Kaiserstein—Scheikel=

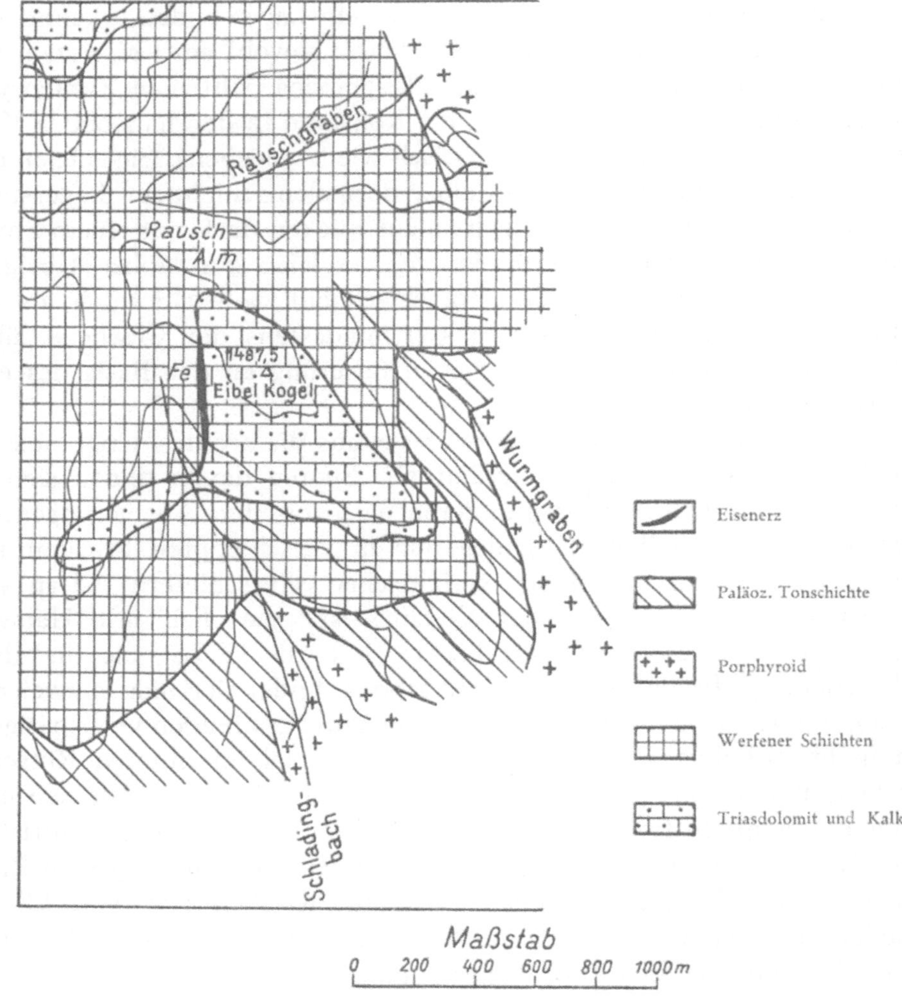

Abb. 45. Geologische Karte des Eibelkogels. (H. P. Cornelius, 1929.)

graben noch den einen oder anderen größeren Sideritkern birgt. Vor
allzu großem Optimismus ist jedoch entschieden zu warnen; vor allem
ist gar keine Rede davon, daß das Erz nordwärts weit in den Berg
hineinginge, Profil 2 zeigt vielmehr, wie es diesem nur ziemlich ober=
flächlich aufliegt. Auch mit einer Fortsetzung nach der Teufe ist nicht
zu rechnen, wie aus der Tektonik hervorgeht. Genauer lassen sich die

Aussichten nur nach umfangreichen Schürfungen schätzen. Inwieweit eine Wiederaufnahme der verlassenen Veitscher Gruben Erfolg ver‹ spräche, ist infolge ihrer derzeitigen Unzugänglichkeit nicht zu sagen. Auf die übrigen Rohwandvorkommen des Gebietes besondere Hoff‹ nungen zu setzen, wäre ebenso verfehlt wie die Annahme, daß die Erz‹ führung der Turntalerkogel‹Kalkmasse etwa gegen O unter der Por‹ phyroidbedeckung zunimmt.

Eibelkogel bei Turnau (Abb. 45). Auf der Südwestseite des Eibelkogels, im obersten Schladinggraben, findet sich eine Eisenerzlager‹ stätte, welche um die Mitte des vorigen Jahrhunderts ausgebeutet und aus der vor einigen Jahren ein geringes Erzquantum gewonnen wurde. Gegenwärtig sind die vier in N—S‹Richtung übereinander angeordneten Stollen verbrochen. Übertags sehen wir, daß das Erz in Werfener Schichten an der Grenze gegen den hangenden Guttensteiner Dolomit liegt. Dieser letztere bildet am Eibelkogel eine SW—NO streichende Synklinale, mit etwas Wettersteindolomit als Kern. In ihrem Nordwest‹ schenkel liegt das Erz. Über seine Lagerung herrschen in der Literatur merkwürdige Unstimmigkeiten. Allgemein wird es als Lager an‹ gesprochen; nach Haidinger soll es N—S streichen und senkrecht stehen, nach Miller‹Hauenfels (l. c., S. 25) dagegen steil NW einfallen. Unsere Beobachtungen haben dagegen ergeben, daß die Schichten hier überall nicht allzusteil S—SO fallen. Jene Angaben würden hiemit wohl am ehesten in Einklang zu bringen sein, wenn es sich um eine ziemlich unregelmäßige Linse handeln würde, in deren Begrenzung einmal das eine, einmal das andere Streichen und Fallen herrschen kann. Damit stimmt auch die stark schwankende Mächtigkeit von 2 bis 15 m, wie sie Miller für das Erz angibt. Lokale Unregel‹ mäßigkeiten der Schichtlage mögen natürlich auch vorhanden sein.

Die Hauptmasse dieses Erzes ist Limonit mit rotem Glaskopf. Durch Haidinger wissen wir aber, daß auch Siderit als primäres Erz vorkommt. An weiteren Mineralien werden Psilomelan, Schwerspat und Bleiglanz genannt.

Die Lagerstätte bildet ein Analogon zu der von Redlich be‹ schriebenen Limonitlagerstätte von Höllen bei Werfen [4] und der von Geyer [5] erwähnten gleichartigen Erzniederlage von Teltschen. In allen Fällen liegt über dem Erz wasserdurchlässiger Triasdolomit, der den Tagwässern reichlichen Zutritt gestattete, wodurch die fast restlose Umwandlung des primären Siderites in Limonit ihre Erklärung findet.

Literatur: 1. Generalbericht d. berg- und hüttenm. Hauptexkursion, Tunners Jahrb. f. d. österr. Berg- u. Hüttenwesen, III. Jahrg., S. 27. — 2. A. v. Miller-Hauen- fels, Die steiermärkischen Bergbaue als Grundlage des prov. Wohlstandes, Wien 1859, S. 26. — 3. W. Haidinger, Über das Vorkommen einer vollständigen Geode von

Roteisenstein, Haidingers Berichte, Bd. IV, 1848, S. 1. — 4. K. A. R e d l i c h, Zwei Limonitlagerstätten als Glieder der Sideritreihe der Ostalpen, Zeitschr. f. prakt. Geol. 1910, S. 258. — 5. G. G e y e r u. M. V a c e k, Erläuterungen zur geol. Karte Liezen, Wien 1916, S. 56.

Die Eisenerzlagerstätten von Niederalpel bis Gollrad.

Die verhältnismäßig schmalen Streifen von Werfener Schiefern, welche die triadischen Kalkmassen der Hochveitsch und des Wild=kammes im W und S umsäumen, vereinigen sich im W in der Gegend des Aschbachtales und bilden den breiten Werfener Schieferkomplex der Gollrader Bucht. Hier wurden die Gesteine der Kalkalpen kuppel=förmig aufgewölbt und bis auf die Werfener Schieferunterlage, bzw. bis auf die aus letzterer hervorragenden paläozoischen Grauwackengesteine abgetragen (Erzkalk im oberen Kreitgraben, Porphyroid nordöstlich von Gollrad). E. S p e n g l e r führt die erwähnte Aufwölbung auf einen O—W gerichteten Schub zurück, der sich auch in der Gegend des Asch=bachtales in Falten mit N—S streichenden Achsen äußert (Taf. IV). (Siehe Geol. Karte von Eisenerz, von E. S p e n g l e r und J. S t i n y, l. c.)

Vorzüglich in den Werfener Schichten, nur ausnahmsweise in die Porphyroidunterlage reichend, liegen die Sideritlagerstätten von Finster=eck (Feistereck), Sohlen (Solln), Niederalpel (Alpel), Sommerhalt, Postel=graben, Gollrad (Golrad).

F i n s t e r e c k (F e i s t e r e c k)=F l a d e n a l p e (Taf. IV). Südöstlich von Gollrad, auf der Fladenalpe, am nördlichen Abhang des Finstereks, liegen im grünen Werfener Schiefer (nach E. S p e n g l e r auch im Pre=bichlkonglomerat am Weg Fladenalpe—Göriacheralpe unter der Kote 1543˙6) drei Sideritvorkommen. Jede dieser Lagerstätten besteht aus mehreren, durch serizitische Zwischenmittel getrennten Lagen; sie fallen nach M i l l e r südsüdöstlich mit einem Winkel von 28 bis 30° ein, und zwar w i d e r s i n n i g g e g e n d i e s i e b e h e r b e r g e n d e F o r m a t i o n. Der Hauptbau (älterer Feistereckbau) lag bei 1468 m, die mittlere Mächtigkeit der einzelnen Lagen in demselben war 0˙6 bis 1˙2 m; die Gesamtmächtigkeit der drei Erzmittel betrug im Durch=schnitt 3 m. Durch zwei Stollen, den höheren Josefi= und den 19 m tieferen Johannistollen, wurde die Grube gelöst. Am Südabhang des Finsterecks wurde der jüngere Feistereck= oder Jakobibau mit zwei Stollen betrieben. Durch diese zwei Einbaue wurden zwei kleinere Lagerstätten abgebaut; von ihnen aus sollte auch der ältere Feistereck=bau unterfahren werden. Noch weiter südlich liegt am Beginn des Kreitgrabens ein größerer Ankeritstock im paläozoischen Kalk, nahe am Kontakt mit der Trias.

Der Hochofen, welcher diese Erze verschmolz, lag im Kreit nördlich von Turnau.

S o h l e n (Taf. IV). Unter der Sohlenalpe liegt eine Reihe von Stollen, welche die S o h l n e r   L a g e r s t ä t t e streichend verfolgt haben. Sie streicht nach 3^h bis 4^h und fällt mit zirka 65^0 nach 9^h bis 10^h. Das Nebengestein fällt, nach sämtlichen älteren Berichten, im allgemeinen nach N in die Gegenstunde. Der tiefste, bis gegen 500 m noch offene Antonistollen ist im Anfang nach zirka 6^h 10^0 getrieben, erreicht bei 220 m das Gangstreichen, verläßt dasselbe erst bei 836 m; hier biegt er in einem Querschlag von 124 m Länge nach S um. Im noch nicht verbrochenen Teil sehen wir Gangtrümmer, deren Liegendes und Hangendes grüne Serizitschiefer sind, die sich im Mikroskop als eine verfilzte Serizitmasse mit einzelnen Quarzkörnern, Titaneisen, Leukoxen und blaugrünem Turmalin auflösen. Es läßt sich schwer sagen, ob diese Gesteine schon zu den Porphyroiden zu rechnen sind, deren Hangendes sie zweifellos bilden. Auf der Halde findet man auch kleine Gangtrümmer von Siderit in echtem Porphyroid. Bei zirka 500 m nahe dem Verbruch trifft man bereits im Hangenden des Ganges Werfener Schichten. Zirka 30 m über dem Antonistollen liegt der Jakobistollen, dann folgt zirka 25 m höher der Dreikönigstollen, über diesem nach zirka 15 m der Kasparstollen. Der noch dem Namen nach bekannte Karl- und Sachsenstollen (30 bis 60 m über dem Kasparstollen liegend) und die zahlreichen anderen Einbaue, welche fast bis zur Höhe der Sohlenalpe reichen, haben Gänge abgebaut, die in höheren Horizonten der Werfener Schichten liegen und mit der Lagerstätte des Antonistollens in keinem Zusammenhang stehen.

Auf älteren Karten sehen wir die Lage dieser letzteren Gänge gegenüber denen des Antonistollens usw. um 30, bzw. 60 m nach N verschoben; auf den Halden treffen wir durchwegs Gangstücke, deren Nebengestein aus sandigem Schiefer oder typischen Breccien der Werfener Schichten besteht, ein ganz anderes Bild wie am Antonistollen. Die Mächtigkeit der Gänge ist außerordentlich veränderlich, wir selbst konnten im Antonistollen von der Steinschneide an bis 4 m messen; alle alten Berichte stimmen in der Beobachtung überein, daß wir es mit Linsenzügen zu tun haben. Hinter dem Antonistollen ist der Hauptgang an einer Stelle gesenkmäßig bis zu einer Teufe von zirka 30 m nachgewiesen, sonst unverritzt. Wie anderenorts sind zahlreiche Gangtrümmer von Haarbreite an als Gangzone vereinigt, von denen jedoch nur einzelne mächtig genug sind, daß sich ihr Abbau lohnte.

Horizontalbohrungen von der Antonistollenulme gegen N in die Werfener Schichten würden uns einen Aufschluß geben, ob noch bauwürdige Gänge auf dieser Sohle vorhanden sind.

N i e d e r a l p e l (Taf. IV). Von der Sohlenalm bis zur Straße, die von Niederalpel gegen Aschbach führt, werden die Gesteinsschichten mehr= fach nach N gebogen. In einer solchen Wendung nahe der Straße liegt der Bergbau N i e d e r a l p e l. Entsprechend der Schichtdrehung hat auch die Lagerstätte ein Streichen nach N mit östlichem Fallen angenommen. Es sind neben dem Haupttrum von zirka 2 m Mächtig= keit mehrere kleinere unbauwürdige Gänge vorhanden. Die Aus= beutung erfolgte von oben nach unten durch den Daniel=, Elisabeth= und tiefsten Mariazubaustollen. In diesem wurden zuerst lichtgraue Schiefer, dann weißgraue, glimmerreiche Sandsteine mit roten Schiefer= zwischenlagen durchfahren. Die glimmerreichen Sandsteine, zweifellos Werfener Schichten, bilden das Liegende und Hangende der Erze. Die Ursache des Erliegens des Bergbaues sieht A. M i l l e r (9, S. 23) in folgendem Umstand: „Das mitternächtige Feld des Baues hat Erze in genügender Macht, aber allzusehr mit Kupferkies und Schwerspat verunreinigt; auf und unter der tieferen Mariasohle keilen die guten Erze bald in körniger Grauwacke aus, so daß sie nicht mehr abbau= würdig erscheinen." Auf dem Wege von Alpel gegen Wegscheid hin findet man an der alten Straße mehrere Schurfstollen, in welchen nach dem Generalbericht der berg= und hüttenmännischen Hauptexkursion (1, S. 30) keine bauwürdigen Funde gemacht wurden. Mineralogisch enthält die Lagerstätte Siderit, Ankerit, Baryt, Kupferkies, Pyrit und Zinnober.

Analyse des Alpeler Erzes (Analytiker Dr. W. S t a n c z a k):

$$
\begin{array}{ll}
\text{FeO} & 42\cdot84\,\% \\
\text{Fe}_2\text{O}_3 & 5\cdot03\,\% \\
\text{MgO} & 3\cdot59\,\% \\
\text{CaO} & 0\cdot54\,\% \\
\text{Mn}_3\text{O}_4 & 9\cdot89\,\% \\
\text{H}_2\text{SO}_4 & \text{Spur} \\
\text{CO}_2 & 34\cdot99\,\% \\
\text{Al}_2\text{O}_3 & 2\cdot61\,\% \\
\text{SiO}_2 & 0\cdot57\,\% \\
\hline
& 100\cdot06\,\%
\end{array}
$$

G l e i ß e n r i e g e l (Taf. IV). Südlich von Niederalpel, zwischen Gleißenriegel und Trogerhirschl, am Zusammenfluß zweier Bäche, liegt der Bergbau Gleißenriegel. Im Werfener Schiefer, nur an den Salbändern von lichtgrünen serizitischen Lagen begleitet, findet sich ein Eisen= erzgang, der von O nach W streicht und mit einem Winkel von 50° nach S fällt. Ein ziemlich absätziges Erz wurde im sogenannten Karo= linenstollen auf zirka 200 m verfolgt; ein zu diesem projektierter Unter= bau, zirka 21 m tiefer, kam in der Ausführung nicht über die ersten An= fänge hinaus. Das Nebengestein verflächt nach N.

Analysen aus der Sohlen.

	Derbes	Geröstetes Erz			Derbes			
	I	II	III	IV	V	VI	VII	
Fe_2O_3	3·34	64·87	} 75·17	69·747	—	—	—	I. M. Lill, Berg= u. hüttenm. Jahrb. XXI, S. 259
FeO	43·50	7·65			—	—	—	
Mn_2O_3 . . .	MnO—2·11	3·66	3·28	3·724	—	—	—	
CaO	1·80	1·49	1·48	2·128	1·00	0·84	1·98	II. M. Lill u. F. Lipp, Berg= u. hüttenm. Jahrb. XXI, S. 201
MgO . . .	6·20	6·79	7·62	6·786	4·84	7·02	5·46	
CuO	—	0·055	0·05	0·078	—	—	—	
H_3PO_4 . . .	0·017	0·016	0·027	—	—	—	—	III. M. Lill, Berg= u. hüttenm. Jahrb. XXVII, S. 186
H_2SO_4 . . .	—	0·535	0·17	—	—	—	—	
CO_2	33·08	} 3·35	0·43	—	—	—	—	IV. Baron F. Jüptner, A. M. A. G.
H_2O	0·209							
Al_2O_3	1·78	1·67	2·05	5·217	—	—	—	V, VI, VII. Werks= laboratorium der A. M. A. G. in Dona= witz, ausgesucht reine Erze
SiO_2	7·07	10·30	9·64	12·879	0·20	1·60	0·24	
	{ Fe 0·406	—	—	S— 0·140	—	—	—	
	{ S 0·464	—	—	P_2O_5—0·028	—	—	—	
	{ Cu 0·019	—	—	—	—	—	—	
	{ S 0·005	—	—	—	—	—	—	
Summe . .	100·000	100 386	99·917	100·729	—	—	—	
Eisen	36·17	51·36	52·62	—	41·90	39·10	41·16	
Mangan . . .	1·63	2·64	2·36	—	2·24	2·74	2·24	
Phosphor .	0·007	0·007	0·012	—	—	—	—	
Schwefel . .	0·469	0·214	0·068	—	—	—	—	
Kupfer . . .	—	0·044	0·04	—	—	—	—	

Analyse des Gleißenriegelerzes (Analytiker Dr. W. S t a n c z a k):

FeO	47·31%
Fe_2O_3	5·69%
MgO	1·28%
CaO	Spur
Mn_3O_4	7·52%
H_2SO_4	Spur
CO_2	30·68%
Al_2O_3	3·41%
SiO_2	4·26%
	100·15%

S o m m e r h a l t, L ä r c h g r a b e n (Taf. IV). Andere kleine Ver=
suchsbaue sind: der sogenannte Alexanderstollen in der S o m m e r h a l t
(zwei Halden in den Werfener Schichten lassen ihn noch leicht erkennen),
ein kleines, nach N verschobenes Vorkommen am rechten Ufer des
L ä r c h g r a b e n s am Weg zum Schüttereck (Suchstollen oben,
30 Lachter tiefer Neustollen; dieser fand schöne, Kupferkies führende
Erze mit Witherit, welche zirka 10 Lachter verfolgt wurden [schrift=
liche Notizen von A. S c h m i d t]), schließlich am linken Ufer desselben
Taleinschnittes bei den letzten Häusern in einem Seitengraben die
verschiedenen Antonistollen, die durch mehrere Halden mit kiesigen
Rohwänden gekennzeichnet sind. So kommen wir gegen W aus dem
Lärchgraben in das Gollradtal, in dessen oberem Teil der einst größte
Bergbau dieser Gegend liegt.

G o l l r a d (Taf. IV). Der Hauptbau befindet sich am südlichen Ab=
hang der Aflenzer Staritzen, am Herrenkögerl. Die streichende Ausdehnung
daselbst beträgt zirka 2000 m. Schon A. M i l l e r (10, S. 231) hat richtig
erkannt, daß die Erze in den Werfener Schichten aufsetzen. Ihr Strei=
chen ist ein ostwestliches, ihr Fallen geht gegen N. Das Liegende und
Hangende der Lagerstätte sind mehr oder weniger serizitisierte rote,
grauweiße und lichtgrüne Sandsteine und Tonschiefer; Chloritbildung
mit ähnlichen Konkretionen wie am Bohnkogel zeigen zwei Handstücke
von hier. Das mikroskopische Bild ergab als Mineralbestand: Oft
häufchenartig angeordnete Serizitgewebe mit Chloritaggregaten, stark
zertrümmerten Quarz, Sideritkristalle, einzelne Apatitnädelchen; in den
Liegendgesteinen fand sich überdies Magnetit mit Chlorithöfen, Zirkon
und Turmalin, begleitet von Chlorit, Leukoxen und einzelnen
Plagioklaskörnern (Oligoklasalbit). Der lichte Glimmer, der auch
bei unseren Werfener Schichten ein Hauptmerkmal ist, tritt immer
mehr zurück, je stärker die Serizitisierung in der Nähe der Lagerstätte
ist. Der mineralogische Inhalt der Lagerstätte besteht aus einem pri=
mären Siderit, welcher von jüngeren Nachschüben von Siderit, Quarz,

Schwefelkies, Kupferkies, Baryt, Anhydrit, Gips und Ankerit durchsetzt ist. Der Drusenankerit hat nach B e r t h i e r folgende Zusammensetzung:

	I	II
FeO	$17.58\,\%$	$12.3\,\%$
Fe_2O_3	—	—
CaO	$22.48\,\%$	$28.6\,\%$
MgO	$13.47\,\%$	$12.2\,\%$
MnO	$1.15\,\%$	$1.8\,\%$
CO_2	$47.68\,\%$	$44.9\,\%$
	$99.36\,\%$	$99.8\,\%$

Junge Gangausscheidungen im Hauptlager sind durch ihre rein‑ weiße Farbe mit Kalk zu verwechseln, sie brausen jedoch im ganzen Stück mit kalter, verdünnter Salzsäure nicht auf.

Ihre Analyse ergab (Analytiker Dr. W. S t a n c z a k in Prag):

	III
Fe_2O_3	$17.13\,\%$
CaO	$40.60\,\%$
MgO	$5.58\,\%$
Mn_3O_4	$5.45\,\%$
CO_2	$31.61\,\%$
	$100.37\,\%$

Ganz junge Bildungen von Gips und Aragonit auf Spalten sind nichts Seltenes.

Das Objekt des Abbaues bildeten zwei Lagerstätten, die von kleinen Trümmern begleitet wurden (Abb. 46). Die eine, der Hauptgang, fällt gleichsinnig mit den Schichten nach N, seine Mächtigkeit schwankt von 5 bis 15 m, ihm nach oben zuscharend liegt die zweite, der 1 bis 3 m (im Durchschnitt 2 m) starke Josefigang, der widersinnig zum Neben‑ gestein nach S einfällt. Soweit aus der Literatur ersichtlich ist, durch‑ trümmert er das Hauptlager. Nach schriftlichen Aufzeichnungen von A. S c h m i d t traf der höchste Stollen (Wetterstollen?), der sonst taub war, beide Lagerstätten vereint auf eine kurze Strecke an.

Das Hauptlager wurde von oben nach unten durch den Mischen‑ riegel‑ (zirka 110 m über der Talsohle), den Konrad‑ (später Förder‑ stollen), Matthäi‑ und Andrästollen abgebaut. Das Hauptlager ver‑ flächt in den oberen Horizonten gleich dem Josefigang unter 60°. Im östlichen Teil legt es sich zwischen Matthäi‑ und Andrästollen flach und schneidet hier am gipsführenden Haselgebirge ab (Abb. 46, Quer‑ schnitt I).

Gegen W stellt es sich in den unteren Teufen steiler und ist in der Nähe des benachbarten Haselgebirges stark zerdrückt (Abb. 46, Quer‑ schnitt II bis IV).

Der im N fast an der Talsohle gelegene Annastollen (ange‐
legt 1846) hat nach S c h m i d t einen zum Hauptlager widersinnig
nach S fallenden Hangendgang angetroffen. Spätere Berichte besagen,
daß vom Annastollen aus die Hauptlagerstätte durch einen Liegend‐
schlag untersucht und stark verdrückt angetroffen wurde.

Der Josefigang wurde von der Talsohle aus durch den Josefistollen,
durch dessen Mittellauf und durch Liegendschläge der schon genannten

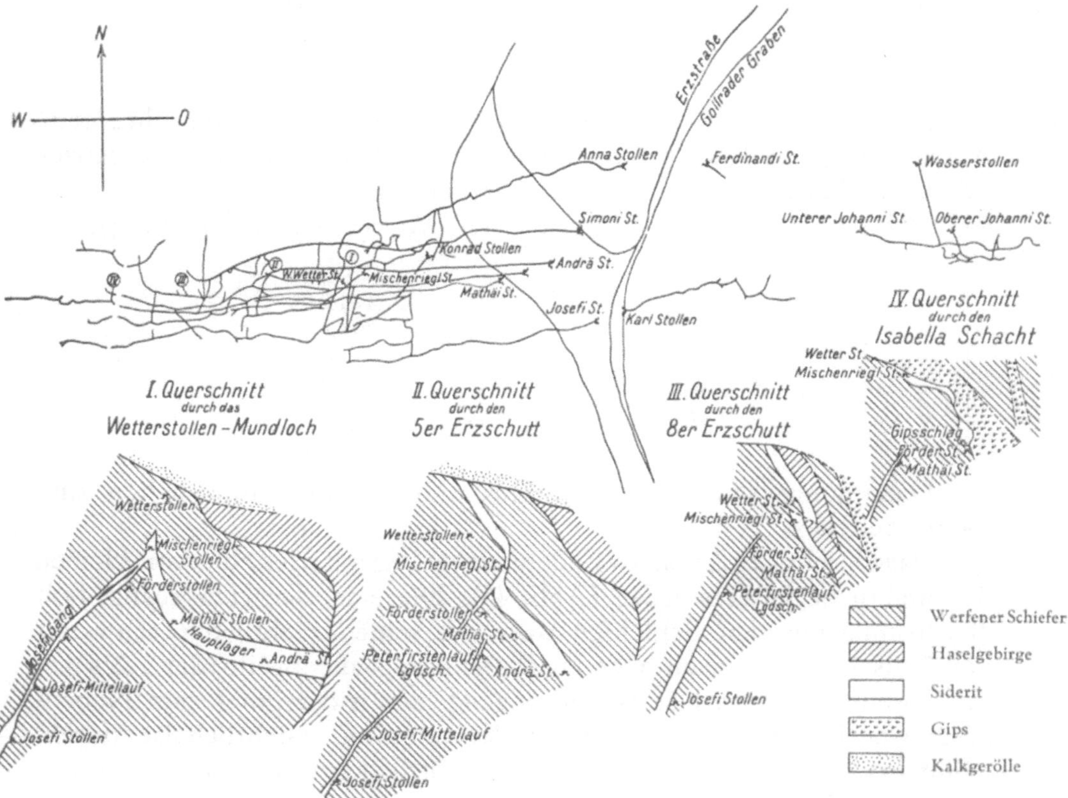

Abb. 46. Grubenkarte des Bergbaues Gollrad.

Stollen im Streichen aufgefahren. Ältere Berichte erwähnen, daß in die‐
sem oberen Teile der Grube noch viel Erz anstehe. Gegen die Teufe zu
ist der Josefigang unter der Josefistollensohle unverritzt. Die Weiß‐
erzgrube in der Schattleiten liegt nach A. S c h m i d t vom Matthäistollen‐
mundloch an der Poststraße 280 Klafter nordwestlich, fast im gleichen
Horizont, und traf einen 12 Fuß messenden Erzgang.

Viele ältere Autoren — M i l l e r , T u n n e r , K u d e r n a t s c h —
haben sich mit der Entstehung und Form dieser Erzvorkommen be‐
schäftigt und waren bezüglich der Gangnatur des Josefiganges einig,

Erzanalysen von Gollrad.

	Derbes	Geröstetes Erz									
	I	II a	II b	III	IV	Va	Vb	Vc	VI	VII	VIII
Fe_2O_3	5·82	60·33	57·83	65·64	66·85	67·61	62·64	64·30	70·10	70·59	69·679
FeO	50·23	5·60	3·21	1·79	0·34	2·60	2·00	1·89			
Mn_2O_3	MnO_4 7·97	3·00	2·50	3·22	2·18	3·35	3·33	3·05	3·02	2·11	2·839
CaO	Spur	2·50	2·13	1·30	2·03	1·15	1·25	1·30	1·16	1·78	2·531
MgO	2·61	12·17	8·14	9·43	6·56	8·41	10·35	8·62	6·43	4·69	8·425
CuO	—	Cu-Spur	—	0·02	0·03	0·03	0·013	0·006	0·015	1·78	0·017
$Co + Ni$	—	—	—	—	deutl. Sp.	deutl. Sp.	deutl. Sp.	deutl. Sp.	—	—	0·032
H_3PO_4	—	P-Spur	P-Spur	0·12	0·04	0·04	0·02	0·04	0·037	—	0·220
H_2SO_4	Spur	2·40	S = 0·20	0·29	0·65	0·31	2·46	2·23	0·550	S — 0·18	—
CO_2	33·46	1·08	7·14	2·50	1·75	1·45	1·80	2·00	2·07	—	—
H_2O	—									—	—
Al_2O_3	Spur	12·17	8·14	2·36	3·12	0·94	3·55	1·76	2·92	5·38	1·371
SiO_2	Spur	7·70	18·85	13·40	16·50	13·80	13·15	15·48	14·01	13·96	15·535
$FeS_2 + FeS$	—	5·20	—	—	—	—	—	—	—	—	—
Summe	100·09	100·00	100·00	100·07	100·05	99·69	100·563	100·676	100·312	100·47	100·649
Eisengehalt	—	49·10	43·00	47·34	47·07	49·35	45·40	46·48	49·07	—	—
Phosphor	—	—	—	0·053	0·018	0·017	0·009	0·017	0·016	—	—
Schwefel	—	—	—	0·119	0·26	0·123	0·984	0·892	0·220	—	—
Kupfer	—	—	—	0·016	—	0·024	0·01	0·005	0·012	—	—
Mangan	—	—	—	—	1·57	2·41	2·40	2·20	2·17	—	—

konnten sich jedoch über das im Schichtenverband scheinbar konkordant liegende Hauptlager kein richtiges Bild schaffen. Nur Tunner neigte schon damals zur Annahme einer gangartigen Entste⸗ hung, die nach den vielen Beobachtungen an gleichalterigen Lagerstätten der Ostalpen wohl zweifellos ist (Verschneidung mit den Schichten, Nebengesteinsbrocken in der Gangmasse, Zuscharung primärer Han⸗ gend⸗ und Liegendtrümmer).

Der Josefigang wurde nach A. Miller (10, S. 21) am jenseitigen Ufer des Gollradbaches mit dem Karlstollen untersucht und 130 Klafter streichend verfolgt. Auch die Hauptlagerstätte übersetzt im gleichen Streichen ($17^h\,6^o$) das Tal und wurde hier durch den oberen und unteren Johannistollen und den zirka 12 m tieferen Wasserstollen aufgeschlossen. Vom Wasserstollen 144 Klafter entfernt und 30 Klafter tiefer, nahe an der Talsohle, war nach A. Schmidt der Ferdinands⸗ stollen gelegen, in welchem zwar Erz angetroffen, aber wegen stärkerem Schwefel⸗ und Kupferkiesgehalt wieder verlassen wurde. Der Stollen war nach A. Schmidt bereits im Jahre 1844 verbrochen. In der Gegend des Stollens war eine Pinge zu sehen, aus der Wasser floß, daneben im Bache selbst konnte man das Ausbeißen des Eisensteinlagers in einer Mächtigkeit von fast 2 m beobachten. Die stärkere Verrohwandung und reicheres Auftreten von Kupfer⸗ und von Schwefelkies hatte zur Folge, daß der am jenseitigen Ufer gelegene Teil der Grube stark vernach⸗ lässigt wurde.

Literatur für die Umgebung von Neuberg und Gollrad: 1. Generalbericht d. berg- u. hüttenm. Hauptexkursion, Tunners Jahrb. f. d. österr. Berg- u. Hüttenwesen, III. u. IV. Jahrg., 1843 bis 1846, Wien 1847, S. 30. — 2. G. Göth, Das Herzogtum Steiermark, Wien 1840. — 3. A. Gesell, Das Eisensteinvorkommen um Neuberg, Jahrb. d. Geol. Reichsanst., Wien 1886, XVI. Verh., S. 147. — 4. W. Hai- dinger, Galmeihöhle bei Neuberg, Sitz.-Ber. d. Akad. d. Wiss., 1848, S. 139. — 5. Hauer⸗Fötterle, Geol. Übersicht der Bergbaue der österr.-ungar. Monarchie, Wien 1855. — 6. K. Hauer, Die wichtigsten Eisenerzvorkommen in der österr.-ungar. Monarchie, Wien 1863. — 7. L. Kaiser, Notizen über Neuberg—Mariazell, Mitteil. über Gegenstände des Artillerie- u. Geniewesens, Jahrg. 1879, Heft 5, S. 258. — 8. J. Kuder- natsch, Das Eisensteinvorkommen in Gollrad, Jahrb. d. Geol. Reichsanst., 1851, S. 4. — 9. A. v. Miller-Hauenfels, Die steiermärkischen Bergbaue als Grundlage des prov. Wohlstandes, Wien 1859. — 10. A. v. Miller-Hauenfels, Die nutzb. Minerale v. Ober- steiermark, Berg- u. hüttenm. Jahrb. d. Bergakad. Leoben u. Schemnitz, Bd. XIII, S. 213. — 11. K. A. Redlich und W. Stanczak, Die Erzvorkommen der Umgebung von Neuberg bis Gollrad, Mitteil. d. Geol. Ges. in Wien, Bd. XV, 1922, Heft 1. — 12. A. S. (A. R. Schmidt), Über das Vorkommen des Eisensteins auf den Bergbauen bei Neu- berg, Berggeist (Beilage) Nr. 104, 1870, S. 651. — 13. A. R. Schmidt, Struktur der Spat- eisensteinlagerstätten bei Neuberg, Österr. Zeitschr. f. d. Berg- u. Hüttenwesen, XXVIII. Jahrg., 1880, Nr. 39, S. 468. — 14. E. Spengler und J. Stiny, Erläuterungen zur geol. Spezialkarte der Republik Österreich, Blatt Eisenerz, Wien 1926, S. 91. — 15. M. Vacek, Über den geol. Bau der Zentralalpen zwischen Enns und Mur, Verh. d. Geol.

Reichsanst., Wien 1886, S. 71. — 16. M. V a c e k, Über die geol. Verhältnisse des Flußgebietes der unteren Mürz, Verh. d. Geol. Reichsanst., Wien 1886, S. 445. — 17. M. V a c e k, Über die geol. Verhältnisse des Semmeringgebietes, Verh. d. Geol. Reichsanst., Wien 1888, S. 60.

Seewiesen—Tragöß—Hieselegg.

Westlich der Gollrader Bucht springen die Kalkalpen längs einer Querstörung (B i t t n e r) mit scharfem Knick gegen S vor. Sie werden an ihrem Südrand von einem Bande Werfener Schiefer begleitet, welches von der Werfener Schiefermasse der Gollrader Bucht abzweigt. Bei Eisen⹀ erz vereinigt sich dieses Band mit einem weiter nördlich verlaufenden Parallelzug Werfener Schiefer, das sich bei Seewiesen von der Gollrader Bucht ablöst und mit Unterbrechungen über Buchberg, Klamm und Jassing zur Gsollalpe (ostnordöstlich Trofeng) streicht. Letzteres bildet nach S p e n g l e r eine antiklinale Aufwölbung innerhalb der tridischen Kalk⹀ alpen. Westlich der Vereinigungsstelle der beiden Werfener Schiefer⹀ züge springen die Kalkalpen wieder nach N zurück. Hier liegen die großen Erzansammlungen der Eisenerzer Gegend. (Siehe Geol. Karte von Eisenerz, 1 : 75.000, von E. S p e n g l e r und J. S t i n y, l. c.)

Es ist auffallend, daß auf der ganzen Strecke bis zum Tragösser Tal, d. s. 20 km Luftlinie, die Eisenerzführung mit Ausnahme von zwei kleinen Vorkommen aussetzt. Ein wenige Zentimeter starker Siderit⹀ gang liegt nach S p e n g l e r s Karte an der Straße nördlich vom Aflenzer Bahnhof an der östlichen Straßenseite im Phyllit; ein 20 cm mächtiger Gang von Eisenglanz beim Wappensteiner Hammer, 1 km östlich des Bahnhofes Aflenz, setzt im Chloritschiefer auf. Zwei verbrochene Stollen zeigen eine vorübergehende Schurftätigkeit an.

Erst westlich des Tragösser Tales setzt die reiche Erzführung wieder ein. Sie beginnt mit den Magnetiten und Sideriten in der Rötz und am Kogelanger.

R ö t z, K o g e l a n g e r ⹀ K o h l b e r g, Z e r b e n k o g e l. G ö t h er⹀ wähnt, daß bereits Ende des 18. Jahrhunderts am linken Ufer des Rötz⹀ baches 20 Klafter über der Talsohle in der Grauwackenformation (im Chloritschiefer?) [1] ein Bergbau bestanden hat, in welchem Magneteisen⹀ stein lagerförmig mit einer Mächtigkeit von 4 bis 5 Schuh vorkam. Das Lager streicht nach 5^h und hat ein ziemlich gleichmäßiges Verflächen von nahe 50°. Als Begleiter des Magneteisensteins kommen Spateisenstein, Kupfer⹀ und Schwefelkies vor. Der Abbau wurde 1841 im Annastollen (80 Klafter lang, gegen O) und dem 19 m höheren Antonstollen (40 Klafter

---

[1] Trotz eifrigen Suchens konnte die Stelle des Bergbaues nicht gefunden werden.

lang) betrieben. Auch M i l l e r erwähnt ihn 1861 als Hoffnungsbau. Auf=
fallend ist, daß H a u e r und A n d r i a n in ihrer Beschreibung der
nahe gelegenen Ankerit=Sideritvorkommen am Kogelanger und Kohlberg
mit keinem Wort von ihm sprechen.

Am nordwestlichen Teil des Kohlbergrückens (Zerbenkogel, siehe
Karte von Eisenerz) liegen im Sauberger Kalk Ankerite mit 14 bis
17% Fe, in welchen Spateisensteinlinsen verstreut auftreten. Die größte,
„nächst der Lacken", mißt mehrere Klafter. Am nordwestlichen Abhang
in der sogenannten Höll waren mehrere Stollen angeschlagen, die große
Rohwandlager mit schönen Partien von Sideriten aufweisen. Die über
den paläozoischen Schichten daselbst liegenden Werfener Konglomerate
(J u n g w i r t h fand in ihnen Roteisensteingerölle) und Schiefer sind
weiter im O ebenfalls erzführend. So kennt man vom Tragösser Tal bis zum
Hieselegg 30 Spateisensteinschnüre, deren durchschnittliche Mächtigkeit
nicht über 10 cm mißt. Eine der bedeutendsten Ankeritmengen
(13% Fe) mit unregelmäßigen Knauern von Spateisenstein liegt am
Kogelanger, nördlich des Hieseleggsattels. Die Erzmasse wird, ähnlich
wie bei Gollrad, von einem Gipskeil abgeschnitten. Das Streichen der=
selben geht von 5^h nach 17^h, das Fallen mit einem Winkel von 30° bis 40°
nach N. Der Aufschluß erfolgte durch drei Stollen auf eine Tiefe
von 100 m (siehe S p e n g l e r s Karte von Eisenerz).

L i t e r a t u r : 1. E. S p e n g l e r und J. S t i n y, Eisenerz, Z. 15, Kol. XII., Geol.
Karte der Republik Österreich. — 2. E. S p e n g l e r, Zur Tektonik des obersteirischen
Karbonzuges bei Thörl und Turnau, Jahrb. d. Geol. St.=A., 1920, S. 243 u. 244. —
3. G. G ö t h, Das Herzogtum Steiermark, Wien 1841, Bd. II, S. 104. — 4. A. v. M i l -
l e r - H a u e n f e l s, Die steiermärkischen Bergbaue als Grundlage des prov. Wohlstandes, Wien 1859, S. 33. — 5. F. v. H a u e r, Mitteil. über die Eisenerze Zerbenkogel
—Pflegalm—Rötzgraben, Jahrb. d. Geol. Reichsanst., Wien 1857, S. 365. — 6. F. v.
A n d r i a n, Eisensteinvorkommen am Kohlberg und Koglanger, Verh. d. Geol. Reichsanst., Wien 1862. S. 536, und Verh. d. Geol. Reichsanst., Wien 1862, S. 301.

Tollingberg, Brandberg.

Anhangweise mögen hier zwei kleine Limonitlagerstätten kurz be=
handelt werden, die zwar im Paläozoikum südlich unseres Erzzuges auf=
setzen, deren genetische Stellung und deren Verhältnis zu den Sideriten
der Grauwackenzone aber noch nicht ganz geklärt ist.

Nach M i l l e r v. H a u e n f e l s wurde am Eingang des Tolling=
grabens (¼ Stunde von Schloß Freienstein) nächst Leoben auf der
westlichen Lehne ein Limonitlager auf zirka 110 m im Streichen und
44 m im Verflächen verfolgt. Es wechseln Kalk und Tonschiefer ab.
Das vorkommende Erz ist Brauneisenstein, der zwischen Kalk und
Tonschiefer eingelagert ist. An der östlichen Lehne dieses Grabens,
am sonnseitigen Gehänge des Brandberges (SW=Abhang des Bären=

kogels bei Donawitz), wurde die Fortsetzung dieser Lagerstätte in den Fünfzigerjahren abgebaut. Im Phyllit, der durch Kalk unterteuft wird, setzt ein Lagergang von zirka 1·7 m Mächtigkeit auf. Er wurde durch zwei Stollen auf zirka 150 m im Streichen verfolgt. Bereits in dem zirka 24 m tieferen Stollen war er nicht mehr bauwürdig. Er bestand aus Limonit und Manganoxyden und wurde von Azurit, Malachit, Faser= gips, dem Aluminiumsilikat Halloisit und einer Reihe von Phosphaten, wie Bořickit, Diadochit und Delvauxit stellenweise durchsetzt. Da einer= seits Pseudomorphosen von Diadochit nach Siderit, andererseits Ankeritlagen, Schwefel= und Kupferkies gefunden wurden, so ist wohl der Limonit als Umsetzungsprodukt dieser Erze anzusehen. Viel schwie= riger ist eine Erklärung für die das Erzlager begleitenden reichlichen Phosphate und Alumosilikate zu finden, welche sonst in der ganzen paläozoischen Erzserie fehlen.

Literatur: 1. A. v. Miller-Hauenfels, Die steiermärkischen Bergbaue als Grundlage des prov. Wohlstandes, Wien 1859, S. 32. — 2. K. A. Redlich, Zwei Limonitlagerstätten als Glieder in der Sideritreihe der Ostalpen, Zeitschr. f. prakt. Geol., 1910, S. 258.

Das Gebiet von Vordernberg—Eisenerz—Ramsau.

Der in diesem Landstrich gelegene steirische Erzberg und die zahl= reichen kleineren Erzniederlagen haben seit alters her die Öfen der weitesten Umgebung mit Erz versorgt.

Die Schichtenfolge dieses Kartenblattes (Taf. V) sowie der benach= barten Gebiete Radmer und Johnsbachtal setzt sich aus folgenden Glie= dern zusammen:

Ältere Silurschiefer	dunkle graphitische, leicht metamorphe Ton= schiefer; dunkle Kieselschiefer, hellgrauer bis weißer Sandstein.
Blasseneckporphyroid	metamorphe Quarzkeratophyre.
Jüngere Silurschiefer	ähnlich der älteren Serie, jedoch gering= mächtiger (können auch fehlen). An der Basis der Hangendkalke Sandstein mit Porphyroid= detritus.
Erzführender Kalk	weiß, gelblich, grau, schwarz und pfirsich= blütenrot (Saubergerkalk).
Transgression:	
Werfener Schichten	Kalk= und Quarzbreccien. Als Hangendes der= selben tonige sandige Schiefer, von meist roter, hellgrüner, seltener grauer Farbe.

7*

Der Bauplan der Umgebung von Eisenerz und der anstoßenden
Radmer ist in erster Linie durch eine jungpaläozoische Bewegung be=
einflußt. S p e n g l e r schildert den Effekt dieser Gebirgsbildungsphase
folgendermaßen: Der wichtigste Beweis für dieselbe ist die an mehreren
Orten aufgeschlossene tektonische Diskordanz, woselbst Verrucano über

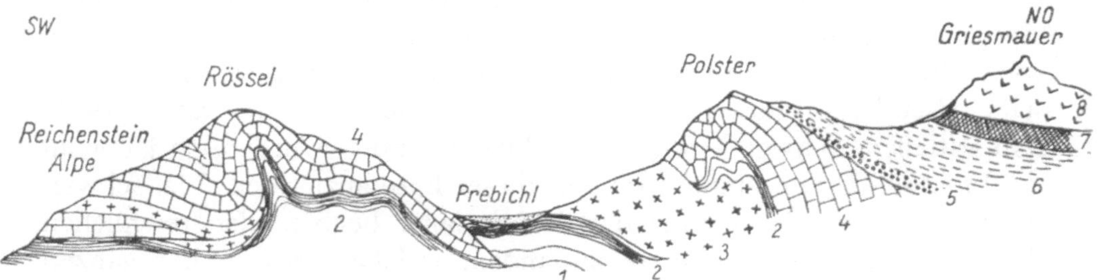

Abb. 47. Profil Reichensteinalpe—Griesmauer. (Nach E. Spengler.)

1 Grauwackenschiefer.   2 Silurschiefer.   3 Porphyroid.   4 Erzführender Kalk.   5 Verrucano.   6 Werfener Schichten.
7 Guttensteiner Kalk.   8 Oberer Triaskalk und Dolomit.

die steil aufgerichteten Schichtköpfe von Silur=Devonkalk transgrediert
(Handlalm, Tagbau im östlichen Teil des Tulleck). Bei dieser jung=
paläozoischen Gebirgsbildung ist es sowohl zu wahrscheinlich westwärts
gerichteten Überschiebungen als zu Faltungen mit N und NW strei=
chender Achse gekommen.

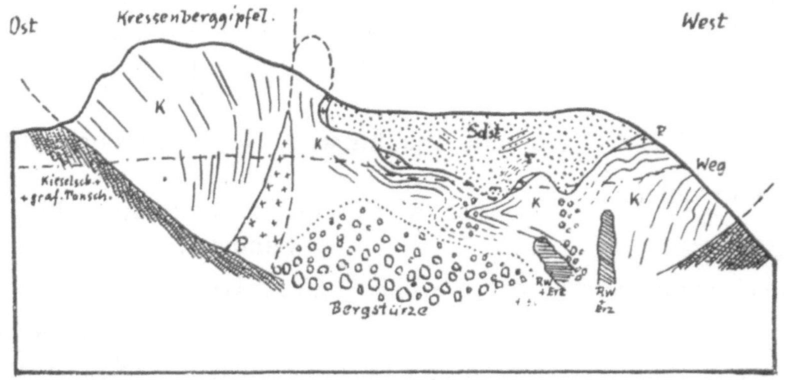

Abb. 48. Schuppentektonik am Kressenberg=Nordhang. (Nach G. Hießleitner.)

P = Porphyroid.   K = Silur=Devonkalk.   T = Tonschiefer.   Sdst = Paläoz. Sandstein.

So zeigen Rössel und Reichenstein mehr oder minder steiles Ost=
fallen, die Silurschiefer daselbst sind als eingepreßte Antiklinalen ein=
gefaltet, die Grauwackenschiefer und Porphyroide des Talzuges
Vordernberg—Prebichl—Gerichtsgraben bilden den Kern einer gegen
SW überschobenen Anti= und Synklinale, über welche der Werfener
Schiefer mit seinen Basiskonglomeraten transgrediert (Abb. 47).

Der Erzberg, von dessen Detailtektonik noch zu sprechen sein wird, ist ebenfalls eine N—S bis NW—SO streichende Synklinale, deren Ostflügel durch die Platte gegen Trofeng und deren Westflügel durch den Kressenberg und seine südliche Fortsetzung gebildet wird. Auch der Schuppenbau des Erzberges und der Nordausläufer des Reichensteins (Kressenberg [Abb. 48], Platte) muß dieser paläozoischen Tektonik zugerechnet werden.

Im Westen weist S p e n g l e r auf die Überschiebungen hin, die sich aus der Tatsache ergeben, daß die erzführenden Kalke beiderseits des Ramsautales, südwestlich von Eisenerz, durch Silurschiefer in eine obere und eine untere Kalkschuppe geteilt sind (siehe Geol. Karte von Eisenerz).

Auch die Gegend der Radmer (Taf. VIII) zeigt im Anschluß an Eisenerz im östlichen Teil einen ähnlichen Aufbau. Im Westen des Radmerer Blattes bis gegen die Flitzen im Johnsbachtal nehmen die Faltenachsen eine O—W-Richtung an.

Dieser älteren paläozoischen Bewegung folgen die jüngeren alpinen Faltenvorgänge, die oft zu tiefen Einklemmungen der Werfener Schichten in den paläozoischen Untergrund führten.

Der steirische Erzberg.

Durch die Vereinigung der zahlreichen österreichisch-alpinen Eisenwerke im Jahre 1881 zu der noch heute bestehenden Österreichisch-Alpinen Montangesellschaft ergab sich von selbst die Notwendigkeit, die kleineren Betriebsstätten stillzulegen, bis schließlich in der Gegenwart nur zwei Urproduktionsorte des Eisens in Österreich übrigblieben — der steirische Erzberg bei Eisenerz und der Hüttenberger Erzberg in Kärnten. Während aber der Hüttenberger Erzberg trotz seiner ausgezeichneten Erze infolge der hohen Bringungskosten (Tiefbau) gerade noch sein Leben fristet, konnte der steirische Erzberg infolge seines Erzreichtums und der meist oberflächlichen Lage der Erze zu einem gewaltigen Tagbau modern ausgestaltet werden, so daß er, trotz der riesigen Eisenerzreichtümer anderer Länder, noch immer ein mitentscheidender Faktor der Eisenerz-Weltproduktion geblieben ist.

Der steirische Erzberg, welcher derzeit fast die gesamte Eisenerzförderung Österreichs bestreitet, erhebt sich südöstlich vom Markte Eisenerz, 842 m über der Talsohle, 1528 m über dem Meeresspiegel. Betrachtet man ihn von seiner NW-Seite, so erscheint er als eine isolierte, kegelförmige, ziemlich steile Bergmasse. Auf der Südseite bildet ein Sattel, die Platte, mit der Plattenalm und dem Rössel, das Verbindungsstück zu den steil ansteigenden Kalkhängen des Reichensteins.

Etwas über der halben Höhe wird der Erzberg durch eine schwebende Markscheide in zwei Teile geteilt. Diese sogenannte Eben=höhe entstand im Jahre 1666, sie teilt den Erzberg in den oberen Vordernberger und in den unteren Innerberger oder Eisenerzer Anteil.

Die Gewinnung des Spateisensteins erfolgt am steirischen Erzberg heute fast ausschließlich im Tagbaubetrieb. Dieser reicht bereits bis zur Erzbergspitze. Am Vordernberger Erzberg — also oberhalb der Eben=höhe — sind 30 Abbauetagen von durchschnittlich 12 m Höhe vor=handen; am Innerberger Erzberg — also unterhalb der Ebenhöhe — gibt es ebenfalls 30 Etagen.

Die großen Aufschlußarbeiten der letzten Jahre haben uns einen derartigen Einblick in diese so wichtige Eisenerzlagerstätte Österreichs gewährt, daß es an der Hand der vorhandenen Literatur, besonders der Arbeiten K. A. Redlichs, A. Kerns und G. Hießleitners mög=lich ist, ein klares Bild vom geologischen Aufbau derselben zu ent=werfen (Abb. 49 und 54).

Die Basis des steirischen Erzberges besteht aus Porphyroiden (Metaquarzkeratophyren). Im Hangenden derselben liegen sandig=tonige Schichten mit Porphyroiddetritus in einer Reihenfolge, welche vom tuffig zerspratzten Porphyroid (Straße Berghaus—Platte) über Arikosen zum Sandstein führt. An der Westgrenze der Erzkalkmasse (im „Zirkus") treten psammitische Gesteine stark zurück, und an ihrer Stelle erscheinen feingeschlämmte, serizitische Tonschiefer von lichtölgrüner oder grauer bis schwärzlicher Färbung neben schwarzen Kieselschiefern. Die einzelnen Gesteinsbänke lassen sich nicht auf weite Strecken hin verfolgen. Sie sind in Fetzen von geringer Größe aufgelöst, arg gequält, gestaucht und zerwalzt. Die Art des Auftretens, beziehungsweise die Durchmischung der einzelnen Gesteine als auch ihr mikroskopisches Gefügebild spricht deutlich für starke, mehr oder minder schichten=parallele tektonische Bewegungen an der Basis des darüber folgenden Erzkalkkomplexes.

Der Erzkalkkomplex im Hangenden der Porphyroide und der über dem Porphyroid lagernden sandig=tonigen Gesteine beginnt mit serizitischen Kalkschiefern (Ankerit=Dolomitschiefer, Schiefererze), die Kern für eine primäre Wechsellagerung von karbonatischen Präzipi=taten und feinstkörnigen terrigenen Einschwemmungen von Porphyroid=detritus hält. Die mikroskopische Untersuchung zeigt auch hier, daß diese Gesteine teilweise durch tektonische Verschieferung ursprünglich massiger Kalke bei gleichzeitiger Aussaigerung der Verunreinigungen an den Gleitflächen (Serizitbildung) entstanden sind. Andere Kalkschiefer sind aus Tonschiefern hervorgegangen, welche aufgeblättert und sekundär mit Karbonat (Kalk, Dolomit, Ankerit, Erz) erfüllt wurden.

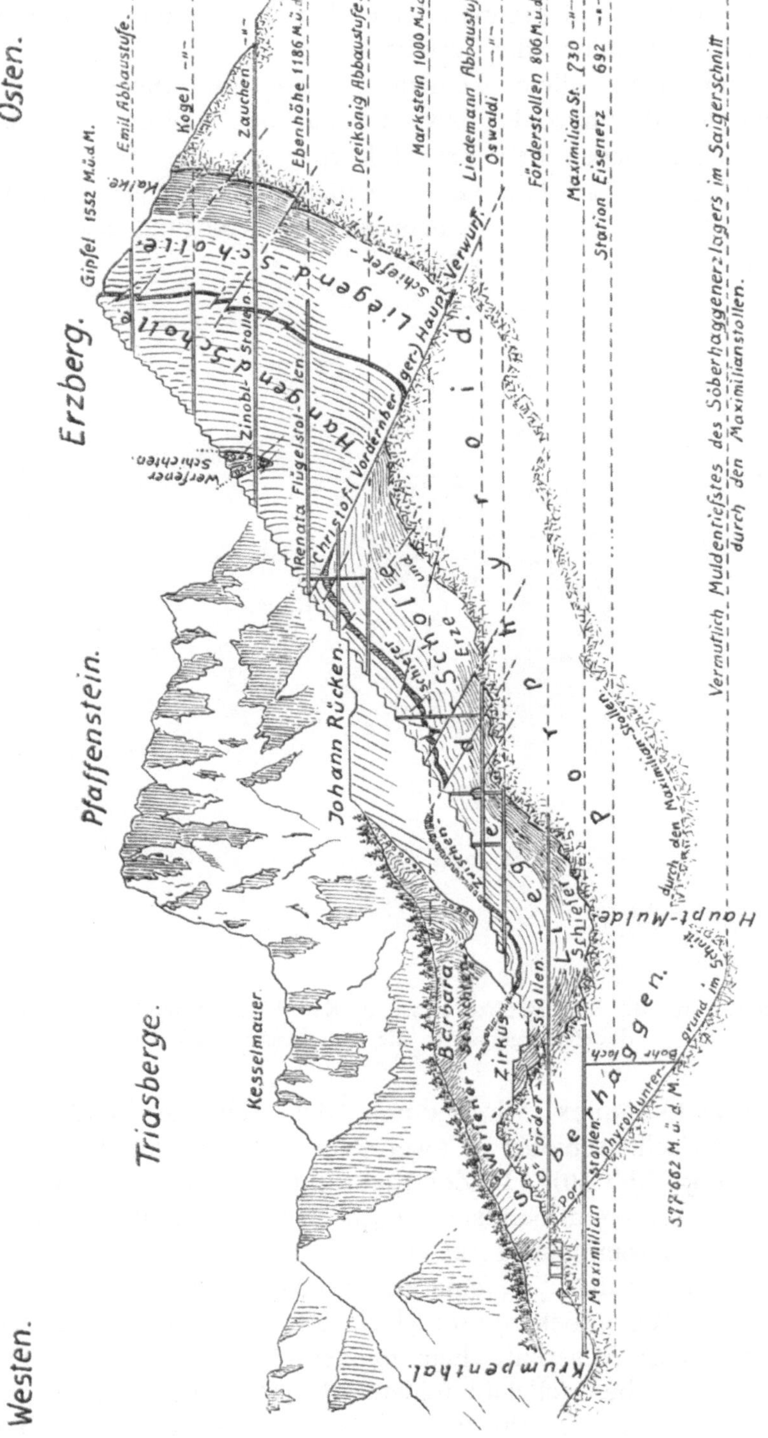

Abb. 49. Profil durch den steirischen Erzberg. (Nach A. Kern.)

Stets zeigen die Serizitbeläge dieser Gesteine unter dem Mikroskop Zeichen stärkster schichtenparalleler Durchbewegung (Zerreißung, Fältelung bis Zerknüllung der Serizithäute).

Es kann nach allem keinem Zweifel unterliegen, daß die Grenzzone des Porphyroids, bzw. der darüber lagernden Sandsteine und Tonschiefer gegen den Erzkalkkörper ein ausgesprochener Be= wegungshorizont ist, an dem Teilbewegungen des Gefüges stattfanden, die sich durch eine einfache muldenförmige Verbiegung des Schichten= paketes allein nicht erklären lassen.

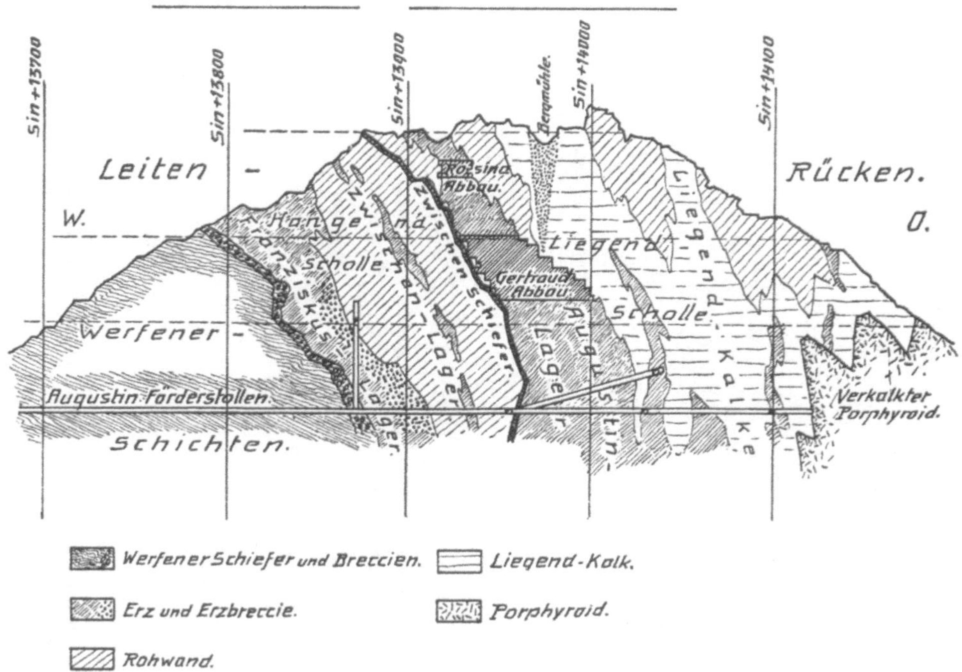

Abb. 50. Profil durch die Erzbergspitze. (Nach A. Kern.) (Zeigt deutlich die Zweiteilung des Erzberges durch die Zwischenschiefer.)

Der Erzkalkkomplex wird durch das schmale Band der so= genannten Zwischenschiefer in zwei Pakete geteilt, die Liegend= und Hangendscholle (Abb. 50). Die Zone der sandig=tonigen Zwischenschiefer besteht: 1. aus gröberem Sandstein, vorherrschend aus Porphyroid= und Quarzitdetritus zusammengesetzt, das Material stammt aus dem Unter= grund der Umgebung; 2. feinerem Sandstein mit wohlabgerollten Quarzen, zum Teil unbekannnter Herkunft; 3. sandigem Tonschiefer; 4. sandigem Kalk; 5. serizitischem feingeschlämmten Tonschiefer von meist ölgrüner Farbe, vielleicht feinster Porphyroiddetritus; 6. graphit= reichem Tonschiefer; 7. schwarzem Kieselschiefer; 8. Kalk. Die Ge=

steine sind ihrer Lage nach nicht nach diesem Schema angeordnet, sondern regellos durcheinandergemischt und vertreten sich gegenseitig ohne jede Regelmäßigkeit. Die naheliegende Vermutung, daß hier eine reichhaltige Sedimentfolge, tektonisch aufgearbeitet, in Form von re= gellos aneinandergereihten Linsen vorliegt, wird durch Anzeichen leb= hafter Durchbewegung bekräftigt, welche nicht bloß mikroskopisch erschließbare Spuren, sondern auch weithin sichtbare Großdeforma= tionen hinterlassen hat. Es ist natürlich ganz ausgeschlossen, auf die zahlreichen Faltungs= und Auswalzungserscheinungen, die sich gerade in den Zwischenschiefern und in den unmittelbar benachbarten Kalken zeigen, im Detail einzugehen. Ein Beispiel mag genügen. Abb. 51 zeigt eine überkippte Falte im schwarzen Zwischenschiefer, deren Achsenebene etwa mit der ideellen Schichtfläche der Zwischenschieferzone zusammenfällt.

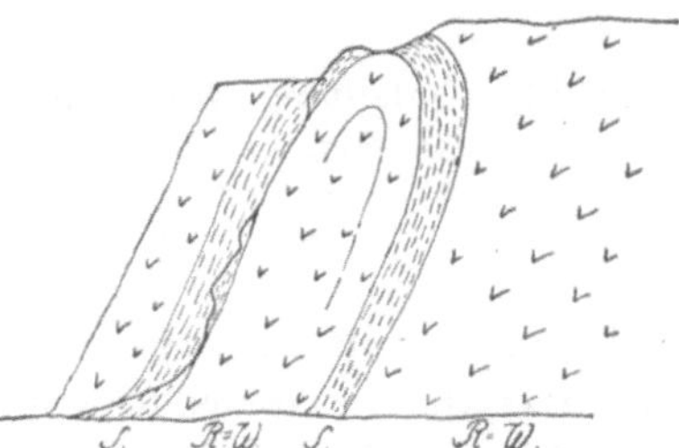

Abb. 51. Überkippte Falte im schwar=
zen Zwischenschiefer (S.).
RW = Rohwand, Etage Frey.

Wir sehen so, daß die Zwischen= schiefer einen Horizont lebhaftester Be= wegung darstellen und petrographisch identisch sind mit den Gesteinen der Erz= bergbasis, wodurch der Beweis erbracht ist, daß die beiden Schollen des Erzberges zwei übereinandergeschobene Schuppen darstellen, zwischen welche Fetzen der Gesteine der Erzbergbasis ein= gewalzt erscheinen.

Die tektonische Verfrachtung der Hangendscholle des Erzberges auf die Liegendscholle gehört einer jungpaläozoischen Bewegungs= phase an.

Diesen Ansichten, die K. A. R e d l i c h vertritt und noch in jüngster Zeit im Verein mit K. P r e c l i k weiterentwickelt hat, wird teilweise von H i e ß l e i t n e r und K e r n widersprochen. K e r n verweist, aller= dings ohne mikroskopisch=petrographische Untersuchungen, unter anderem auf den lückenlosen Übergang zwischen den Basisgesteinen und der unteren Abteilung der Erzkalkformation, welche mit ihren Ton= schieferhäuten zwischen den Kalklamellen sedimentären Ursprung ver= rät und eben infolge ihrer vielfachen Inhomogenität ganz besonders stark auch von Bewegungsvorgängen lokaler Art beeinflußt werden konnte. Ähnliches führt er für die Zwischenschiefer an, die er ebenfalls für eine normale Einlagerung hält.

Die Verschiedenheit der Auffassungen ist vor allem hinsichtlich der Zwischenschiefer weitgehend. Demgegenüber ist die Bewertung des Ausmaßes der Bewegungen an der Basis des Erzkalkes von nicht prin= zipieller Bedeutung. Daß an der Basis des Erzberges ein sedimentärer

Übergang sandig=toniger Schichten in den Kalk stattfindet, ist ebenso unbestritten wie das Vorhandensein schichtenparalleler tektonischer Bewegungen in diesem Horizont. Ob diese Bewegungen rein lokaler oder großtektonischer Natur sind, läßt sich ohne weitausgreifende Untersuchungen außerhalb des Erzberges wohl nicht entscheiden.

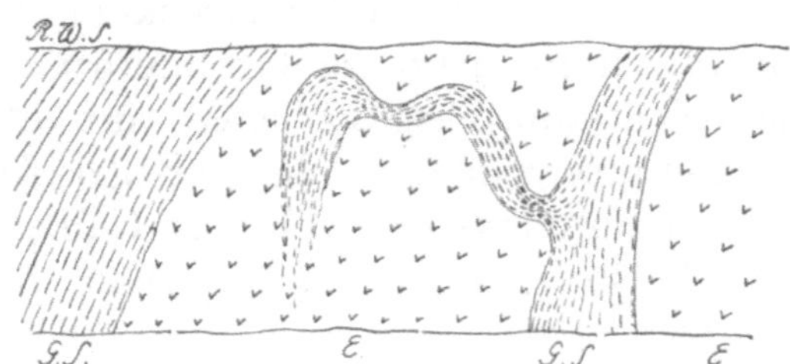

Abb. 52.   Einfaltung   von   Werfener   Schiefer
im Erz, Etage Elisabeth.
E = Erz.   GS = Grüner Werfener Sandstein.   RWS = Roter
Werfener Schiefer.

Über den Schuppenbau des Erzkalkkörpers transgre= dieren die Werfener Schich= ten. Sie beginnen mit einer teilweise vererzten, zweifellos durch die Transgression ent= standenen Basisbreccie. Diese besteht teils aus Kalkdolomit= brocken, teils aus Quarzge= röllen, beide mit einem schie= ferigen Bindemittel. Im Han= genden folgen rote, gelbgrüne bis weißlichgelbe Schiefer. Eine jüngere nachtriadische Bewegungsphase hat diese Gesteinsserie teils in breiten, muldenförmigen Formen in den paläozoischen Untergrund eingerunzelt, teils in schmalen Zungen tief eingefaltet (Abb. 52, 53). Die Kalkbrocken der Basisbreccie sind oft durch diese Bewegung zu papierdünnen Lagen ausgewalzt worden und täuschen dadurch mit dem sie umschließenden Ze= ment eine Wechsellagerung kalkiger und sandig=schieferiger Schichten vor.

Die   diskordante   triadische Überdeckung   verbirgt   uns   wich= tige Teile der Erzführung. Es ist zweifellos,   daß   der   erzführende Kalk namentlich gegen N unter den Werfener Schichten weiter= streicht. So haben mehrere Tief= bohrungen   zum   Aufschluß   des Söbberhaggenlagers gezeigt, daß

Abb. 53.   Nachträgliche   Vererzung   der
Werfener Breccie. B, Etage Josefi.
WS = Werfener Schiefer.   E = Erz.

dieses weit nach O unter dem Werfener Schiefer zu verfolgen ist.

Eine jüngere nachtriadische Bruchtektonik zerteilt das Erzberg= massiv in einzelne Schollen und schneidet bereits fertige Erzlager ab. Ob ältere vortriadische Brüche vorhanden sind, wie dies K e r n an= nimmt, ist bis heute noch nicht mit Sicherheit bewiesen worden.

Die geologischen Verhältnisse, wie sie hier geschildert wurden, sind aus der beiliegenden geologischen Karte des Erzberges (Abb. 54) und den dazugehörigen Profilen klar zu ersehen (Abb. 49 und 50).

Der Inhalt der Erzmasse gehört mehreren Mineralgenerationen an.

Additional material from Die *Geologie der innerösterreichischen Eisenerzlagerstätten*
ISBN 978-3-7091-5981-1 (978-3-7091-5981-1_OSFO1),
is available at http://extras.springer.com

Die auf den zahlreichen Spalten des Kalkes zirkulierenden Eisen=
lösungen haben einerseits Siderit zum Absatz gebracht, andererseits den
Kalk weitgehend metasomatisch verdrängt.

Sideritkristalle enthalten nach K a r s t e n: 55.64 FeO, 2.80 MnO,
1.77 MgO, 0.92 CaO. Ältere Erzanalysen zeigen folgende Zusammen=
setzung des hauptsächlich aus Siderit bestehenden Gutes:

A n a l y s e n von Erzen des E r z b e r g e s nach Probescheinen
des k. k. Generalprobieramtes.

Bestandteile	Datum der Probescheine				Durchschnitts= analyse von Roh= u. Rösterz	
	4. Juni 1873	2. Juni 1886	11. Sept. 1889	11. August 1892 aus den oberen Etagen des unteren Teiles		
	Geröstete Erze			Dieselben		Roherz $^o/_o$	Rösterz $^o/_o$
				roh	geröstet		
	bei 100° Celsius getrocknet						
Eisenoxydul . . .	2.000	—	—	34.970	} 74.040	32.250	1.233
Eisenoxyd	67.780	71.430	71.070	16.750		19.500	71.180
Manganoxyduloxyd	3.860	4.800	4.040	2.980	4.010	3.500	4.290
Kupfer	ger. Spur	ger. Spur	—	Spur	—	—	—
Kobalt und Nickel	—	—	—	—	—	—	—
Kieselsäure	7.050	8.600	7.050	8.200	11.040	4.080	8.190
Tonerde	1.790	2.770	2.030	2 090	2.810	1.260	1.610
Kalk	7.150	6.560	7.900	3.060	4.120	5.920	6.190
Magnesia	2.900	3.600	3.860	2.920	3.930	4.060	4.140
Kohlensäure . . .	5.850	1.700	1.800	27.600	—	27.620	2.640
Phosphorsäure . .	0.057	0.106	0.061	0.040	0.050	0.034	0.059
Schwefelsäure . . .	0.110	0.260	0.480	Spur	—	0.202	0.432
Wasser	1.750	0.500	1.750	—	—	0.84	0.14
Summe . . .	100.297	100.326	100.041	100.000	100.000	99.266	100.104
Daraus berechnet sich ein Gehalt an:							
Eisen	48.000	50.000	49.750	38.930	51.800	38.730	50.680
Mangan	2.780	3.460	2.910	2.150	2.840	2.450	3.000
Phosphor	0.025	0.046	0.027	0.017	0.022	0.015	0.025
Schwefel	0.044	0.075	0.192	Spur	Spur	0.079	0.169
Silizium	—	—	—	—	—	1.91	3.83

Die Erze sind sehr arm an Schwefel und Phosphor, sehr selten weisen
sie Kupferspuren auf; diese Reinheit im Verein mit der leichten Reduzier=
barkeit im Hochofen machen sie dem Eisenhüttenmann besonders
wertvoll.

Derzeit ist der mittlere Eisengehalt der geförderten Roherze auf
35% Fe gesunken.

Neben Siderit kam ein magnesiumhaltiges Kalzium=Eisenkarbonat, der Ankerit, zum Absatz, dessen Kristalle nach R e i b e n s c h u h folgende Zusammensetzung haben:

Kohlensäure	41·72	42·13	42·39
Eisenoxyd	1·62	3·71	1·54
Eisenoxydul	24·24	24·57	21·40
Manganoxydul	1·84	1·46	1·74
Kalk	23·92	23·41	25·91
Magnesia	6·42	4·93	6·89
	99·76	100·21	99·87

Der Bergmann zählt zu den Ankeriten (Rohwand) auch alle derben Massen mit willkürlicher Mischung dieser drei Karbonate, wenn die=selben infolge ihres zu geringen Eisengehaltes nicht als Eisenerz Ver=wendung finden.

Kalzit= und Dolomitkristalle liegen als weiße Kristalloblasten — von den Bergleuten Roßzähne genannt — in der gelben Sideritmasse. Von Sulfiden dürfte sich nur Schwefelkies, vielleicht, aber nicht sicher, Kupferkies in dieser Erzgeneration finden.

Diese Primärerze werden von zahlreichen jüngeren, gelegentlich sich schneidenden, auch drusenführenden Siderit=Ankerit=Dolomit=gängen verquert. In ihnen trifft man hin und wieder Schwefelkies, Kupferkies, Bleiglanz, Antimonglanz?, Silberantimonfahlerz (Tetra=edrit), Quecksilberfahlerz (Spaniolit), Arsenkies, Quarz, seltener Ara=gonit und Kalzitkristalle.

Eiserne Hutmineralien sind der mehr oder weniger manganreiche Limonit, der Gips, der Zinnober und der Aragonit. Der Aragonit, von faseriger Struktur, erfüllt oft junge Gänge, verklebt Erzstücke zu einer Breccie (Kletzenbrot), wechsellagert mit Kalzitlagen (H a t l e s Erz=bergit), oder er bildet die baumförmig in Hohlräume hineinragenden Eisenblüten.

Nicht unerwähnt soll der Umstand bleiben, daß bei den limoniti=sierten Karbonaten die hellere oder tiefere braune Farbe den Eisen=gehalt des ursprünglich eisenhältigen Gesteins anzeigt. Die mehr oder weniger schwarzblaue Farbe des Erzes deutet auf einen hohen Mangan=gehalt hin und wird ein derartiges Erz vom Bergmann als Blauerz be=zeichnet.

Über die Erzführung und Lagerbenennung erfahren wir aus der Arbeit K e r n s folgendes (Abb. 55): „Die Erzführung ist, wie das schon die ältesten auf uns gekommenen Berichte immer wieder besagen, und was die Neuaufnahme wieder bestätigt hat, eine sehr unregelmäßige, be=sonders im Kleinverlauf. Gegenüber den Versuchen, irgendwelche gesetzmäßig genaue Reihenfolge in der Lage der einzelnen Karbonate

Additional material from Die *Geologie der innerösterreichischen Eisenerzlagerstätten*
ISBN 978-3-7091-5981-1 (978-3-7091-5981-1_OSFO2),
is available at http://extras.springer.com

zueinander konstruieren zu wollen, muß betont werden, daß gerade die Gesetzlosigkeit der Aufeinanderfolge bisher sich als einzige sichere Regel erwiesen hat.

Im großen streichen die Erzanreicherungen allerdings ziemlich lagerartig mit der allgemeinen Schichtung über den Berg, doch sind die Grenzen gegen die Taubgesteine einmal durch die vielfachen Übergänge von Siderit über Ankerit zum Kalk, bzw. Eisendolomit zum reinen Dolomit oder Breunerit, das andere Mal hauptsächlich durch jüngere, bergmännisch auslenkbare tektonische Störungen, die auch den Zu= sammenhang der Erzlager öfters unterbrechen, stark verwischt.

Bergmännisch unterscheidet man folgende, stratigraphisch der Liegendscholle angehörende Erzanreicherungen:

1. Das Söbberhaggenlager im NW, das südlich bis unter das Kalkdreieck hereinreicht und mit den verschiedenen Liegendlagern im Vordernberger Teil wesensgleich erscheint. Mehrere Tiefbohrungen haben eine große Ausdehnung dieses Lagers nach O bewiesen.

2. Das Wismatlager am Vordernberg, das man als einen Han= gendableger des unter 1 erwähnten Erzes ansprechen kann. Ihm ent= spricht im N das Augustinlager im oberen Revier am Leitenrücken.

Zu den Namen der einzelnen Erzanreicherungen sei bemerkt, daß sie verschiedenen Alters und ziemlich willkürlich nach alten Stollen ge= wählt erscheinen, die das betreffende Lager besonders schön auf= schlossen. Mit Rücksicht auf die vielen alten Grubenkarten, auf denen die obigen und die noch folgenden Namen der hangenden Erzlager immer wieder erscheinen, werden die Namen auch heute noch ange= wendet, obwohl sie nichts über ihre gegenseitige Lage und ihren Zu= sammenhang aussagen.

Durch die besonders im Liegenden von schieferigen Kalken beglei= teten Zwischenschiefer getrennt, folgt die sideritisch=rohwändig aus= gebildete Hangendscholle mit den Hangendlagern.

Bergmännisch unterscheidet man in der Hangendscholle vom Zwischenschiefer an emporsteigend:

1. Das Barbaralager im S, wesensgleich mit dem Franziskuslager im N am Leitenrücken.

Darüber folgt, besonders mächtig im Tagbau Vordernberg aus= beißend, die teilweise verrohwandete, Krinoidenkalk führende Bagger= rohwand.

Sie wird in westlicher Richtung mit dem Verflächen gehend erz= reicher, so daß im oberen Revier das unter 1 erwähnte Barbaralager über eine nur mehr ganz geringmächtige erzarme Partie direkt über= geht in

2. das Hauptlager, das aus einer mächtigen Wechselfolge von Erz=
rohwand= und Sauberger Kalkbänken besteht und heute noch den über=
wiegenden Teil des Tagbauerzes liefert. Dieses Hauptlager wird durch
die heute nur mehr im N am Johann= und Berghausrücken erhaltene
Hangendrohwand überdeckt. Darüber liegt transgredierend die untere
Trias (Breccien und Werfener Schiefer)."

Mariabau und Tullgraben. Am Tullriegel, gegenüber dem
Erzberg, sind an der Westlehne des Krumpentales über den Porphyro=
iden die Tonschiefer nur als ein schwarzer Streifen vorhanden. Die Kalke
fehlen vollständig. Darüber beginnen die Werfener Schichten mit ver=
erzten Breccien (zirka 4 m mächtig), über denen verschieden gefärbte
Schiefer folgen, die bis auf den Bergkamm reichen. Der weiter östlich
gelegene Tullbach hat uns den Gegenflügel dieser Schichtfolge als Ero=
sionsfenster gut aufgeschlossen. Wir sehen die Porphyroide und Ton=
schiefer, im Hintergrund die im anderen Muldenflügel fehlenden ver=
erzten Kalke, tiefer unten im Tal die vererzten Breccien (zirka 10 m
mächtig). Diese sauren Breccienerze waren den Alten schon lange be=
kannt. Bei einer Häusergruppe, Ratzenstadel genannt, an der westlichen
Krumpentallehne befindet sich der Marienbau mit mehreren verbroche=
nen Stollen, die im Jahre 1922 kurze Zeit befahrbar gemacht wurden und
eine Reihe von im Erz getriebenen Strecken mit stehengebliebenen
Pfeilern entblößten. Ältere Grubenkarten zeigen, daß hier um das Jahr
1829 bereits, wenn auch vorübergehend, Bergbau betrieben wurde.

Tulleck = Donnersalpe. Weiter gegen W liegt am Fuße
des Tulleck in den paläozoischen Kalken Ankerit von Siderit durchsetzt,
welches Vorkommen 1871 von der „Steirischen Eisenindustrie=Gesell=
schaft" (von dem Schürfer Mages) erworben wurde. Die vollständig un=
systematisch durchgeführten Schurfarbeiten und die Krise im Jahre 1873
bereiteten dieser Gesellschaft bald ein Ende; ihr Maßenbesitz wurde von
der Österreichisch=Alpinen Montangesellschaft übernommen. Sehr un=
angenehm wird auch hier die Bedeckung durch die Werfener Schiefer
im N empfunden, da die erzführenden Kalke zweifellos unter ihnen fort=
setzen. Die Donnersalpe ist nach Hießleitner ein flaches Kalk=
gewölbe, das an beiden Seiten von Rohwandlagen begleitet wird.

Glanzberg. Eine größere Erzrohwandansammlung findet sich
im Kalke des Glanzberges. Die größte Rohwandmasse mit Eisenspat be=
herbergt das Kalkpaket des Glanzberges in seinem westlichen, dem
Erzberg zunächst gelegenen Zipfel. Die Schichten fallen ziemlich steil
ein und verflächen gegen O. Die Beschürfung ist dort am aussichts=
reichsten, wo bereits schöner Spateisenstein gefördert wurde und der
den paläozoischen Kalk überdeckende Werfener Schiefer die Teufe
unseren Blicken verhüllt.

Polster. Die Kalke des Polstermassivs werden von zahlreichen Rohwandstöcken durchschwärmt. In einem Wasserriß im NO der Polsterlehne wurden zwischen Porphyroiden und Kalken ziemlich große limonitisch=mulmige Ausfüllungen gefunden und abgebaut. Eine sehr harte weiße Sandsteinbreccie liegt in einzelnen Lappen an der Grenze der Porphyroide und Kalke. Auch in den Porphyroiden setzen unmittel= bar unter den Kalken bis 10 cm starke Rohwandgänge auf.

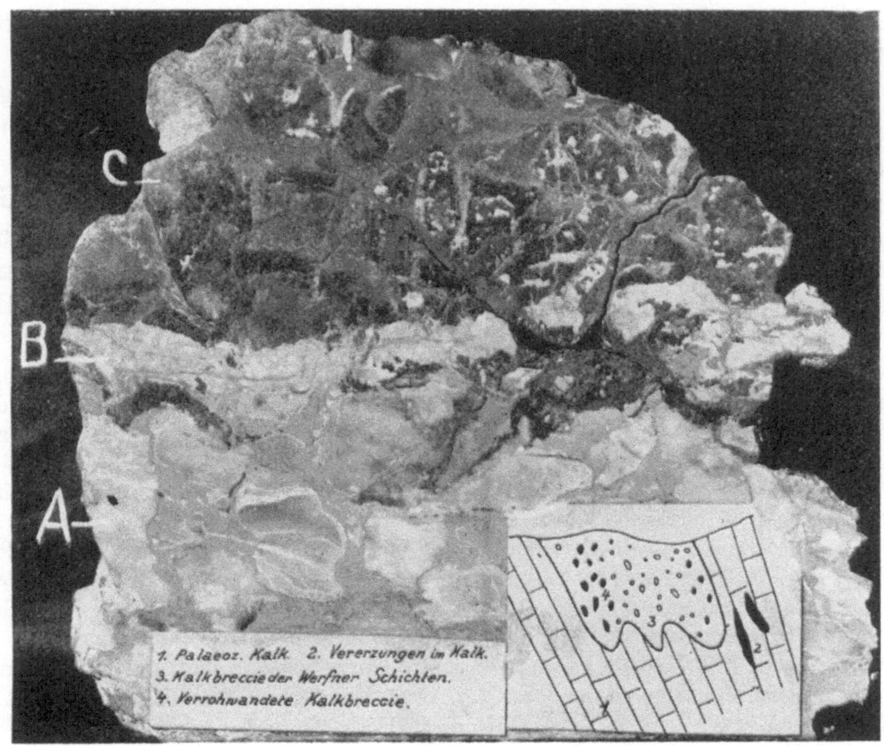

Abb. 56. Teilweise vererzte Werfener Breccie, Handlalm.

A = Unvererzte Kalkgerölle im serizitisierten Bindemittel. B = Sekundärer Ankeritgang. C = Vererzte Gerölle im chloritisierten Bindemittel.

Am Westende des Polsters, bei der sogenannten Handlalm, befindet sich ein derzeit verlassener kleiner Eisensteinbergbau, welcher in drei Stollen Sideritlinsen im paläozoischen Kalk abgebaut und in den Jahren 1893—1896 53.000 q Erz zum Hochofen nach Trofaiach geliefert hat. Im Hangenden der Kalke sind Kalkbreccien der Werfener Schichten ein= gefaltet, die ähnlich wie am Erzberg vererzt sind. Die Kalkbreccie ist teils in Ankerit, seltener in Siderit umgewandelt. Das Tonschieferbinde= mittel der Breccie ist teils serizitisiert, teils in eisenreichen Chlorit um= gewandelt (Abb. 56).

Im Anschluß an die Rohwand=Spatvorkommen des Polsters hat
H i e ß l e i t n e r östlich des Jagdhauses Kohlerben (1600 m Seehöhe) das
Vorkommen eines Kupfererzganges im Kalk nachgewiesen, der vom
genetischen Standpunkt insofern wichtig ist, als er der jüngeren Sulfid=
generation angehört, die wir nicht nur am Erzberg, sondern auch in der
weiteren Umgebung innerhalb der Eisenerzlagerstätten antreffen.

P l a t t e. Der Plattenkalk, der durch Schollenverschub in unmittel=
bare Nachbarschaft des Erzberges gerückt ist, enthält ein größeres Roh=
wandvorkommen, das durch einen kurzen Einbau untersucht wurde
(H i e ß l e i t n e r).

K r e s s e n b e r g. Das Erzrohwandvorkommen des Kressenberges
liegt in einer Schubscholle. H i e ß l e i t n e r, der die äußerst komplizierte
Lagerung dieser Scholle aufgelöst hat, gibt darüber ein sehr instruktives
Profil (Abb. 48): „Die Erzvorkommen liegen im umgestülpten Kalk der
Schubscholle. Es sind vornehmlich zwei, ungefähr mit dem Kalk gleich
steil stehende Lager vorhanden, von denen besonders das östliche gute
Spateisensteinführung zeigt (Viktormaß) und auch Gegenstand der Be=
schürfung war."

Neuere Literatur. 1. K. A. Redlich, Der Erzzug Vordernberg—Johnsbachtal, I. Eisenerz. (In dieser Arbeit die ausführliche Angabe der älteren Literatur.)
Mitteil. d. Geol. Ges. Wien, Bd. XV, 1922, Heft 1. — 2. E. Spengler und J. Stiny,
Blatt Eisenerz, Wildalpe und Aflenz der geol. Spezialkarte der Republik Österreich,
mit Erläuterungen, Wien 1926. — 3. A. Kern, Zur geol. Neuaufnahme des steirischen
Erzberges, Berg- u. hüttenm. Jahrb., Bd. 75, Heft 1, S. 24, Heft 2, S. 49. — 4. F. H e -
r i t s c h, Carodoc im Gebiete von Eisenerz, Verh. d. Geol. Bundesanst., Wien 1927,
S. 66. — 5. W. Petrascheck, Führer zur montangeologischen Exkursion nach
Obersteiermark, Veitsch—Erzberg, Wien 1928. — 6. G. Hießleitner, Zur Geologie der Umgebung des steirischen Erzberges, Jahrb. d. Geol. Bundesanst., Bd. 79,
1929, S. 203. — 7. R. Schwinner, Geröllführende Schiefer und andere Trümmer-
gesteine aus der Zentralzone der Ostalpen, Geol. Rundschau, Bd. XX, 1929, S. 211. —
8. K. A. Redlich und K. Preclik, Zur Tektonik und Lagerstättengenesis des
steirischen Erzberges, Jahrb. d. Geol. Bundesanst., 1930, Heft 1.

Die Radmer.

Das Radmertal ist ein in sich abgeschlossenes Gebiet, das im S
von den paläozoischen Bergen Kragelschinken, Sausattel, Zeyritz=
kampel, Rotwand und den östlichen Ausläufern des Leobener Berges
begrenzt wird. Im O schließt ein Kamm, der beim Kragelschinken be=
ginnt und über den Ochsenkogel, Loskogel zu den Triaskalken des
Kaiserschildes führt, das Radmerer Gebiet gegen Eisenerz ab. Die west=
liche Grenze gegen das Johnsbachtal bildet der Kamm, der von der
Kote 1800 des Leobener Berges über den Ochsenriedl, Pleschberg und
Neuburgeralpe zu den Triaskalken des Haselkogels streicht. Die größten=
teils weichen paläozoischen Schichtglieder setzen der Abtragung einen

geringeren Widerstand entgegen als die harten Triaskalke des Lugauers und Kaiserschildes. Die Wände dieser Berge bilden daher den südlichen steilen Abschluß eines Kessels. Der Radmerer Bach, welcher das Becken entwässert, durchbricht in einem engen, schluchtartigen Tal die Triaskalke und fließt gegen Hieflau.

Der Oberlauf des Baches heißt Haselbach, die Ortschaft daselbst Radmer an der Hasel. Es ist jener Teil, in welchem die reichlich auftretenden Ankerite durch ihren großen Kupfergehalt ausgezeichnet sind. Dort, wo der Finstergraben das Haupttal trifft, wird der Ort Radmer an der Stuben genannt. Hier liegt am Fuße des Lugauers der seit alters her bekannte Spateisenstock (Taf. VI).

In petrographischer Hinsicht finden wir im Radmer-Gebiete die gleichen Gesteinstypen vertreten wie bei Eisenerz (Tonschiefergruppe, Porphyroide, erzführende Kalke), doch treten noch die von R e d l i c h zuerst beobachteten, von H i e ß l e i t n e r später in weiterer Verbreitung nachgewiesenen Grüngesteine hinzu (Plagioklas-Hornblendegesteine, Chloritschiefer, Grünschiefer als metamorphe Diabase). Über die tektonischen und sedimentärfaziellen Verhältnisse des Radmer-Gebietes liegen neue Untersuchungen von H i e ß l e i t n e r vor (Taf. VI). Das Gebiet der Tonschiefer wird nach H i e ß l e i t n e r durch den N—S streichenden Porphyroidzug des Finstergrabens, der bei der Haslingeralm beginnt und bei Radmer an der Stube in das Haupttal mündet, in zwei Hälften geteilt, von welchen die östliche durch den Reichtum an Kieselschiefer- und Graphitschiefereinlagerungen ausgezeichnet ist. Die Grüngesteine sind fast vollständig an sie gebunden. Im Hangenden, also gegen O in der Richtung gegen Eisenerz hin, werden die Tonschiefer von Kalken überlagert, die mit den Kalken der Donnersalpe zusammenhängen.

Nach H i e ß l e i t n e r ist der östliche Tonschieferzug längs einer N—S verlaufenden und ostwärts einfallenden Überschiebungsfläche über den Finstergrabenporphyroid bewegt worden. Deutlicher und unseres Erachtens wichtiger ist die Bewegung des Finstergrabenporphyroids ü b e r d i e T o n s c h i e f e r d e s G r ö ß e n b e r g e s, bei welcher zahlreiche Kalkschollen in die Bewegungsfläche geklemmt, bzw. vom Porphyroid überfahren wurden.[1]

---

[1] Im Gebiete des Kartenblattes Eisenerz (Taf. V) nimmt H i e ß l e i t n e r (Lit. 6, Profil cos — 2600 bis — 3800, Taf. IV) an, daß die Porphyroide der Erzbergbasis westlich im Raume Tulleck—Donnersalpe n o r m a l den dortigen erzführenden Kalken und Schiefern aufgelagert sind. Durch diese Annahme, welche durch keine unmittelbare Beobachtung erhärtet ist, da die maßgebenden Punkte durch Werfener Schichten oder jüngere Schuttbildungen verdeckt werden, r ü c k e n d i e K a l k e, welche petrographisch den Erzbergkalken völlig gleichen, stratigraphisch t i e f u n t e r d e n P o r phyroid. Im Gebiete des Finstergrabens (Radmer, Taf. VI) sieht man nun die

Der Porphyroid des westlich vom Finstergraben gelegenen Edel=
grabens entspricht nach Hießleitner einer wurzellos eintauchenden
Faltenstirne. Er wird an seinem Ostrand in gleicher Weise wie der kor=
respondierende Westrand des Finstergrabenporphyroids von Kalk=
schollen begleitet. In die Tonschiefer des Größenberges sind größere
und kleinere Schollen von Kalk eingeknetet.

Der Grundplan des Gebirgsbaues wird nach Hießleitner von
einer O—W gerichteten Überfaltung beherrscht, die in eine Über=
schuppung übergeht. Nördlich des Kalkzuges des Zeyritzkampels macht
sich eine jüngere S—N gerichtete Bewegung geltend, die eine WNW—
OSO verlaufende Schuppenstruktur erzeugt. Das Gebiet des Plesch=
berges, Mittagkogels, Schlagriedls, Kammerls und Brunkaars wird von
dieser jüngeren Bewegung beherrscht.

Die transgredierenden Werfener Schichten schneiden die paläo=
zoische Schuppenstruktur ab. Zum Teil fügt sich ihre Streichrichtung
noch dem Verlauf der N—S streichenden paläozoischen Faltenzüge ein,
woraus geschlossen werden muß, daß auch während der nachtriadischen
alpinen Gebirgsbildung noch Bewegungen im alten Sinn stattfanden.
Gerade diese nachträglichen Bewegungen machen es begreiflich, daß die
Erzrohwandkörper trotz ihrer nachtriadischen Entstehung noch starke
mechanische Beeinflussung (Zerreißung und Einknetung in die beglei=
tenden Schiefer) zeigen.

Die Eisen= und Kupfererze der Radmer sind größtenteils an die
paläozoischen Kalke geknüpft, nur einzelne unbedeutende Gänge, vor
allem Ankerit mit Kupferkies, finden sich in den Schiefern. Bei reich=
lichem Einbrechen von Kupfersulfiden wurden diese abgebaut, beim

---

Porphyroide, welche sich nach obigem über den Liegendschiefern der Donnersalpen-
kalke befinden sollten, unterhalb derselben auftauchen. Diese Schwierigkeit trachtet
Hießleitner durch die Annahme seiner „Radmerer Störung" (Finstergrabenüber-
faltung bis -überschiebung) zu begegnen. Diese begleitet aber nach unserer Ansicht
nicht, wie Hießleitner annimmt, den Ostrand, sondern den geradlinigen
Westrand des dortigen Porphyroids, wo Schollen von erzführendem Kalk vom
Porphyroid überfahren werden.

Der unregelmäßig gewundene Ostrand hingegen, wo nach Hieß-
leitner die auf S. 111 erwähnte Überfaltung, bzw. Überschiebung liegen soll, zeigt eine
Verfaltung von Porphyroid und Tonschiefern. Deutlich primäre, d. h. nicht tektonische
Mischgesteine beweisen, daß Porphyroide und Schiefer hier ursprünglich aneinander
passen. Dem Umstand, daß die Tonschiefer östlich des Finstergrabenporphyroids
neben Kieselschiefern auch Grüngesteine (metamorphe Diabase) führen und sich dadurch von der normalen Ausbildung unterscheiden, kommt nach unserer Ansicht
keine so große stratigraphische Bedeutung bei, da diese hauptsächlich im Karbon auftretenden Eruptivgesteine naturgemäß in jeder älteren Schichtserie auftreten können
und ihre Verbreitung durch zahlreiche, nicht kontrollierbare Zufälligkeiten beeinflußt ist.

Zurücktreten derselben zugunsten der Ankerite und Siderite bilden letztere die Unterlage für die Eisenerzgewinnung.

B u c h e c k. Die wichtigste Eisenerzlagerstätte ist der Erzberg am Bucheck im Weinkellergraben (Abb. 57). Die ersten Erzanzeichen sind am Stubbach zu finden. Der Felsen, auf welchem die Kirche Radmer an der Stube steht, weist eine Verfaltung von Erz=Ankerit=Kalkstreifen

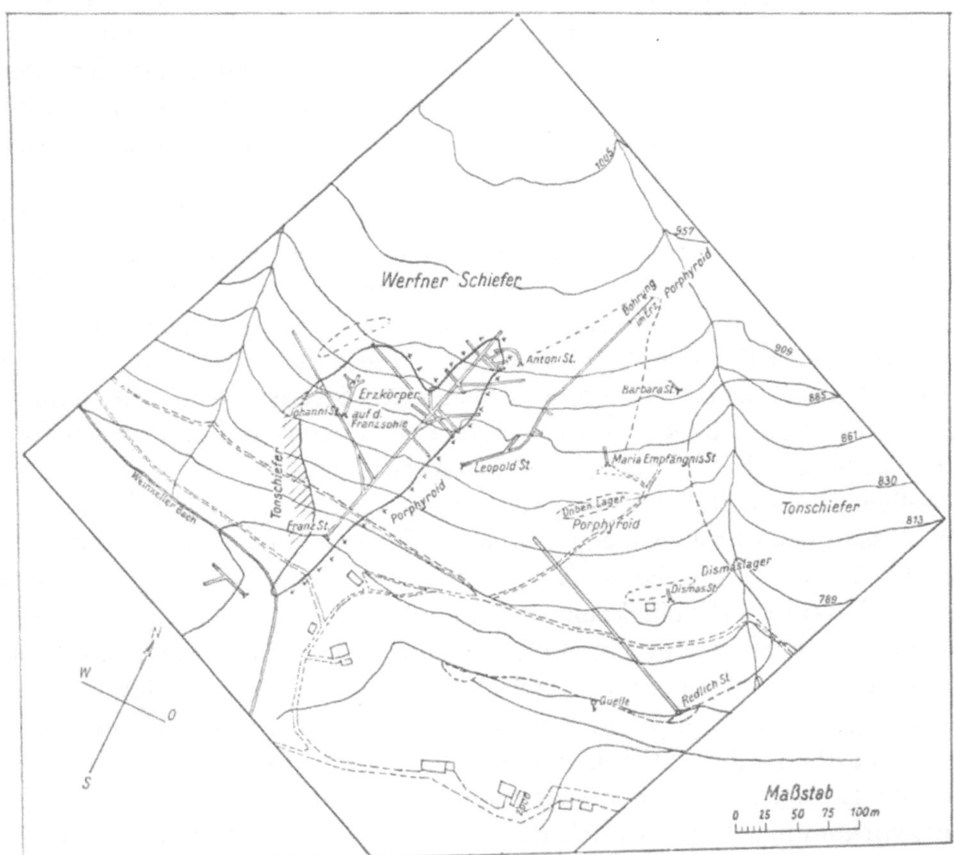

Abb. 57. Das Grubenfeld am Bucheck.

mit Tonschiefer auf (Kirchbichllager). Am Hang gegen das Bucheck trifft man auch einzelne Kalkrohwandlinsen, so in dem ersten Graben westlich von Radmer an der Stube in 813 m Seehöhe, und diesem Fund= punkt benachbart eine durch einen kurzen Schurfstollen aufgeschlossene Rohwandknauer.

Weiter im Tal, an der Lehne, die vom Stubbach und Weinkeller= graben begrenzt wird, liegt die derzeit einzige als abbauwürdige Masse bekannte Lagerstätte der Radmer mit einem Inhalt von zirka 200.000

bis 300.000 t Spateisenstein. Die geologischen Verhältnisse scheinen äußerst kompliziert zu sein, die Entzifferung ist um so schwieriger, als einerseits die Obertagsaufschlüsse geringe sind, andererseits die Gruben=aufschlüsse wegen der Unmöglichkeit der Befahrung der oberen Stollen (es sind nur der Franz= und Redlichstollen offen) eine sichere Deutung nicht zulassen. Wir sind auf alte Berichte und Publikationen ange=wiesen. Diesen ist zu entnehmen, daß vier durch Grauwacken=schiefer getrennte Eisenerzlagerstätten vorhanden sind, das Dismaslager, wenige Meter vom Mundloch des Dismasstollens ent=fernt, das Unbenannte Lager im Liegenden des Hauptlagers, das Haupt=lager selbst und schließlich im Hangenden des Hauptlagers das Johanneslager.

Der Grundriß des Hauptlagers ist in dem vollständig befahrbaren Franzstollen genau zu umgrenzen, seine Nebengesteine gut festzu=stellen. Ein tieferer Einbau, der Redlichstollen, der erst vor zirka 20 Jahren an der Südseite angesetzt wurde, um eventuell den Ab=transport des Erzes im Tal handlicher zu gestalten, zeigt am Mundloch eine kleine Erzkalklinse, hinter welcher ein Streifen Werfener Schiefer eingeklemmt ist, dann kommen zirka 45 m Porphyroid, auf diesen folgt Tonschiefer. Bei 275 m (im Tonschiefer) wurde der Vortrieb des Stollens eingestellt, ohne das Hauptlager erreicht zu haben. Die Auf=schlüsse dieses Stollens zeigen, daß das Dismas= und Unbenannte Lager nicht in die Tiefe herabsetzt. Wenn die alten Karten richtig sind — und daran ist wohl kaum zu zweifeln — dann liegt ein stark ver=schupptes Gebiet vor, in welchem die einzelnen Formationsglieder durcheinander geknetet und die Werfener Schiefer, ähnlich wie am Erzberg, als Zungen in die paläozoischen Schichten eingeklemmt sind.

Westlich des Weinkellerbaches befindet sich am Gaisriedel (Kote 1218) ein kleines Spateisensteinvorkommen. Ein anderes kleines Erzvorkommen liegt westlich des Schussergrabens im Werfener Schiefer. Bei der Loidlalm (Radmerer Neuburgalm) tritt im Werfener Schiefer an der Grenze zum Paläozoikum ein Gang von grobspätigem Erz auf. Diese Vorkommen sind im Hinblick auf die Altersbestimmung der Ver=erzung interessant.

Ferner wären zu erwähnen: Erzrohwand an der Ostflanke des Edel=grabens, wo bereits 1763 in den Stollen Wilhelm und Josef Eisenerz erschürft wurde, größere Rohwandkörper am Schneckenkogel, im Kalk des Stixengrabens, südlich der Kote 956 erzführende Rohwand, an der Ostlehne des Finstergrabens nördlich des Hantgrabens erzführende Roh=wand im Kalk (Neufundstollen).

Spatarme oder spatfreie Rohwandvorkommen sind über das ganze übrige Gebiet verstreut (Pleschberg, Faschinggraben, Greifenberg, Grün= kogel, Mittagkogel usw.).

Auch jenseits der Südgrenze des Kartenblattes sind in den Kalken des Zeyritzkampel=Südabfalles Ankerite eingelagert, über welche uns W. H a m m e r ein instruktives Profil geliefert hat (Abb. 58).

Nicht unerwähnt sollen schließlich die Magnetite bei S o n n b e r g, nördlich von Kallwang, bleiben. Nach J. B r u n n e r (H a t l e, Mine= ralien Steiermarks, S. 69) befinden sich südlich des Brunnecksattels mehrere Magneteisenstein= lager an der Ost= und West= seite der aus geschichteten Kalken bestehenden Ach= nerkuchel.

Gegen die Radmer an der Hasel nimmt der Kup= ferkies und das Fahlerz (Glaserz der Alten) immer mehr zu,[1] der Siderit gegen= über dem Ankerit ab. Wir kommen, an den Ruinen des alten Schmelzwerkes vorbei, zu den Haupteinbauen des alten Kupferbergbaues beim Schlosse Greifenberg. Die reichsten Erze wurden in den beiden unmittelbar beim

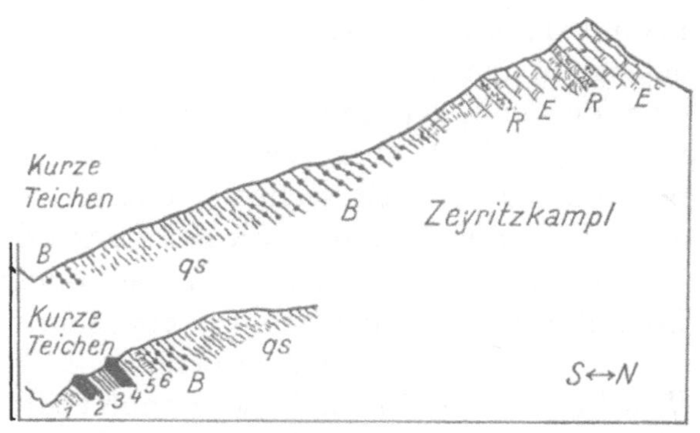

Abb. 58. Profil vom Zeyritzkampel zur Kurzen Teichen. (Nach W. Hammer.)

B = Porphyroid. qs = feinschichtige Grauwackenschiefer. E = Silur= Devonkalk. R = Rohwand.

1 Quarzitischer Phyllit. 2 Grünschiefer. 3 Dünnblätterige Phyllite. 4 Albit=Chloritschiefer. 5 Phyllitgneisähnliche Schiefer, teilweise mylonitisch. 6 Weißer, feintafeliger Quarzfels.

Schloß gelegenen Schächten gefunden und abgebaut. Der starke Wasser= andrang, der sich aus dem in der Nähe gelegenen Haselbach von selbst erklärt, ließ sich schließlich bei der primitiven Wasserhebung des 17. Jahrhunderts nicht mehr dämmen, und aus diesem Grund wurde die Grube verlassen. Mit wechselndem Glück wurde nun die von O nach W streichende, nach 2[h] fallende Lagerstätte ober dem Grundwasserspiegel, an den beiden Ufern des Baches, aufgeschlossen und abgebaut.

Am linken Gehänge lagen nördlich des Schlosses, in der nächsten Nähe der beiden Schächte, der Reihe nach der Greifenglück= und der Rauchenstollen als ein Paar, weiter nach NW der Paradeis= und Unter= baustollen als zweites Paar; über diesem, zu letzterer Gruppe gehörig,

---

[1] Ein Kupfervorkommen erwähnt H i e ß l e i t n e r aus einem Seitengraben in der Ramsau bei Kote 1074 (siehe Karte der Radmer, Taf. VI). Es ist an dieser Stelle nur Rohwand eingezeichnet.

der Rotkogelstollen. Die beiden genannten Gruppen arbeiteten nach einer Prozeßschrift des Jahres 1683 von Hauptstrecken aus durch Querschläge auf die gleiche Lagerstätte zu. Der Paradeisstollen scheint eine große Ausdehnung gehabt zu haben; der Gang in ihm war 1½ bis 2 Klafter, ja auch darüber, mächtig, jedoch mit vielem tauben, weißen Ganggestein vermischt; das Liegende bestand aus einem weißen, festen Schiefer.

Ferner lesen wir in den alten Beschreibungen von einem Hangendgang im Neuburg, der wohl an dem vom Faschingsgraben (in der Karte Haselbach) durchschnittenen Teile des Berghanges lag. „Dieser Gang ist in ein ganz niedriges Gebirge angeschlagen worden, und da es den Alten gelang, in ihm Erze anzutreffen, wurden allmählich fünf Stollen übereinander angelegt und miteinander gelöchert. Er war zu Zeiten ein mächtiger Gang, aber das meiste Mal nur eingesprengt zu beleuchten, nebstbei hat er sich sechsmal übersetzt. Der höchste Ambrosistollen sollte in der Höhe das Erz wieder antreffen."

Am Ende des Haselbacher Faschinggrabens liegt in der Nähe der Loidlalm im Werfener Schiefer ein Sideritvorkommen.

Ein drittes, oft unterbrochenes Gangstreichen, das „vom hohen Pleschgebirge bis in das Land herunterfällt", wurde westlich vom Grazer Graben untersucht und hat nach anfänglicher Güte später versagt. Der Pleschstollen dieses Gebietes wurde vor einigen Jahren wieder ausgehoben, er steht durchwegs in Grauwacke und Tonschiefer an. Ankeritgänge von ähnlicher petrographischer Zusammensetzung wie die des Kammerlgrabens enthalten wie dort Quarz, Schwefel- und Kupferkies. Hangendes und Liegendes dieser bis 75 cm starken Gänge ist gebleichter Serizitschiefer.

Die streichende Fortsetzung der Gänge am anderen Ufer des Haselbaches liegt an der Mündung des Kühbachtales. Von diesem Punkt wurden sie im 18. Jahrhundert mit wechselndem Glück abgebaut. Der Dreifaltigkeitsstollen wurde 1738 vom Stift Seitenstätten begonnen, in etlichen Lachtern traf man auf einen mächtigen Eisensteinstock, bald darauf wurden die Gänge kupferkiesreich, sie setzten als Stockwerk in die Tiefe und hielten 25 Jahre an. In den tieferen Gesenken ließ der Erzreichtum nach, doch wurden diese in erster Linie wegen Wassernot verlassen. Im Streichen hat sich der Gang in widerwärtigen Steinarten zerstoßen.

Schließlich finden wir in den alten Berichten ein Gangstreichen erwähnt, das angeblich aus dem W von der Lammerleiten, am Fuße der Rotwand, über den Bach nach O in das Kammerl herüberstreicht. Tatsächlich finden wir die Reste bergbaulicher Tätigkeit, einerseits in der Nähe der Schafbödenhütten in der Lammerleiten, wo Einsenkungen an alte Schächte erinnern, andererseits im Kammerlgraben, wo vier noch befahrbare Stollen vorhanden sind. Aus einem dieser Stollen wurden angeblich Anfang dieses Jahrhunderts 2000 q Erze mit 6% Kupfergehalt entnommen. Die dem Erz anhaftenden Ankerite bestehen nach S c h ö f f e l aus 48'94% kohlensaurem Kalk, 30'19% kohlensaurer Magnesia, 19'12% kohlensaurem Eisenoxydul und 1'8% unlöslichem Rückstand. In einer Schurfrösche der rechtsseitigen Lehne des Kammerlgrabens sieht man, daß längs der Grenze von Phyllit und Kalk eine Erzlösung ein= drang, die zum Absatz von grauem, pinolit= ähnlichem Ankerit führte, in welchem Kupferkies, Fahlerz und Schwefelkies einge= sprengt ist (Abb. 57).

G ö t h beschreibt 1841 das Kupfererzvor= kommen der Radmer, als der Bergbau noch in Betrieb stand. „Das gewöhnliche Gangge= stein ist eisenhaltiger Spat und Quarz. Die einbrechenden Erze sind Kupferkiese. Auf der Höhe des Mittelgebirges sollen sich früher reichhaltige Silberfahlerze gefunden haben. Die Kupfererze lassen sich selten in das Hauptgebirge ein, sondern kommen in unregelmäßigen, stockartigen Lagern vor; diese dehnen sich von Morgen gegen Abend aus und haben ein Verflächen von 40° bis 50° nach 1ʰ 5°. Die Mächtigkeit ist sehr verschieden, jedoch sind jene Lagen am edelsten, die nicht zu mächtig sind. Übersetzungen und Verunedlungen sind leider sehr häufig. Das Liegende ist schwarzer Kupferschiefer, das Hangende Spateisenstein.“

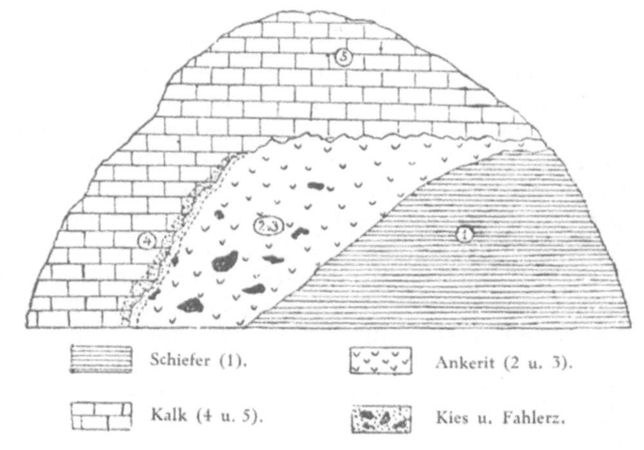

Abb. 59. Schurfaufschluß im Kammerlgraben.
(2) CaCO₃ 51'16%, MgCO₃ 28'22%, FeCO₃ 16'74, Unl. R. 4'05%; (3) graue Ankeritpartie CaCO₃ 50'09%, MgCO₃ 27'99%, FeCO₃ 17'60%, Unl. R. 4'35%; (4) benachbarter Kalk CaCO₃ 80'14%, MgCO₃ 7'10%, FeCO₃ 4'66, Unl. R. 8'12%, entfernterer Kalk CaCO₃ 96'93%, MgCO₃ 1'41%, FeCO₃ 1'06%, Unl. R. 0'60%.

Aus den historischen Daten und den eigenen Beobachtungen lassen sich über das Erzvorkommen gewisse Schlüsse ziehen. Die Kupfererze setzen, wahrscheinlich meistens als jüngere Gangausfüllungen, im ver= erzten Kalk auf. Das Fortstreichen einzelner Kalklinsen in der gleichen Richtung veranlaßte die Alten, von unregelmäßigen, stockartigen Lagern zu sprechen, „die im höflichen Gebirge aufsetzen und an den wider= wärtigen Steinarten sich zerstoßen“. Dort, wo die Kalkankerite längs tektonischer Linien in ganz dünne Schichten zerrieben sind, wie z. B.

am Ochsenriedel, greift die Vererzung in schmalen Streifen auch in das
Nebengestein über. Echte Ankerit=Kupferkiesgänge der jüngeren Ge=
neration setzen, wie im Plechstollen, Kammerl usw., in der Tonschiefer=
gruppe auf. Die vollständig fehlenden Grubenaufschlüsse des Kupfer=
bergbaues Radmer an der Hasel erschweren die richtige Deutung außer=
ordentlich und erlauben es nicht, das Verhältnis der Gänge zum Haupt=
lager mit voller Sicherheit zu präzisieren.

Literatur: 1. J. v. Pantz und A. J. Atzl, Versuch einer Beschreibung der
vorzüglichen Berg- und Hüttenwerke des Herzogtums Steiermark, Wien 1814; Über
das Eisen-, Berg- und Hüttenwerk in der Radmer, S. 285. — 2. G. Göth, Das Herzogtum Steiermark, Wien 1841, Bd. II, S. 215. — 3. A. v. Miller-Hauenfels, Die
steiermärkischen Bergbaue als Grundlage des prov. Wohlstandes, Wien 1859, S. 12. —
4. A. S., Über die Eisensteinlager in der Radmer, Berggeist 1871, Nr. 24. — 5. M. Vacek,
Über den geol. Bau der Zentralalpen zwischen Enns und Mur; H. Foullon, Über die
Grauwacke von Eisenerz, Der Blasseneckgneis, Verh. d. Geol. Reichsanst., 1886, S. 83. —
6. K. A. Redlich, Über das Alter und die Entstehung einiger Erz- und Magnesitlagerstätten der steirischen Alpen, Jahrb. d. Geol. Reichsanst., 1903, Bd. 53, Heft 2. —
7. K. A. Redlich, Der Kupferbergbau Radmer an der Hasel, Bergbaue Steiermarks,
Leoben 1906. — 8. W. Hammer, Beiträge zur Kenntnis der steirischen Grauwacken-
zone, Jahrb. d. Geol. Bundesanst., 1924, Bd. 74, Heft 1 u. 2. — 9. K. A. Redlich und
F. Sellner, Die Radmer (Der Erzzug Vordernberg—Johnsbachtal), Mitteil. d. Geol.
Ges., Bd. XV, 1922, Heft 1. — 10. G. Hießleitner, Zur Geologie der erzführenden
Grauwackenzone von Radmer bei Hieflau, Jahrb. d. Geol. Bundesanst., 1931, Bd. 81, S. 49.

Das Johnsbachtal.

Das Gebirge um den Ort Johnsbach wird, ähnlich wie die Radmer,
in eine südliche, paläozoische, und eine nördliche, mesozoische Partie
geteilt. Das Paläozoikum besteht aus Silur und Devon in Form von
Porphyroiden, der Tonschiefergruppe, die hier fast ausschließlich aus
lichten und grauen Phylliten besteht, und erzführenden Kalken. Das
Streichen ist im allgemeinen O bis W, das Fallen gegen N gerichtet.
Heritsch hat bereits auf die eigentümlichen, nach N gerichteten,
flächenartigen Abhänge der Rotwand des Leobener usw. aufmerksam
gemacht. Porphyroide, Tonschiefer und Kalke sind stark verfaltet und
überschoben (Taf. VII).

Im W scheidet Hießleitner nach der vorliegenden, von ihm
aufgenommenen geologischen Manuskriptkarte Serizitschiefer, Phyllite,
Graphitschiefer, Konglomerate und Kalke des Karbons aus.

Der nördliche mesozoische Teil ist durch die Arbeiten Bittners,
Geyers und Ampferers tektonisch und stratigraphisch in außer=
ordentlichem Maße geklärt worden. Bittner fand im O unseres
Blattes Liasgesteine, welche mit einer Dachsteinkalkgruppe von der
Neuberger Alm aus als „rudimentärer, südlicher Nebenflügel" der

nördlichen mesozoischen Berge ins Johnsbachtal ziehen, teilweise im Werfener Schiefer eingebettet sind und beim Bauer Scheidegger im S an den paläozoischen Tonschiefer abstoßen. Bittner betont auch das Fehlen der tieferen triadischen Kalkgebilde im Hauptmassiv westlich des Lugauers. Am anderen Ende des Kartenblattes sehen wir eine auf= fallende Verengung der Werfener Schichten, die schließlich am Fuße des Reichensteins, nördlich der Treffneralm, gänzlich fehlen. Längs des Johnsbachtales bis herüber zum Fuße des Reichensteins geht eine große Störung. Die Liasschollen in den Werfener Schichten sind ähnliche Schubschollen, wie sie Ampferer aus der weiteren Umgebung be= schreibt und erklärt.

Die Vererzung in unserem Gebiet ergreift sowohl die Phyllite als auch die paläozoischen Kalke.

Vom Donnerwirtshaus zweigt nach N ein Graben ab, an dessen rechtem Ufer der Weg zur Treffneralm führt; die linke Bachlehne ist außerordentlich steil und in fortwährendem Abrutschen begriffen, ein Umstand, der bei stärkeren Regengüssen viel Schuttmaterial zu Tal bringt; daher auch die Katastrophe, der die alte Hüttenanlage zum Opfer fiel. Hier liegt der sogenannte Sensenschmiedgang, den man im Bachbett als ein Netzwerk von Sideritadern im Tonschiefer sieht.

Am rechten Ufer findet man vererzte Kalkfetzen bis über den Bauer Fehringer hinaus, welche Hießleitner als erratische Blöcke ansieht.

Im Johnsbachtal aufwärts schreitend kommt man zu einer O—W strei= chenden Kalkmasse, die durch schmale, O—W streichende Tonschiefer= bänder in eine Reihe von Schuppen aufgelöst wird. Steigen wir vom Fin= stergraben gegen diese Kalkmasse, so sehen wir, daß der Tonschiefer des unteren Tallaufes mit einem Verflächen von 7 bis 9^h bis hoch hinauf reicht. Erst bei 1100 m beginnt der Kalk. Ein alter Kupferbergbau, der 1920 gewältigt wurde, gibt uns einen guten Aufschluß über die Lagerungs= verhältnisse und Vererzung daselbst. Bei 1100 m liegt der tiefste Stollen, grabenaufwärts zirka 25 m höher ein zweiter und 2 bis 3 m weiter ein dritter Einbau; die Erze wurden 400 bis 500 m verfolgt. Das allgemeine Verflächen der Schichten, abgesehen von lokalen Verdrücken, ist 8^h. In den dunklen Liegendtonschiefern setzen 10 bis 12 cm starke Lagergänge auf, bestehend aus einer quarzigen Grundmasse mit Kupferkies und Fahlerz, seltener Ankerit. Schiefer und Gangfüllung gleichen vollständig jenen der aus der Umgebung von Kitzbühel in Tirol bekannten Erzvor= kommen. Über den Phylliten lagern Ankerite mit 9 bis 10% Eisen, die nach oben in Kalke übergehen. Auch in diesen sehen wir an der Basis die Quarz=Kupferkies=Fahlerzgänge einbrechen. Die Stuferze haben einen

Kupfergehalt von 10%, die Erzführung scheint jedoch sehr absätzig zu sein.

Die zahlreichen Ankeritstöcke sind aus der Karte zu ersehen. Sie führen nur höchst selten Spateisenstein; das einzige diesbezügliche Vorkommen liegt südlich des Hochecks. Am Scheibenkogel sieht man in einem Stollen vor Ort 3 bis 4 cm starke Quarzgänge mit schwacher Fahlerz= und Kupferkiesführung den Ankerit durchschwärmen. M u c h a r erwähnt auch Zinnober aus dem Johnsbachtal, dessen Gewinnung längere Zeit betrieben wurde.

L i t e r a t u r : 1. M. V a c e k, Über den geol. Bau der Zentralalpen zwischen Enns und Mur, Verh. d. Geol. Reichsanst., Wien 1886, S. 71. — 2. A. B i t t n e r, Aus dem Ennstaler Kalkhochgebirge, Verh. d. Geol. Reichsanst., Wien 1886, S. 92. — 3. A. B i t t n e r, Aus dem Gebiete der Ennstaler Kalkalpen und des Hochschwab, Verh. d. Geol. Reichsanst., Wien 1887, S. 89. — 4. F. H e r i t s c h, Geol. Untersuchungen in der Grauwackenzone der nordöstlichen Alpen III. Die Tektonik der Grauwackenzone des Paltentales, Sitz.-Ber. d. Akad. d. Wiss. in Wien, 1911, Bd. CXX, S. 95. — 5. F. A n g e l, Die Quarzkeratophyre der Blasseneckserie, Jahrb. d. Geol. Reichsanst., Wien 1918, Bd. 68, S. 29. — 6. G. G e y e r, Zur Morphologie der Gesäuseberge, Zeitschr. d. Deutsch. u. Österr. Alpenvereins, Bd. 49, 1918, S. 1. — 7. O. A m p f e r e r, Beiträge zur Geologie der Ennstaler Alpen, Jahrb. d. Geol. Bundesanst., Wien 1921, Bd. 71, S. 117. — 8. K. A. R e d l i c h, Das Johnsbachtal in der Arbeit: Der Erzzug Vordernberg—Johnsbachtal, Mitteil. d. Geol. Ges., Wien 1922, Bd. XV, Heft 1. — 9. G. H i e ß l e i t n e r, Manuskriptkarte des Johnsbachtales 1 : 25.000, 1929.

Admont—Liezen.

Westlich vom Flitzenbach streicht die Grauwackenzone über Admont, Liezen gegen Stainach=Irdning. Südlich der Enns, zwischen Admont und Irdning, befinden sich an zahlreichen Punkten die Reste alter Bergbaue. Die Grauwackenzone setzt sich hier in erster Linie aus grauen und dunklen Phylliten zusammen, in welchen schmale Züge von Grünschiefer und kleine Linsen und Stöcke von Kalk eingeschaltet sind. Von Aigen gegen W schiebt sich in die Phyllite eine an Kalkbrocken reiche Breccie ein. Hin und wieder trifft man in ihr, ähnlich wie am Salberg bei Liezen, auch Ankeritstücke (Abb. 60).

S t r o h s a c k g r a b e n — M i e ß l e i t n e r (6). Südwestlich von Admont fließt von den Abhängen des Rot= oder Klosterkogels der Strohsackbach in die Enns. Nahe der Straße beim Wächterhaus 116 ist das Grubenmaß M i e ß l e i t n e r der Alpinen Montangesellschaft gelagert. Innerhalb dieses Raumes treffen wir auf den alten Bergbau Strohsackgraben, von welchem, ebenso wie von dem weiter unten zu besprechenden Wolfsbachgraben, Grubenkarten aus dem Jahre 1789 im Admonter Stiftsarchiv aufbewahrt werden.

Der tiefste Gotthardistollen, am rechten Ufer im Graben gelegen, schloß einen Erzstock von zirka 70 bis 80 m im Streichen und von der=

selben Ausdehnung im Fallen auf. Ein verbrochenes Stollenmundloch deutet die vor einigen Jahren durchgeführte Schurfarbeit an. Auf der Halde liegt sehr schöner Spat. Angeblich wurde gelegentlich dieser Schurftätigkeit der Gotthardistollen zirka 50 m ausgehoben. Eine Ab=zweigung bei 6 m traf bald eine 20 m starke Rohwandmasse. Nach den alten Grubenkarten liegen über diesem Bau zahlreiche Schurfstollen.

W o l f s b a c h g r a b e n (R e i s e n b e r g). Nordwärts führt der Weg zum Bauer Rinnegger. Am linken Ufer des Strohsackgrabens ist

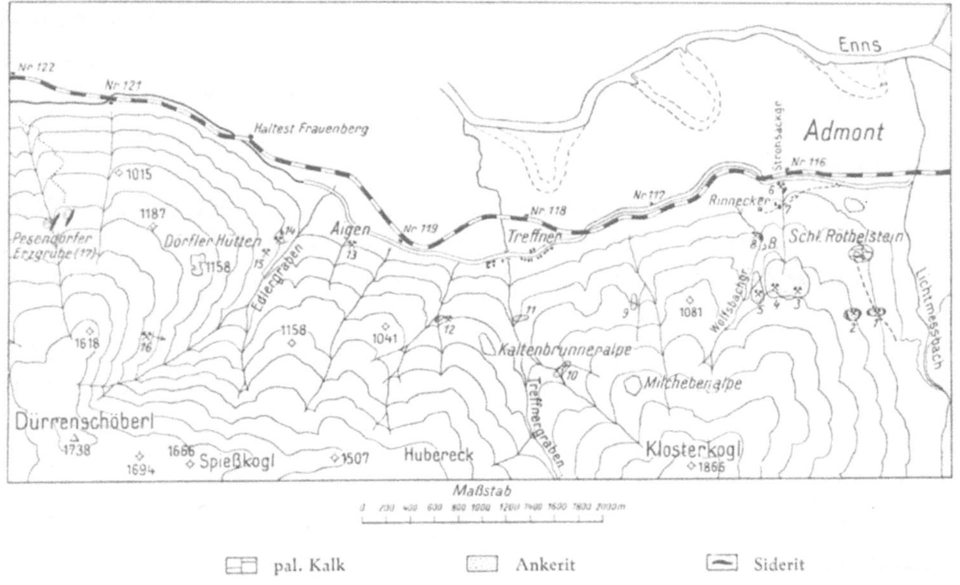

Abb. 60. Die Erze der Umgebung von Admont.

ein kurzer Stollen (7) im Schiefer angelegt. Das Streichen der Schichten daselbst ist im allgemeinen ein ostwestliches. Schmale Spatgänge durch=brechen den Schiefer. Vom Bauer Rinnegger geht man auf einem Steig in den Wolfsbachgraben zu dem gleichnamigen Bergbau (8). Das Strei=chen der Schichten biegt nach den Grubenkarten an der Lehne des Grabens in die N—S=Richtung um, das Fallen nimmt eine steile Lage nach O an. In dieser Streich= und Fallrichtung wurde ein Erzstock, be=stehend aus Ankerit und Siderit, abgebaut. Von allen diesen Gesteinen ist jetzt nichts mehr zu sehen, man findet vielmehr nur Schiefer mit schmalen Erzimprägnationen; die Grubenkarte mit dem deutlich um=grenzten Erzstock im Grundriß läßt die Vermutung aufkommen, daß die Siderit=Ankerit=Kalkmasse in den Schiefern vollständig verwalzt und von diesen zugedeckt erscheint. Die Lagerstätte hat eine streichende Ausdehnung von zirka 100 m und wurde nach der Teufe gegen 80 m ab=

gebaut. An der Lehne kann man den höher gelegenen Benediktistollen, am Rücken des Hügels die Ruinen des alten Berghauses noch lokalisieren.

Im Jahre 1839 wurden die Baue des Stiftes Admont zufolge eines Waldbenützungsvergleiches mit den Eisenerzer Radgewerken aufgelassen, die Teufe blieb unverritzt liegen.

Rötelstein (1), Klosterkogel (2), Rotleiten (3), Zuschlagshalden (4), Fuchs (5). Das Schloß Rötelstein steht auf einem aus den Phylliten hervorragenden Kalkfelsen, ebenso treffen wir weiter im N ähnliche kleine Kalkvorkommen, die größtenteils in Ankerit umgewandelt sind; Erz konnte nur bei 1 und 2 gefunden werden. Die Ankerite streichen, ähnlich wie im Wolfsbachgraben, von S nach N.

Kaiserau. Das in der Kaiserau am Brunnriedel öfters erwähnte Erz konnte nicht aufgefunden werden.

Gabler (9). Im W, an der Steillehne eines unbenannten Grabens, in einer beiläufigen Höhe von 1000 m, streicht eine zirka 15 m mächtige Ankeritlinse mit wenig Erz nach S. Eingepreßte Schieferfetzen deuten eine starke tektonische Beanspruchung an.

Treffnergraben (10, 11). Im Treffnergraben bei zirka 800 m, weiters bei zirka 1000 m liegen ähnliche Rohwandlagen im Schiefer.

Eggergraben (12). In dem steilen Eggergraben ist die Ankeritlinse 10 m stark.

Schreibachgraben (13). Vermurungen haben den Ankeritausbiß verschüttet.

Edlergraben (14, 15, 16). An dem linken Ufer des vom Dürrenschöberl kommenden Baches wurden zwei Ankeritvorkommen beschürft und auf Grund von Erzankeritfunden im Schiefer die Grubenmaßen Jäger (14) und Graben (15) verliehen. Der Schiefer, der hier nach 22^h fällt, ist von Rohwandschnüren durchzogen und geht öfters in ein hartes Quarzkonglomerat über, das ebenfalls schwache Erz- und Ankeritgänge führt. Schmale, oft wenige Zentimeter messende, kleinweise zerstückelte Kalkbänke wurden des öfteren im Hangenden gefunden. Zirka 40 m von der Girnalpe (16) ist der Schiefer mit Siderit durchtränkt und gab Veranlassung zur Verleihung des gleichnamigen Grubenmaßes.

Blahberg—Dürrenschöberl (17). Auf der Westseite des Blahberges oder Dürrenschöberls, in einer Höhe von zirka 1150 m, liegt der ehemalige Pesendorfsche Eisensteinbergbau. Soweit sich obertags die geologischen Verhältnisse überblicken lassen, streichen Phyllite zu Tage, mit welchen schmale Kalkbänder wechsellagern.

Letztere sind tektonisch so stark zerrissen, daß sie auf den ersten Blick den Eindruck einer Breccie hervorrufen. Große Stollenhalden und ein Tagbau sind leicht kenntliche Zeichen der einstigen Bergbautätigkeit. Nach der Halde zu schließen, setzen die Siderite und Ankerite teilweise im Schiefer auf, teilweise sind die Kalklagen von ihnen durchtränkt.

Die tektonischen Verhältnisse scheinen sehr kompliziert gewesen zu sein, wie dies aus den älteren Beschreibungen von S e n i t z a und M i l l e r hervorgeht.

Nach M i l l e r baute man auf zwei Spateisensteinlagern, dem höher gelegenen Barbaralager mit zwei Stollen und dem tiefer dabei mehr im Hangenden gelegenen und kleineren Josefilager mit einem Stollen. Die Entfernung zwischen beiden Erzlagern beträgt zirka 310 m. Nach den Beschreibungen dieser beiden Autoren sind es von N nach S verlaufende Stöcke von geringer streichender Ausdehnung mit vorwaltend östlichem Einfallen. Die Mächtigkeit erreicht eine Stärke von zirka 40 m. Gegen die Teufe verlor sich das Erz. Die Art des Vertaubens ist nach S e n i t z a eine sehr merkwürdige: „Es tritt im Erzstock immer mehr die körnige Grauwacke auf, so zwar, daß die Spateisensteinpartien auf sphärische Ausscheidungen von Nußgröße herabgemindert werden; endlich stellen sich an Stelle des Spateisensteines Rohwand und Kalk von gleicher Größe und Art ein, der Spateisenstein verliert sich gänzlich. An mehreren Stellen des Liegenden trifft man eine etliche Fuß dicke Lage fast derben Schwefelkieses, der gegen Tage zu verwittert und von den Alten als reiches Braunerz abgebaut wurde. Im Tagbau wurden bis zu 100 q große Erzblöcke, durchsetzt von körniger Grauwacke, abgebaut." Das Hangende der Lagerstätte bildet nach einem älteren Bericht ein eigentümlicher, aus Linsen, die durch Schiefer zu einer Art Breccie ver= bunden sind, bestehender Kalkstein; das Liegende ist Grauwacken= schiefer. Die Erze sind durch Kalk verunreinigt und hatten daher nur einen Gehalt von 30% Fe nach erfolgter Röstung. Das Ausbringen aus den rohen Erzen betrug 32% Fe.

Obige Angaben machen den Eindruck, daß das Gebirge schuppen= förmig zerlegt wurde, wobei größere und kleinere Blöcke des vererzten Kalkes, ähnlich wie in der Radmer, in die Schiefer eingewalzt wurden.

L i t e r a t u r : 1. Die Eisensteinbergbaue der Grauwackenzone der Ostalpen, Jahrb. d. Bergakad. Leoben u. Schemnitz 1842. — 2. A. v. M i l l e r - H a u e n f e l s, Die steirischen Bergbaue als Grundlage des prov. Wohlstandes, Wien 1859, S. 11. — 3. Die Eisenerze Österreichs und ihre Verhüttung, Wien 1878, S. 35.

S a l b e r g b e i L i e z e n. Am Fuße des Salberges bei Liezen — wir folgen den Ausführungen G e y e r s — lagern unter den Werfener Schichten, steil nach N einfallend, gefaltete grauschwarze, glänzende Tonschiefer, Grauwacken und Breccien, in deren Hangendem sich ein

Zug bunter Konglomerate mit weißen Kalkbrocken und grünlicher
serizitischer Kittmasse verfolgen läßt. Dieselben, zum Teil flaserig
ausgebildeten Konglomerate stehen auch am Blahberg und bei Schloß
Rötelstein südlich von Admont an. Die Gesteine am Fuße des Sal=
berges werden als paläozoisch, unbestimmten Alters, angenommen,
nachdem sie weder mit den altpaläozoischen Schichten noch mit dem
Karbon des Enns= und Paltentales Analogien aufweisen.

In diesen Schichten fand sich über dem Gehöft O b e r s a l l e r
gangförmiger Ankerit. Die im Hangenden folgenden bunten Kon=
glomerate mit weißen Kalkgeröllen dürften die Hauptträger der Eisen=
erzlagerstätten sein. Besonders an ihrer Basis sind zahlreiche Eisenerz=
brocken und Imprägnationen zu sehen, vor allem in der Nähe der ver=
fallenen Stollen beim Arzberger.

In der Literatur finden sich über dieses Vorkommen nur wenige
Angaben. Nach M i l l e r ist der Bergbau uralt. Auf einer Karte vom
Jahre 1794 werden noch 25 Stollen verzeichnet. Die Erzmittel waren
wenig mächtig und hielten im Streichen nur 60 bis 70 m an.

Mit diesem Bergbau endet in Steiermark die Reihe der Erzvor=
kommen der nördlichen Grauwackenzone; sie findet ihre Fortsetzung
erst in Salzburg in der Umgebung von Radstadt.

T e l t s c h e n u n d R ö t e l s t e i n. Außerhalb der Grauwackenzone,
und zwar nördlich von dieser, wurden südlich des Rötelsteins und im
Teltschengraben, nordwestlich von Mitterndorf, mitten im Triasgebiet,
sehr feinkörnige, Bleiglanz und Schwefelkies führende Eisenspate ge=
wonnen. Die geologischen Verhältnisse hat G e y e r in der geologischen
Karte von L i e z e n dargestellt. Die Vorkommen lagern zwischen Wer=
fener Schiefern und Guttensteiner Dolomit, in welchen sie ohne scharfe
Grenze allmählich übergehen. Ihr Eisengehalt beträgt nach der Röstung
25% Fe. Der Bau besaß mehrere Stollen. Südöstlich des Rötelsteins
waren der obere und untere Josefistollen, weiter östlich am Ursprung
des Baches, der gegen W fließt, lagen die beiden Eisengrabenstollen.
Im O im Oberlauf des Teltschengrabens in der Nähe der Teltschenalm
waren der Theresia=Franz=Amalia= und Neue Schurfstollen angelegt. Die
Eisenspatlagerstätte gleicht vollständig den im selben Horizont auf=
tretenden Sideriten=Ankeriten des bereits besprochenen Eiblkogels und
dem Vorkommen bei Werfen in Salzburg.

L i t e r a t u r : 1. G. G e y e r und M. V a c e k, Geol. Karte von Österreich,
Liezen (Z. 15, Col. X, 1 : 75.000), samt Erläuterungen, Wien 1916. — 2. A. v. M i l l e r -
H a u e n f e l s, Die österreichischen Bergbaue als Grundlage des prov. Wohlstandes,
Wien 1859, S. 11.

Zur Entstehung der Sideritlagerstätten der alpinen Grauwackenzone.

Die Eisenspatlagerstätten der alpinen Grauwackenzone wurden wegen ihrer im allgemeinen schichtenparallelen Lagerung früher als sedimentäre (syngenetische) Bildungen angesehen. Später einsetzende eingehendere Studien ergaben aber, daß die Lagerungsverhältnisse nur scheinbar die eines Sediments sind, daß es sich vielmehr in Wirklich= keit um epigenetische, also mehr oder minder gangartige Gebilde han= delt, bei deren Entstehung gewisse komplizierte Wechselwirkungen zwi= schen der Erzlösung und dem Nebengestein stattfanden. Diese epigene= tische Entstehungstheorie, die im wesentlichen von K. A. R e d l i c h aufgestellt und vertreten wurde, wird neuerdings von einer Reihe von Forschern angezweifelt, welche glauben, zu einer mehr oder minder modi= fizierten Form der sedimentären Entstehungsdeutung zurückkehren zu müssen. Eine eingehende Darlegung aller für und wider die Sediment= theorie sprechenden Momente würde den Rahmen dieses Buches weit überschreiten; aus diesem Grunde soll im folgenden an der von der Mehrzahl der Lagerstättenforscher vertretenen epigenetischen Deutung festgehalten und bezüglich der Sedimenttheorie auf die im Jahrbuche der Geologischen Bundesanstalt in Wien (Jahrgang 1930) veröffentlichte kritische Auseinandersetzung verwiesen werden.

Die Eisenspatlagerstätten der alpinen Grauwackenzone gehören verschiedenen Typen an, die miteinander durch Übergänge verknüpft sind und genetisch zusammengehören, das heißt einem und demselben Vererzungsvorgange ihre Entstehung verdanken. Genetisch am klarsten sind die im Porphyroid aufsetzenden Spatlagerstätten, für die in Anbe= tracht der Eruptivgesteinsnatur des Nebengesteins eine sedimentäre Entstehung von vornherein nicht in Frage kommt (Augenbrünndl N. Edlach bis Schwarzkogel usw.). Die Erzlösungen sind hier im allge= meinen den Schieferungsflächen des durch tektonische Vorgänge zer= walzten Eruptivgesteins gefolgt und haben auf diese Art Lagergänge gebildet. Die konkordante Einlagerung wird, wie gerade aus diesem Bei= spiel zu ersehen ist, keineswegs durch sedimentäre Bildung, sondern durch die in der Richtung der Schieferung ausgezeichnete Wegsamkeit des Nebengesteins für zirkulierende Lösungen bedingt.

Äußerlich und der Entstehung nach ähnlich sind die lagerartigen Sideritvorkommen in den paläozoischen und Werfener Schiefern. Auch hier handelt es sich im wesentlichen um Ausfüllungen klaffender, bzw. durch den Kristallisationsdruck des sich ausscheidenden Erzes aus= einandergezwängter Schichtfugen. Hie und da zu beobachtende Ver= schneidungen der Lagerstätten mit der Schichtung des Nebengesteins

und Nebengesteinseinschlüsse im Erz beweisen die epigenetische, lager=
gangartige Entstehung dieser Vorkommen. Neben reinen Hohlraum=
ausfüllungen beobachtet man Übergänge zu metasomatischen (Ver=
drängungs=)Bildungen. Oft wird das Schiefergestein nicht entlang einer
oder weniger Schichtfugen vererzt, sondern vollständig aufgeblättert,
wobei die Erzlösung in zahllose Schichtfugen eindringt. So ent=
stehen Erze mit „Jahresschnüren", bei denen millimeterstarke Erzlagen
durch papierdünne Schieferhäute getrennt werden (Söbberhaggenlager
am steirischen Erzberg). In anderen Fällen durchtränkt (imprägniert)
die Erzlösung das Schiefergestein gleichmäßig. Die Erzsubstanz sammelt
sich um einzelne Kristallisationszentren herum an und bildet so b e i
m ä ß i g e r V e r e r z u n g Rhomboeder oder rundliche Knoten, die iso=
liert in der serizitisierten oder auch chloritisierten Schiefermasse liegen.
Die Sideritknoten schließen beim Wachstum die Schiefermasse nicht ein,
sondern schieben sie vor sich her. So kommt es, daß b e i i n t e n s i v e r
V e r e r z u n g marmorartig kristallinische Sideritaggregate entstehen,
deren Einzelkörner durch Schieferhäutchen voneinander getrennt sind.
Derartige Erzvarietäten lassen neben der Vererzung auch eine Lösung
und Wegführung der Schiefersubstanz, also bereits Verdrängungserschei=
nungen erkennen, die in noch deutlicherer Form bei den im Kalk auf=
setzenden Erzen wiederkehren. Ähnliches tritt auch bei den vererzten
Sandsteinen der Basis und der Zwischenschieferzone des Erzberges so=
wie der Radmer auf, wo namentlich das Bindemittel des Sediments
durch Erz verdrängt ist, während die Quarzkörner der Umwandlung
stärkeren Widerstand entgegensetzen.

Die in den silurisch=devonischen Kalken aufsetzenden Erze zeigen
verhältnismäßig selten reine Gangform. Meist greift die Erzlösung von
den Gangspalten aus das Nebengestein an und wandelt es in Siderit
oder Ankerit um. Die allmähliche Verdrängung des Kalkes durch Eisen=
karbonat geht aus der Art, wie beide miteinander verwachsen sind, klar
hervor. Mit Rücksicht auf die Sprödigkeit der Kalke sind lagenförmige
Vererzungsformen, wie wir sie von den Schiefern her kennen, kaum zu
erwarten; tatsächlich gehören die aus parallelen Siderit= und Ankerit=,
bzw. Kalzitlagen bestehenden Bändererze zu den Seltenheiten (Wolf=
gangetage am steirischen Erzberg). Gewöhnlich sind die Kalke ganz un=
regelmäßig zerklüftet; die Erzlösungen folgen diesen Kluftsystemen und
den Permeabilitätsgrenzen und bilden so unregelmäßige, nur annähernd
lagerförmige Erzkörper. Die gelösten und durch Eisenerz ersetzten
Kalkmassen reagieren mit den restlichen Eisensalzlösungen unter Bil=
dung von Ankerit, der dann überaus häufig als jüngere Gangfüllung auf=
tritt. Zuweilen kommt es später auch zur Entmischung ehemaliger
Karbonatgemenge. Auf diese Weise ist die Entstehung der sogenannten

„Roßzähne" (weiße Dolomit= und Kalzitkristalle im gelben Erz) zu er=
klären.

Interessant und in mehrfacher Hinsicht bedeutungsvoll ist die Ver=
erzung der Kalkbreccien an der Basis der Werfener Schiefer. Hier wird
nicht nur das sandig=tonige Bindemittel, ähnlich wie das bei gewissen
Schiefern der Fall ist, vererzt, sondern es werden auch die Kalktrümmer
angegriffen und entweder vollständig oder nur randlich in Siderit, bzw.
Ankerit umgewandelt. Bisher ist es nicht gelungen, in den Werfener
Basisbreccien primäre Erzgerölle nachzuweisen; stets ist eine n a c h =
t r ä g l i c h e V e r e r z u n g ursprünglicher K a l k gerölle zumindest
wahrscheinlich. Daraus folgt der geologisch wichtige Schluß, daß die
Vererzung jünger sein muß als die untere Trias, der die Werfener
Schichten angehören. Die petrographische Untersuchung der Erze macht
es wahrscheinlich, daß die Erzlösungen während oder unmittelbar nach
einer Gebirgsbildungsphase (gosauisch oder tertiär) eingedrungen sind.
Daß aber stellenweise die Bewegung den Erzabsatz überdauert hat, sieht
man am besten in der Radmer, wo kopfgroße Erzschollen in die Schiefer
eingewalzt erscheinen. Die Bruchtektonik, soweit sie wenigstens bis
jetzt auf dem Erzberge aufgeschlossen ist, schneidet bereits fertige Erz=
körper ab, ist also jünger als die Vererzung.

Die wenigstens teilweise epigenetische (metasomatische) Entstehung
der Sideritlagerstätten der alpinen Grauwackenzone wird heute von
niemandem mehr bestritten; sie wird aber von den Anhängern der
Sedimenttheorie als eine sekundäre Erscheinung, hervorgerufen durch
nachträgliche Wanderungen des auf sedimentärem Wege entstandenen
Erzes, hingestellt. Mit dieser Auffassung ist die Tatsache unvereinbar,
daß die Spatlagerstätten in mehreren stratigraphischen Horizonten auf=
treten, die zum Teil durch eine starke tektonische Diskordanz getrennt
sind (Schiefer des Silur, Porphyroide, Kalke des Obersilur und Devon,
Basis, Mittel= und Hangendpartien der Werfener Schichten [untere
Trias]); es ist äußerst unwahrscheinlich, daß die doch nur schwer erfüll=
baren Voraussetzungen zur Bildung von sedimentären Spatlagerstätten
auf engem Raum durch Formationen hindurch gegeben waren. Sekundäre
Erzwanderungen größeren Stiles kommen nicht in Frage, denn man trifft
die zweifellos epigenetischen Erze (vererzte Werfener Breccien, Erze im
Porphyroid) auch in sehr großer Entfernung von Lagerstätten, deren
syngenetische Entstehung denkbar ist. Überdies macht die Mineral=
führung der Erzgänge vielfach durchaus keinen vadosen, sondern einen
juvenilen Eindruck. In Altenberg und am Bohnkogel zum Beispiel ist das
Nebengestein (Porphyroid) eines Sideritganges stellenweise turmalini=
siert, was auf einen ausgesprochen magmatischen Vorgang hinweist.

Dem Siderit des Ganges folgt zuweilen als jüngerer Nachschub Baryt und eine zweite Turmalingeneration (Abb. 38 und 39).

Für die Lagerhaftigkeit der Lagerstätte, welche von den Sediment=theoretikern als Hauptargument angeführt wird, wurde die Erklärung bereits gegeben. Es ist die ausgezeichnete Wegsamkeit geschichteter Gesteine parallel zur Schichtfläche, welche den Erzlösungen den Weg weist; sie wird durch Faltungs= und Überschiebungsvorgänge mit ihren beigeordneten Gleitbewegungen innerhalb der Schichtenpakete ganz außerordentlich erhöht. Durch derartige tektonische Bewegungen wer=den auch die Zufahrtskanäle, ähnlich wie bei Injektionsgneisen, zer=stört, bzw. unkenntlich gemacht; ihr scheinbares Fehlen darf uns daher nicht wundern. Was schließlich die Herkunft der Metallösungen anbe=langt, so ist sie nicht problematischer als in anderen epigenetischen Erzgangrevieren.

B. Die paläozoischen Schollen.
Die Erze des Grazer Paläozoikums.

Das Grazer Paläozoikum liegt diskordant auf Altkristallin. Es grenzt mit seinem Südrande an den großen Einbruchkessel des Grazer Beckens, das von Gesteinen der Gosau und des Tertiärs erfüllt ist. Aus dem Miozän ragen als Insel die paläozoischen Gesteine des Sausal=gebirges hervor.

Das Alter des meist phyllitartigen, aber auch höher kristallinen und von Pegmatiten durchdrungenen Grundgebirges ist unbekannt. Die paläozoische Gesteinsfolge zeigt nur geringe Metamorphose. Sie be=ginnt mit dem Silur (Kalkschiefer, Sandsteine, mürbe Schiefer [fossil=leer, Untersilur?]; rote Flaserkalke, zum Teil mit Orthoceren [Ober=silur]), über welchen Schichten fossilführendes Devon liegt. Letzteres reicht vom Unterdevon (Dolomit=Sandsteinstufe mit Diabasen und Tuffen, Barrandeischichten mit Heliolites Barrandei) über das Mittel=devon (Goniatitenkalke, Hochlantschkalk usw.) bis zu den Clymenien=kalken des Oberdevon.

Die Lagerungsverhältnisse sind durch zahlreiche Über=schiebungen kompliziert, was die Altersbestimmung fossilleerer Schicht=partien sehr erschwert. Über dem Kristallin liegt stellenweise der Grenz=phyllit. Er wurde früher für silurisch gehalten, erwies sich aber als tekto=nisches Mischgestein aus Paläozoikum und Kristallin. Der darüber fol=gende, vielfach als Bänderkalk entwickelte Schöcklkalk galt ebenfalls als silurisch, wird aber jetzt von R. Schwinner zum Devon gestellt. Er liegt als Schubmasse auf den vorgenannten Phylliten. Phyllitische Gesteine mit Grünschiefern, welche ihrerseits den Schöcklkalk über=

lagern und daher früher als obersilurisch angesprochen wurden (Semriacher Schiefer zum Teil, jetzt Taschenschiefer), dürften als Schub= masse dem phyllitischen Grundgebirge entstammen, also älter sein als der Schöcklkalk, über den sie bewegt wurden.

Als oberste Schubmasse folgt schließlich die Rannachdecke, welche vorwiegend aus Kalken und Dolomiten des Devon besteht.

Die flach gewölbten Falten des Grazer Paläozoikums wurden von Brüchen zerschnitten, die zum Teil scharf hervortreten. Hieher gehört unter anderem der im Streichen liegende Bruch an der Nordseite des Plabutsch und der quer zum Streichen verlaufende, den Rannach= und Schöcklstock trennende Leberbruch.

Literatur: 1. F. Heritsch, Eine neue Stratigraphie des Paläozoikums von Graz, Verh. d. Geol. Bundesanst., 1927, S. 223. — 2. R. Schwinner, Das Bergland nordöstl. von Graz, Sitz.-Ber. d. Akad. d. Wiss. in Wien, math.-nat. Kl., Abt. I, Bd. 134, 1925.

a) Die Platte bei Graz. (Entnommen der Arbeit A. Torn= quist: Liquidmagmatische Diabas=Magnetitlagerstätten und ihre Begleiter in den Ostalpen, Mitteil. d. Nat. Vereines f. Steiermark, Bd. 66, 1929, S. 167.) Der etwa 2 km nordöstlich der Stadtgrenze von Graz, nördlich des Kroisbachtales gelegene Plattenberg erhebt sich bis 651 m über dem Meere.

Er besteht vorwiegend aus Serizitphylliten, in welche sich gegen O Diabaslager und deren Tuffe einschieben. Das höher am Berg gelegene, etwa 100 m mächtige Diabaslager und seine Grünschiefer bergen gegen die Basis zu Magnetit, der teils in isolierten Oktaedern, teils in größeren Aggregaten bis zu derben Erzpartien eingelagert ist. Tornquist zweifelt nicht an einer syngenetischen liquid= magmatischen Entstehung dieser Lagerstätte innerhalb der Diabas= decken. Die Erzausscheidung erfolgte in vier Perioden: 1. Beginn der Magnetitkristallisation; 2. Fortdauer derselben; gleichzeitig sehr reich= liche Augitbildung; 3. Maximum der Magnetitbildung; gleichzeitig Be= ginn der Feldspataussscheidung; 4. reichliche Feldspataussscheidung nach Beendigung der Magnetitbildung. In den verschieferten Diabaspartien ist der Magnetit in eckige, ganz unregelmäßig begrenzte Stücke ohne Umkristallisation zerbrochen worden, stellt also auch hier das primäre liquidmagmatische Produkt dar. Der Form nach sind es langgezogene Erzlinsen, die sich aus der mehr oder weniger starken Konzentration des Magnetits im Muttergestein erklären. Die Lagerstätte, deren Form und Streichungsrichtung sich aus der beiliegenden Skizze (Abb. 61) er= gibt, ist mehrfach durch junge Verwerfungen gestört. Das reinste Erz hat 65˙49% Eisenoxyd und 8˙49% Eisenoxydul, 2˙23% Magnesiumoxyd,

0'97% Kalziumoxyd bei vollständiger Titanfreiheit. Das Haupterzlager am oberen Waldrand ergab 51 bis 52% Fe und 18 bis 19'5% SiO_2.

Außer dieser liquidmagmatischen Lagerstätte im Diabas ist unterhalb, östlich der Plattenvilla, Magnetit inmitten dunkler Phyllite bekannt geworden.

Neustift (Weinitzen) bei Graz (A. Tornquist, l. c.). Die Magnetit=Roteisenlagerstätte liegt bei Neustift, nördlich von Ober= Andritz bei Graz. Über dem Schöcklkalk folgen Sandsteine und Quar= zite, darüber dunkelgraue Phyllite mit tuffigen Komponenten. In diesen treten die Eisenerze auf. Sie bilden 6 bis 7 cm mächtige, wie die Schiefer WSW in ONO streichende und mit 40° bis 80° in NNW fallende harte Lagen, welche scharf gegen das weiche Hangende und Liegende abgesetzt sind. Auch die Hangend= und Lie= gendschiefer sind mit Eisen= erz durchsetzt. Das Erz be= steht aus Magnetit und liegt in einem reichlichen Ge= menge von zermörteltem Quarz. Am Saum der Ma= gnetite ist spärlich Albit vorhanden. Vereinzelt sind die Magnetite von radial an= geordneten, stets senkrecht auf dem Erz aufgesproßten

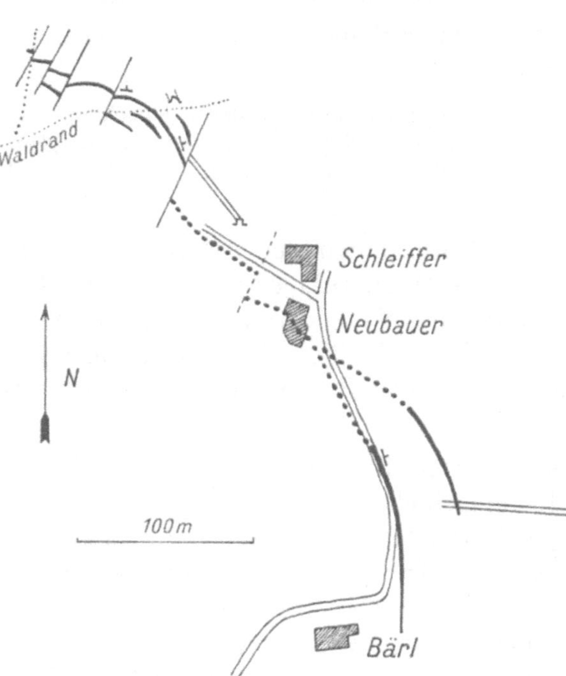

Abb. 61. Die Magnetitzüge auf der Platte bei Graz.
(Nach A. Tornquist.)

langprismatischen Quarzaureolen umhüllt. Der stark zermörtelte Quarz einerseits, der wenig beeinflußte Magnetit andererseits, deutet seine Ent= stehung während der Dynamometamorphose an. Tornquist vermutet, daß Roteisenstein (der sich jedoch nirgends als primäres Erz findet) und Quarz als Solfatarenbildung bei der Diabaseruption in die nicht allzu= fern gelegenen Sedimente eingedrungen sind. Aus diesen Komponenten wurden der dynamometamorph zermörtelte Quarz und Magnetit ge= bildet. Schließlich erfolgte durch jüngere Rekristallisation die Bildung der Quarzaureolen um den Magnetit und die hin und wieder beobachtete Umsetzung in jüngeren Hämatit.

b) **Breitenau, Moscherkogel.** Mitgeteilt von E. Clar (Graz). Das alte Eisenwerk in der Breitenau, dessen Reste noch heute an der Straße auf halbem Wege zwischen dem Magnesitwerk und der Ortschaft St. Erhard zur rechten Hand sichtbar sind, war ursprünglich auf Eisen=erzvorkommen basiert, die südlich und südwestlich von St. Jakob in den tieferen Teilen der Hochlantschnordgehänge erschürft wurden. Die alten und die neueren in der Kriegszeit durchgeführten Schürfungen haben Erze in einer ganzen Reihe von Punkten erschlossen, die in der beigegebenen Kartenskizze bezeichnet sind (Abb. 62).

Der geologische Aufbau ist kurz der folgende: Zwischen der Masse des Hochlantschkalkes (Mitteldevon) im Hangenden und den Amphi=boliten des Rennfeldkristallins im Liegenden schiebt sich eine Folge von hauptsächlich Tonschiefern mit Kalkschiefern, Bänder= und Schieferkalken ein, die breit in unseren Bereich hereinstreicht, sich aber rasch verschmälert und noch vor Mixnitz unter der darüberfahrenden Kalkmasse gänzlich ausgequetscht wird. Diese tektonische Beanspru=chung bedingt einen sehr verwickelten Schuppenbau; es ist aber trotzdem aus kleinen Einlagerungen zu erkennen, daß sich an dem Aufbau der Tonschiefer, die auch einen Magnetitstock führen, zwei altersver=schiedene Elemente beteiligen: vor allem Lydite und rote Flaserkalke weisen auf Silur, hauptsächlich Sandsteine auf Karbon.

Seiner Entstehung nach ist von allen Vorkommen das im Ameis=graben am eindeutigsten: durch einen erst verquerenden, dann streichend aufgefahrenen Stollen mit beiderseitigen Querschlägen — in dem vor Ort noch ein nicht zum Hauptstock gehöriger Magnetit aufgeschlossen wurde — sieht man sehr gut aufgeschlossen in dem grauen bis schwar=zen, etwas graphitischen Tonschiefer, der stark durchbewegt ist, in der Mächtigkeit stark schwankende Lagen von sogenanntem Grauerz, einem dichten, grauen, merkbar tonigen Spateisenstein, der bei der Verwitte=rung auf der Halde einen nicht unerheblichen Mn=Gehalt verrät. Be=zeichnend für das Auftreten ist ein unregelmäßig lagiger Wechsel dieses Spateisensteins mit schmalen Tonschieferbändern, doch sind Linsen des Erzes von über 1 m Mächtigkeit und mehreren Metern Länge nicht gerade eine Seltenheit.

Diese mächtigeren und in sich massigen, nicht durchbewegten Linsen sind auf die mittleren Teile des Lagers beschränkt, im Hangenden und im Liegenden schiebt sich immer mehr Tonschiefer ein, bis er schließlich allein übrigbleibt. Nierige Sphärosideritbildungen scheinen zu fehlen.

Der Schliff gibt das typische Bild eines vollständig dichten, ton= und pigmentreichen Karbonatgesteins mit Einstreuung kleiner Quarzkörn=chen; der lagige Schichtungsbau setzt sich bis zu mikroskopischer Fein=

heit fort und äußert sich hier in der Zu= und Abnahme der nicht=
karbonatischen Verunreinigungen; die Äußerungen tektonischer Be=
anspruchung sind auf mikroskopisch kleine Verwerfer und quarzreiche
oder reine Karbonatklüfte beschränkt.

Gegen W nimmt der Reichtum der Vorkommen ab, die Schurf=
stollen sind nur mehr auf Brauneisenerz angesetzt und nur seltenere
Toneisensteinkerne lassen auf das primäre Erz schließen.

Moscherkogel. Ein in der Fortsetzung der Breitenauer Ton=
eisenlagerstätten liegendes Brauneisenerzvorkommen am Moscherkogel
bei Mixnitz ist nach E. Seidler eine Gangfüllung in Amphibolit (Ana=
lyse 5).

Analysentabelle der Erze der Reichenau und von Mixnitz.

	1	2	3	4	5		6	7
SiO_2	20·65	19·4	25·9	—	—	Unlösl.	36·6	49·2
Al_2O_3	n. b.	n. b.	4·33	3·0	n. b.	$FeCO_3$	58·0	42·0
Fe_2O_3	32·60	17·6	53·72	19·6	75·1	$MnCO_3$	1·4	8·0
Mn_2O_3	—	10·5	4·10	10·1	1·0	$CaCO_3$	2·5	Sp.
MnO	2·55	—	—	—	—	$MgCO_3$	0·4	Sp.
CaO	n. b.	n. b.	1·16	n. b.	n. b.	Röstverlust . . .	18·7	12·3
MgO	n. b.	n. b.	0·34	n. b.	n. b.			
Glühverlust . . .	23·83	10·9	17·28	26·2	n. b.			

1. Toneisensteinschiefer, Ameisgraben (Arzgrube). 2. Brauneisenerz, Gehänge
St. Jakob (Loc. 2). 3. Toneisenstein, Raffer. 4. Manganerz vom Stollen 11 (Heuberg=
graben). 5. Brauneisenerz, Moscherkogel bei Mixnitz. 6. Sphärosiderit, Schafferschurf.
7. Manganerz vom Preisler (Heuberggraben).

Die unter 1 angeführte unvollständige Analyse gibt eine Vorstellung von der
Zusammensetzung des, soweit erkennbar, recht gleichmäßigen Erzes. Der Tonerde=
gehalt (vermutlich in der Bestimmung „SiO₂" verborgen) dürfte sich in den gewohnten
Grenzen um 4% halten, so daß die Bezeichnung „Toneisenstein" zu Recht bestehen
dürfte.

Die Analysenangaben (2, 3, 6) lassen die Umsetzung erkennen: 2 ein sehr un-
reiner Toneisenstein, der in dem niederen Glühverlust gegenüber Fe und Mn den
Beginn der oxydischen Anreicherung anzeigt, der relativ hohe Mn=Gehalt nähert das
Stück den Erzen vom „Preislertyp"; 3 hätte als Typus der stark angereicherten
(45 bis 47% Fe im Röstgut) Brauneisensteine am Ausgehenden der Lagerstätte zu gelten;
6 nach der Art der Analysenangabe als Toneisenstein aufzufassen, der zu niedere Glühverlust beweist jedoch die oxydische Umsetzung.

Analyse 4 gibt den Gehalt eines unzersetzten Erzes; der Metallgehalt scheint nur
als Karbonat gebunden, auffallend und bezeichnend ist der hohe Mn-Gehalt, der nach
anderen Angaben noch steigen kann. 7 scheint wieder trotz der Art der Angabe ein
stark oxydisches Erz zu sein.

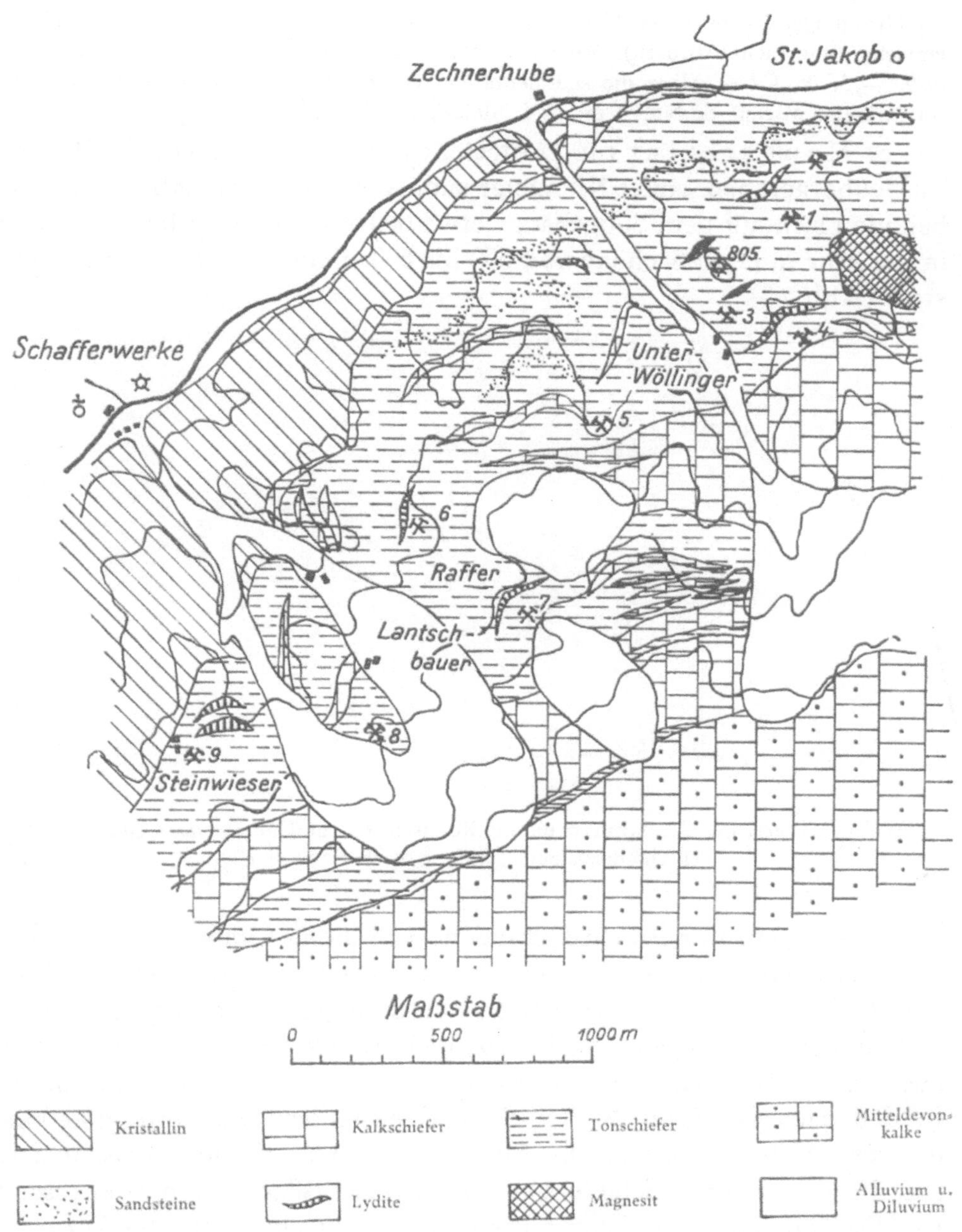

Abb. 62. Geologische Karte mit den Eisenerzvorkommen im Hochlantschnordabfall.
(E. Clar, Graz 1929.)

1 Ameisgrube.   2 Oberhalb des Bahnhofes St. Jakob.   3 Unterer Wöllingerstollen.   4 Oberer Wöllingerstollen.
5 Westlicher Wöllingergraben.   6 Unterer Rafferstollen.   7 Oberer Rafferstollen.   8 Lantschbauer.   9 Steinrieser.

Literatur: 1. A. v. Miller-Hauenfels, Die steiermärkischen Bergbaue als Grundlage des prov. Wohlstandes, Wien 1859. — 2. Die geol. Karte der Hochlantschgruppe (acht Autoren), Mitteil. d. Nat. Vereins f. Steiermark, Bd. 64/65, Graz 1929. — 3. E. Clar, Über die sedimentären Fe- und Mn-Erze in der Breitenau und bei Mixnitz, Mitteil. d. Nat. Vereins f. Steiermark, Bd. 66, Graz 1929, S. 150.

c) Heuberggraben. Mitgeteilt von O. Friedrich (Graz). Im Heuberggraben, einige Kilometer südöstlich der Bahnstation Mixnitz, befinden sich auf dem Südgehänge etwa 600 m östlich von der Mündung in die Mur in einer Seehöhe von 500 bis 600 m einige Baue auf Roteisenstein (Abb. 63).

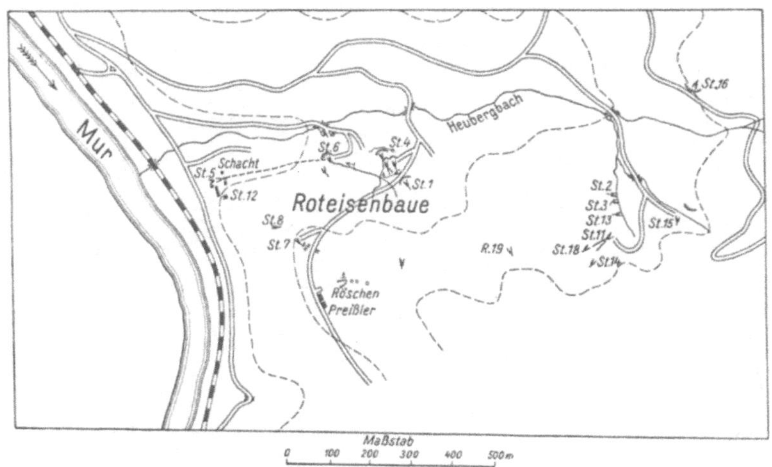

Abb. 63. Lagerkarte der Schurfbaue auf Roteisenstein und Manganerze südlich des Hochlantsch bei Mixnitz. (Nach E. Seidler.)

Der für uns in Betracht kommende Teil dieses Grabens besteht aus paläozoischen Tonschiefern mit eingelagerten Lyditen, Flaserkalken und Grünschiefern. Die Grünschiefer sind aus Diabasen und deren Tuffen hervorgegangen. Wahrscheinlich wurde mit den Diabastuffen auch saures Material hervorgebracht, das an Quarzkeratophyre erinnert. In den nach N—S bis NNO—SSW streichenden Schiefern setzt eine mehrere Meter starke, ihrem Alter nach syngenetische Roteisenmasse auf, die aber von den Schiefern durch Bewegungsflächen scharf abgesetzt ist. Das Haupterz ist dichter Roteisenstein in einer sehr feinkörnigen Grundmasse von dunkelrot gefärbtem, jaspisähnlichem Quarz. Randlich nimmt das Roteisen ein netzartiges Aderwerk von dunkelgrünem Chlorit auf, der nach den optischen Eigenschaften als Thuringit bestimmt wurde. Das Erz und der Thuringit haben folgende Zusammensetzung:

Grüner Diabas Eisenschiefer Anal. Landw.		Violetter Diabas Eisenschiefer Vers.-Stat. Wien		Roteisen v. Heuberg Anal. H. Fleißner	
SiO_2	40·4	SiO_2	38·7	Fe	35·14	18·2
Fe_2O_3	15·1	Fe_2O_3	9·2	Mn	0·38	0·04
Al_2O_3	17·5	Al_2O_3	20·2	P	0·026	0·085
				S	0·02	0·008
P_2O_5	0·0	P_2O_5	0·0	SiO_2	42·86	49·30
				Al_2O_3	1·90	16·08
				CaO	0·64	0·92
CaO	0·0	CaO	12·4	MgO	0·40	1·94
		SrO	Spur	Glühv.	3·40	3·84
Glühv.	11·3	Glühv.	13·0		

Jüngere Quarzgänge mit groben Schuppen von Eisenglanz und Chloritblättchen durchsetzen die primäre Lagermasse. Von Sulfiden kennt man Schwefel= und Kupferkies.

Die Entstehung dieser Lagerstätten bringt F r i e d r i c h mit den Diabaseruptionen in Zusammenhang, bei welcher Gelegenheit Eisenoxyd und Kieselsäure, zunächst in kolloidaler Form, abgeschieden wurde. Eine schwache Metamorphose führte zur Serizitschiefer= und Hämatit=, bei reichlich vorhandenen Tuffmaterial zur Thuringitbildung (?).

Das Vorkommen hat große Ähnlichkeit mit der Quarz=Hämatit= Magnetitlagerstätte von Neustift bei Graz, wenn auch der Magnetit infolge geringerer Metamorphose fehlt.

P r e i ß l e r g u t. Ein Brauneisenerzlager weiter südlich beim Preißlergut schließt sich mehr den Toneisensteinen der Breitenau an.

Literatur: 1. O. F r i e d r i c h, Ein Beitrag zur Kenntnis der Roteisenerzlagerstätte im Heuberggraben bei Mixnitz, Verh. d. Geol. Bundesanst., 1930, Nr. 9, S. 203. — 2. C l a r - C l o s s - H e r i t s c h, Die geologische Karte der Hochlantschgruppe in Steiermark, Mitteil. d. Nat. Vereins f. Steiermark, Bd. 64/65, 1928, S. 1 bis 23, — 3. A. T o r n q u i s t, Liquidmagmatische Diabas-Magnetit-Lagerstätten und ihre Begleiter in den Ostalpen, Mitteil. d. Nat. Vereins f. Steiermark, Bd. 66, 1929, S. 164 bis 185.

d) H o c h e c k, A l l e r h e i l i g e n b a u e. Mitgeteilt von E. C l a r (Graz). Neben den Eisensteinen des Hochlantschgebietes waren die Erze am Hocheck und in den Allerheiligenbauen die für den Breitenauer Hochofen wichtigsten.

Die Baue am Hocheck befinden sich genau nordwestlich von St. Jakob in etwa 750 bis 800 m Höhe an dem vom Hocheck (970) nach S herabziehenden Kamm, dort, wo der Karrenweg von St. Jakob diesen Kamm erreicht. Die alten Einbaue und auch die jüngeren Röschen sind sämtlich verbrochen und verwachsen, nur etwa 30 m unterhalb ist ein

Versuchsstollen auf Manganspat (Tatzlstollen), in dem noch vor wenigen Jahren gearbeitet wurde, offen gehalten (Abb. 64).

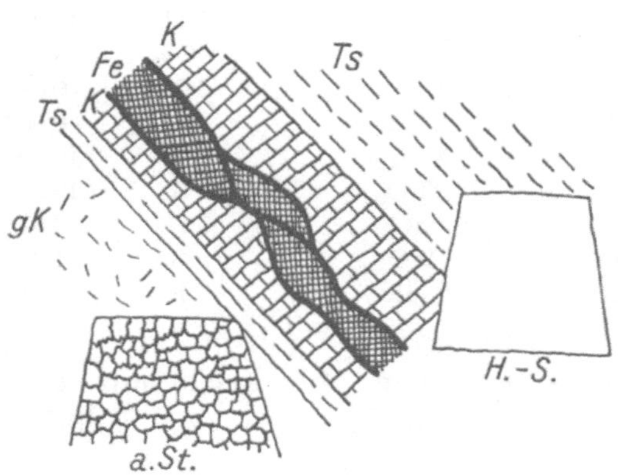

Abb. 64. Ulmenbild im linken Querschlag des Tatzlstollens. (E. Clar, 1929.)

H‹S = Hauptschlag. a St = Alter, versetzter Stollen. g K = Gelber dolomitischer Kalk. Ts = Grauer Phyllit. K = Grauer Kalk. Fe = Spateisenstein. Schwarze dicke Linien = Thuringit‹ schiefer.

Die geologische Stellung er‹ gibt sich aus einer Begehung und einem Bericht über Schurfauf‹ schlüsse. Über den Amphiboli‹ ten des Rennfeldkristallins folgt erst ein mächtiges Band stark zerrütteten Kalkes, darüber Ton‹ schiefer bis Phyllite, an der Grenze der beiden letzteren traf man auch die Brauneisenerze. Die auf einer Stollenhalde lie‹ genden Manganspate und deren Verwitterungsprodukte wurden in der Grube nicht angetroffen. Die primäre Zone der Eisenerze wurde im ersten linken Quer‹ schlag des tieferen Schurfstollens angefahren (Abb. 65). Es folgt daselbst über obertags aufgeschlossenem Phyllit ein gelblicher phyllitischer, dolomitischer Kalk, dann ein schmales Band grauer Schiefer, darüber ein von Kalzit‹ adern durchzogener grauer Kalk und wieder Phyllit. In dem grauen Kalk liegt linsig ver‹ drückt und von einem grünen Schiefer um‹ flossen eine Lage von dichtem, grauem, etwas tonig verunreinigtem Spateisenstein, der auf der Halde sich bald mit einer roten Kruste überzieht (Analyse 4). Von dem grünen Schie‹ fer liegt ebenfalls eine Analyse (5) vor, welche, unter der Annahme, daß die nicht bestimmte Tonerde in der Fe‹Bestimmung verborgen ist, gut auf Thuringit ausgeht. Auch diese Schie‹ fer verwittern häufig zu Brauneisenerz. Für die Genese scheint aus der Beschaffenheit der Erze, welche dicht, grau, unrein sind und sich durch Anwesenheit des grünen Eisensilikats auszeichnen, hervorzugehen, daß wir es eher mit einer sedimentären Lagerstätte, wie im Hochlantschgebiet, zu tun haben. Wie der

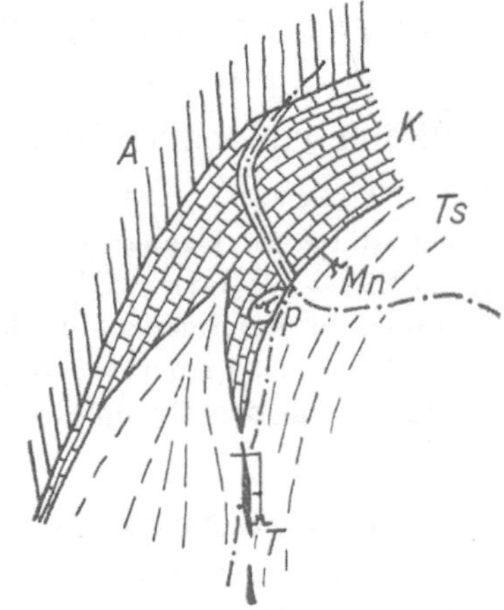

Abb. 65. Geologische Skizze der Hocheckbaue. (E. Clar, 1929.)

A = Amphibolite. K = Kalke. Ts = Phyllit. T = Tatzlstollen. Mn = Mangan‹ spathalde. p = Oxydische Erze.

graue bis schwarze, dichte, mit rosaroten Adern durchsetzte Mangan‹ spat in die Gesellschaft dieser auffallend manganarmen Eisenerze kommt, konnte nicht aufgeklärt werden; vermutungsweise handelt es sich um kleine Nester, in ähnlicher Stellung wie das Eisenerz. Eine Analysentabelle zeigt die verschiedenen hier vorkommenden Erze.

Analysentabelle der Erze vom Hocheck.

	Mangan-spat 1	Pyrolusit 2	Pyrolusit 3	Spateisen-stein (Siderit) 4	Thurin-git ? 5	Braun-eisenstein (Limonit) 6
SiO_2	3·47	3·30	9·38	8·04	22·21	5·84
Al_2O_3	1·06	n. b.	1·0	n. b.	n. b.	n. b.
Fe_2O_3	3·04	22·20	29·7	55·73	53·13	81·11 ?
Mn_3O_4	24·38	(9·08)	46·65	1·07	1·48	—
MnO_2	—	56·32	—	—	—	—
MnO	—	—	—	—	—	0·46
CaO	32·51	n. b.	—	5·01	0·55	n. b.
MgO	—	n. b.	—	1·44	2·88	n. b.
P_2O_2	n. b.	n. b.	0·45	n. b.	1·08	n. b.
H_2O_5	1·28	—	2·80	—	—	—
Glühverlust . .	34·21	18·90	11·48	28·71 (a. d. Diff.)	n. b.	n. b.

Die Allerheiligenbaue liegen etwa 1½ Stunden nördlich von St. Jakob, bereits jenseits der Wasserscheide (Eyweggsattel) in den Waldhängen nördlich des obersten Allerheiligengrabens, welcher sich zur Mürz entwässert; hieher gehören auch die etwas nördlich gelegenen Mieslbaue. Unsicher ist das in einer alten Manuskriptkarte verzeichnete Vorkommen beim Bauer Steinerer (richtig Steinmerer).

Nach Miller handelt es sich um Lager von reinem Brauneisen-stein als Verwitterungsprodukt von Siderit, zwischen Kalk im Han-genden und chloritischem Schiefer im Liegenden. Die Lagerstätte hatte eine beiläufige Mächtigkeit von 2 m mit einem Streichen N—S und einem Einfallen mit 40° nach O. Sie wurde 500 bis 600 m im Streichen verfolgt; das letzte Vorkommen soll etwa 2 km nördlich im gleichen Streichen aufgeschlossen worden sein.

Geologisch liegt die Lagerstätte ebenfalls in der basalen Schuppen-zone des Paläozoikums, in einer Folge von Phylliten mit grauen Kalken und Kalkschiefern. Eine Reihe von Stollen (auf kurzer Entfernung fünf), alle im unmittelbar Liegenden eines schmalen Kalkbandes angeschlagen, sind verbrochen und nur einer unterhalb des Weges zum Bauer Schwager im Tal noch befahrbar. In diesem sieht man, daß die Baue auf grauem, dichtem Spateisenstein umgingen, der auf Klüften einen Anflug von Roteisenstein zeigt und am Ausgehenden in Brauneisenstein umge-wandelt ist. Unter dem hangenden grauen Kalk liegt ein wechselnd

mächtiges Band von weichem, matt schwarzgrünem Schiefer, dann folgt
der Eisenstein, von schmalen Schieferfetzen durchsetzt, wieder ein
schmales Band grüner Schiefer und schließlich das Liegende, ein heller,
schiefriger Dolomit oder Phyllit. Der grüne Schiefer fällt durch seine
Schwere auf, schmilzt vor dem Lötrohr verhältnismäßig leicht zur
magnetischen Kugel; es dürfte sich daher wie am Hocheck, wo allerdings
die Lötrohrprobe nicht dafür spricht, um Thuringit handeln.

Das Erz ähnelt in allen Eigenschaften dem Eisenstein vom Hocheck.
Eine Analyse von J. S t i n y (wahrscheinlich Rösterz) zeigt: SiO_2,
Al_2O_3 39%, CaO, MgO 11%, Fe_2O_3 50%. Als Besonderheiten sind zu
erwähnen: eine stellenweise starke Durchsetzung mit Quarzgängen oder
Quarzlagern, lokal schwache Einsprengung von Pyrit, vor allem aber
das Erscheinen von Magnetit. Dieser bildet nie größere Knollen, son=
dern sitzt immer in einzelnen Körnern oder Körnergruppen, umgeben
von einem Kranz von Quarz, so daß zu vermuten wäre, daß er sich bei
der Quarzzufuhr aus dem Eisengehalt des Spates gebildet hat. Genetisch
ist dieses Vorkommen am Hocheck sedimentären Ursprungs, nur mit
dem Unterschied, daß hier einige spätere Veränderungen (Aufsprossen
von einzelnen Späten und die Bildung von Magnetit) eingetreten sind.

Literatur: 1. A. v. Miller-Hauenfels, Die steiermärkischen Bergbaue
als Grundlage des prov. Wohlstandes, Wien 1859, S. 39.

e) P l a n k o g e l   b e i   B i r k f e l d ,   H i n t e r e g g ,   N a i n t s c h =
g r a b e n. Auf die Magneteisenerze des Plankogels bestand schon im
Mittelalter ein lebhaft betriebener Bergbau, der aber in der zweiten
Hälfte des 18. Jahrhunderts zum Erliegen kam. Seit dieser Zeit wurde
mehrmals der Versuch unternommen, ihn wieder zum Leben zu er=
wecken, jedoch ohne Erfolg.

Die ausgedehnten Grubenbaue befinden sich am Nordabfall des
Plankogels gegen den nach Gasen abfließenden Mitterbach, auch Arz=
bach genannt. Zwischen 1135 m und 1400 m waren nach M i l l e r neun
Stollen in Betrieb. Der Stollen unmittelbar unter dem Plankogel ist noch
befahrbar.

Weiter südlich bei Hinteregg (Kranitzer W. H.; St. Kathrein,
II. Viertel) und im Naintschgraben, oberhalb Heilbrunn, wurden eben=
falls Magnetite gebaut, die jedoch genetisch mit dem Plankogel nicht im
Zusammenhang stehen dürften, weil sie im Grünschiefer auftreten
sollen.

Der Plankogel baut sich aus sicherem Paläozoikum auf, seine
höheren Teile bestehen aus Schuppen von Kalkschiefer, Bänderkalk und
Schieferkalk, die einer Zone angehören, welche mit den im O nicht weit
entfernten hochkristallinen Schiefern eng verzahnt erscheinen. In diesen
paläozoischen Schichten setzen die Magnetite in Form von Lagern auf.

Am Mundloch des vorerwähnten offenen Stollens stehen gelbe und graue karbonatreiche (eisenhaltiger Dolomit) Phyllite mit Streichen nach 10^h und einem Fallen von 40° bis 50° nach SW an. Weiter im Berge nimmt ihre Schieferigkeit sehr ab. Bei 100 m sind drei Lager von je ungefähr ½ m zu beleuchten. Dieselben sind sowohl gesenkmäßig als auch in Aufbrüchen an den reichen Stellen abgebaut worden. Fein= körniger Magnetit, durchsetzt von Quarz= oder karbonatreichen Schieferlagen, ist das Haupterz. Das Lager ist teils vom Nebengestein scharf abgesetzt, teils mit ihm innig verwachsen. Abweichend davon findet sich am zweiten Lager ein von zahlreichen Kalzit= und Quarz= klüften durchzogener grauer feinkristalliner Kalk, der mit großen Magnetitkörnern imprägniert ist. Der Magnetit führt des öfteren Schwefel= und (nach H a t l e) Kupferkies. In den spätigen Kalzitgängen finden sich fast idiomorph ausgebildete Albite und zur größten Über= raschung am Rand der Gänge auch Nester von kleinsäuligem Turmalin; einzelne Handstücke führen zwischen Albit und untergeordnetem Karbo= nat und Quarz Eisenglimmer in deutlicher Schieferung, vereinzelt auch Magnetit. Der graue magnetitführende Kalk enthält ebenfalls Feldspäte. Da die Anwesenheit von Turmalin und Albit in solchem Ausmaß ohne Stoffzufuhr überhaupt nicht denkbar ist, wäre zunächst an eine spätere Zufuhr der Erze zu denken. Die Gänge mit Albit sind aber vollkommen ungestört, der Eisenglimmer ist Schieferungsmineral, also vorher ent= standen, der Turmalin als jüngerer Nachschub aufzufassen.

Die Erze sind bereits vor der Metamorphose vorhanden gewesen und haben durch sie ihren heutigen Charakter erhalten. Ob die primären Erzlagen sedimentär oder epigenetisch waren, kann nicht entschieden werden, doch weist die Anwesenheit sedimentärer tonreicher Siderite in der benachbarten Breitenau auf dieses Grundmaterial hin.

L i t e r a t u r : 1. E. C l a r, Über die Magnetitlagerstätte am Plankogel bei Birkfeld. Mitteil. d. Nat. Vereins f. Steiermark, Bd. 66, Graz 1929, S. 155.

f) S a u s a l g e b i r g e   b e i   L e i b n i t z. Im S des Grazer Paläozoi= kums erhebt sich inselförmig aus dem Miozän das Sausalgebirge. Es besteht nach F. H e r i t s c h größtenteils aus Schiefern (Semriacher Schiefer?). Das tiefste Glied sind Grünschiefer, darüber folgen Phyllite, welche im Gebiete des Mandlkogels von Serizitphylliten überlagert wer= den. Kalke kennt man sowohl als Einlagerung im Phyllit (Demmer= kogel) als auch als Auflagerung auf dem Phyllit (Burgstallkogel bei Großklein).

Nach Mitteilungen V. L i p o l d s finden sich Ausbisse von Eisen= steinen an mehreren Punkten des Sausalgebirges und des Sulmtales zwischen Leibnitz und Gleinstätten, namentlich in Steinriegel (Heim= schuh) des Sausalgebirges, im Zauchengraben bei Fresing, am Grillberg bei Matrach, am Mattelsberg bei Großklein. Die Eisenerze bestehen aus teils schieferigem, teils dichtem quarzreichen Roteisenstein und Eisenglanz; in geringerem Maße aus Magneteisenstein, am Mattelsberg auch aus Spateisenstein und am Ausgehenden aus Brauneisenstein. Diese Erze treten in paläozoischen Grünschiefern in einer Mächtigkeit von 1 bis 2 m auf. Im Zauchengraben sind zwei parallel zueinander streichende Erzlager vorhanden.

Literatur: 1. F. H e r i t s c h, Geologie von Steiermark, Graz 1921, S. 204. — 2. M. V. L i p o l d, Eisensteinvorkommen im Sausalgebirge bei Leibnitz in Steiermark, Verh. d. Geol. Reichsanst., 1867, S. 195.

Die Erze des Murau=Neumarkter Paläozoikums.

Über dem muldenartig eingebogenen Altkristallin der Granat= glimmerschieferserie liegt in Form einer Wanne das Murauer Paläozoi= kum, zwischen den Orten Scheifling im O, Oberwölz im N, Ranten und

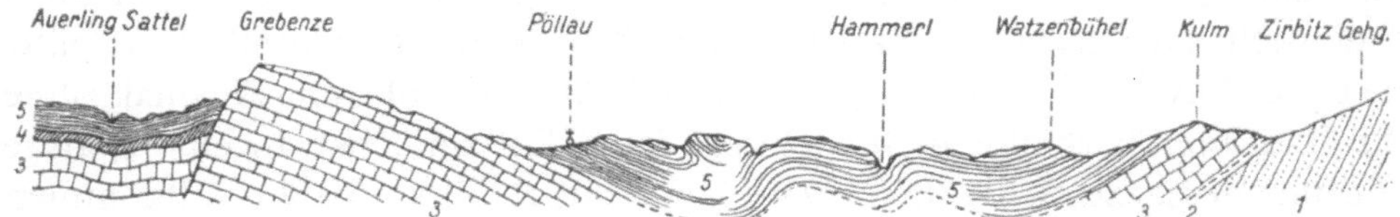

Abb. 66. Profil durch die Grebenze und die Neumarkter Mulde. (Nach G. Geyer.)
1 Gneis. 2 Kalkreicher Phyllit. 3 Kalke der Grebenze und Bänderkalke. 4 Graphitische Schiefer. 5 Quarzreicher Phyllit und Grünschiefer

St. Lorenzen im Murtal im W und Metnitz in Kärnten im S (Abb. 66). Der liegendste Teil besteht aus gut geschichteten kristallinen Kalken, Kalkschiefern und Dolomiten (Oberwölz). Als zweites Glied der kal= kigen Serie sind biotitführende, daher hellbraune kalkige Schiefer zu nennen; sie gehen vielfach in glimmerreiche Plattenkalke über und wech= sellagern mit graphitischen Schiefern. Auch Grünschiefer sind vor= handen. Über der kalkreichen Stufe liegt ein Komplex von graphitisch abfärbenden schwarzen Schiefern, Grünschiefern und seidenglänzenden Phylliten. (F. H e r i t s c h, Geologie von Steiermark, Graz 1921, S. 146.)

Eisenerze finden wir daselbst bei Pöllau und bei Metnitz.

P ö l l a u. Am südlichen Abhang der Höhe 1469 des Grebenzen= massivs im Pöllaugraben bei Pöllau betrieb das Stift S t. L a m b r e c h t einen Eisensteinbergbau mit einem zugehörigen Schmelzofen. Die Erze, die hier einbrachen, waren Magneteisenstein und großblätteriger Eisen= glanz, begleitet von Quarz und Kalkspat. Ihr Eisengehalt betrug 50 bis 60%. Eine Analyse von Prof. R. S c h ö f f e l in Leoben ergab:

$$
\begin{array}{lr}
SiO_2 & 6\cdot27\,^0/_0 \\
FeO & 21\cdot60\,^0/_0 \\
Fe_2O_3 & 68\cdot02\,^0/_0 \\
MnO & 0\cdot44\,^0/_0 \\
Al_2O_3 & 1\cdot84\,^0/_0 \\
CaCO_3 & 0\cdot73\,^0/_0 \\
MgCO_3 & 0\cdot48\,^0/_0 \\
S & 0\cdot02\,^0/_0 \\
P & 0\cdot18\,^0/_0 \\
Cu & 0\cdot06\,^0/_0 \\
TiO_2 & 0\cdot16\,^0/_0 \\
\end{array}
$$

Die Erze treten in einer Wechsellagerung von Kalk und Schiefer (V a c e k s paläozoische Quarzphyllite und Chloritschiefer) in mehreren parallelen Lagen von Linsenform in einer maximalen Mächtigkeit von 2 m auf; die Schichten streichen nach 1^h und fallen mit einem Winkel von 40^0 nach 19^h bis 20^h (Abb. 67). In den Vierzigerjahren des vorigen Jahrhunderts wurde nach G ö t h in dem Bertholdi=, Nepomuk=, Barbara=, Antoni= und Ruppertstollen gebaut. H ö r h a g e r empfiehlt, von dem tiefsten Berthodistollen aus eine verquerende Strecke bis auf das wahre Liegende zu treiben, da man dadurch möglicherweise auch die Parallellager treffen würde, die nach der Karte vom Jahre 1788 im bitteren Brand durch alte Baue nachgewiesen wurden. Gleichzeitig sollte aber auch das noch ganz unbekannte Vorkommen gegen S untersucht werden, da Erzspuren in 30 bis 50 m Höhe über dem Bertholdistollen eine Fortsetzung der Erzführung in dieser Richtung erwarten lassen.

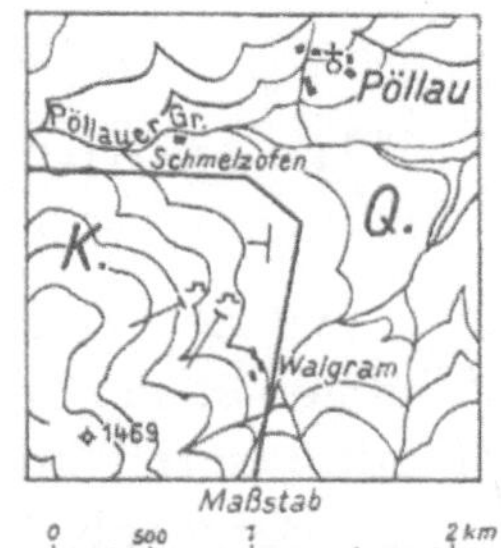

Abb. 67. Die Lage des Eisensteinbergbaues von Pöllau. (Nach M.Vacek.) K = Kalk=Tonphyllit.   Q = Quarzphyllit.

Schürfungen auf Magnetit sind auch nördlich von Pöllau am Nordabhang des L u e g e r k o g e l s (1277 m) betrieben worden, wo man in der Wieser Weide einen Schurfstollen in 1186 m Seehöhe angesteckt hat. Am Feldort dieses 24 m langen, nach 17^h eingetriebenen Stollens steht zersetzter Schiefer an, der unter 20^0 nach NW verflächt und eine 10 cm starke Erzlage birgt.

Literatur: 1. R. C a n a v a l, Bemerkungen über einige kleinere Eisensteinvorkommen der Ostalpen, Mont. Rundschau, Bd. XXII, 1930, Heft 2 u. 3. — 2. G. G ö t h, Das Herzogtum Steiermark, Graz 1843, S. 572. — 3. H ö r h a g e r, Der Eisensteinbergbau Pöllau, Österr. Zeitschr. f. Berg- u. Hüttenw., 1903, S. 337 u. 352.

M e t n i t z i n K ä r n t e n. Im Vellachtal südlich von Metnitz nächst dem Bauernhof Mayerhofer liegt am Westabhang des Kuster (1480 m) der verlassene Eisensteinbergbau Metnitz. Aus dem Freifahrungsprotokoll geht hervor, daß ein stollenmäßiger Einbau ein ungefähr 1·9 m mächtiges Magneteisensteinlager verquert hat, das unter 46^0 nach NW einfällt.

26 55 m tiefer wurde knapp unter der Bergstube (heute Ruine) ein Zu=
baustollen bei 888 m angelegt, welcher ein zweites, 1˙9 m mächtiges Erz=
lager erschloß, das stellenweise durch Quarz und Schwefelkies verun=
reinigt war. Beide Lager werden von grauem kristallinen — mit Glim=
merschiefer? wechsellagernden — und häufig von Quarz durchzogenen
Kalk begleitet. Nach der Literatur läßt es sich nicht entscheiden, ob
Metnitz noch der paläozoischen Scholle von Murau angehört, wie dies
G r a n i g g annimmt, oder ob dieses Vorkommen bereits in die kri=
stallinische Serie von Hüttenberg gehört, was man nach der Beschrei=
bung C a n a v a l s annehmen müßte.

L i t e r a t u r : 1. R. C a n a v a l, Bemerkungen über einige kleinere Eisenstein=
vorkommen der Ostalpen, Mont. Rundschau, Bd. XXII, Heft 2 u. 3. — 2. B. G r a n i g g,
Über die Erzführung der Ostalpen, Leoben 1913, S. 29.

Stangalpe, Turracher Höhe, Paalgraben.

Die geologische Lage der Turracher Lagerstätten.
Von R. S c h w i n n e r, Graz.[1]

An der Grenze zwischen Kärnten und Steiermark, zwischen dem
Flußgebiet der Mur im N, der Gurk im S, der Lieser im W und dem
Fladnitzsattel im O, in jenem Gebirgsgebiet, das am besten nach der
alten Bergstadt Turrach benannt wird, liegt auf altkristalliner Basis eine
geschlossene Decke einer Phyllitserie und auf dieser eine kleinere, ein=
heitliche Scholle von Karbon. Derart entstehen drei Stockwerke, die
durch große Schubflächen scharf getrennt und im Gesteinsbestand und
in der Gesteinstracht, aber auch im inneren Bauplan klar unterschieden
sind (Abb. 68 und 69).

1. Das G r u n d g e b i r g e wird von der verbreitetsten Gesteins=
serie des ostalpinen Altkristallins gebildet, mächtigen Glimmerschiefern,
meist hell und auch granatführend, mit Einlagerungen von Marmor,
Amphibolit und kohligen Gesteinen; im Hangenden der Glimmer=
schiefer Paragneise (mit Meroxen), übergehend in Gneisquarzite und
sogar in ganz reinen Quarzit. Von einer W—O streichenden Auf=
wölbungszone (Krems—Metnitz=Antiklinale) flachen gegen N die

---

[1] Dieser Gebirgsteil wurde zum erstenmal monographisch von V. P i c h l e r 1858,
l. c., S. 185 bis 228, in einer für die damalige Zeit ausgezeichneten Weise behandelt.
Erst in den letzten Jahren hat R. S c h w i n n e r in Graz diese vergessene Gegend
wieder detailliert studiert und uns einen kurzen Auszug der in nächster Zeit er=
scheinenden ausführlichen Arbeit und eine Kartenskizze in dankenswerter Weise zur
Verfügung gestellt. Die Karte ist unter Zusammenziehung einzelner, in der zur Publi=
kation bestimmten Karte detailliert ausgeschiedener Schichtglieder vereinfacht und so
dem Zwecke des vorliegenden Buches angepaßt worden.

Schichten allmählich ab, gegen S sinken sie scharf ab — unter die
Schubmasse II —, welch einfaches Bild besonders in der Krems durch
heftige Schuppung im Detail stark kompliziert wird. Nur in dieser Auf=
wölbungszone finden sich Orthogesteine (Mikroklin=Augengneis und dann

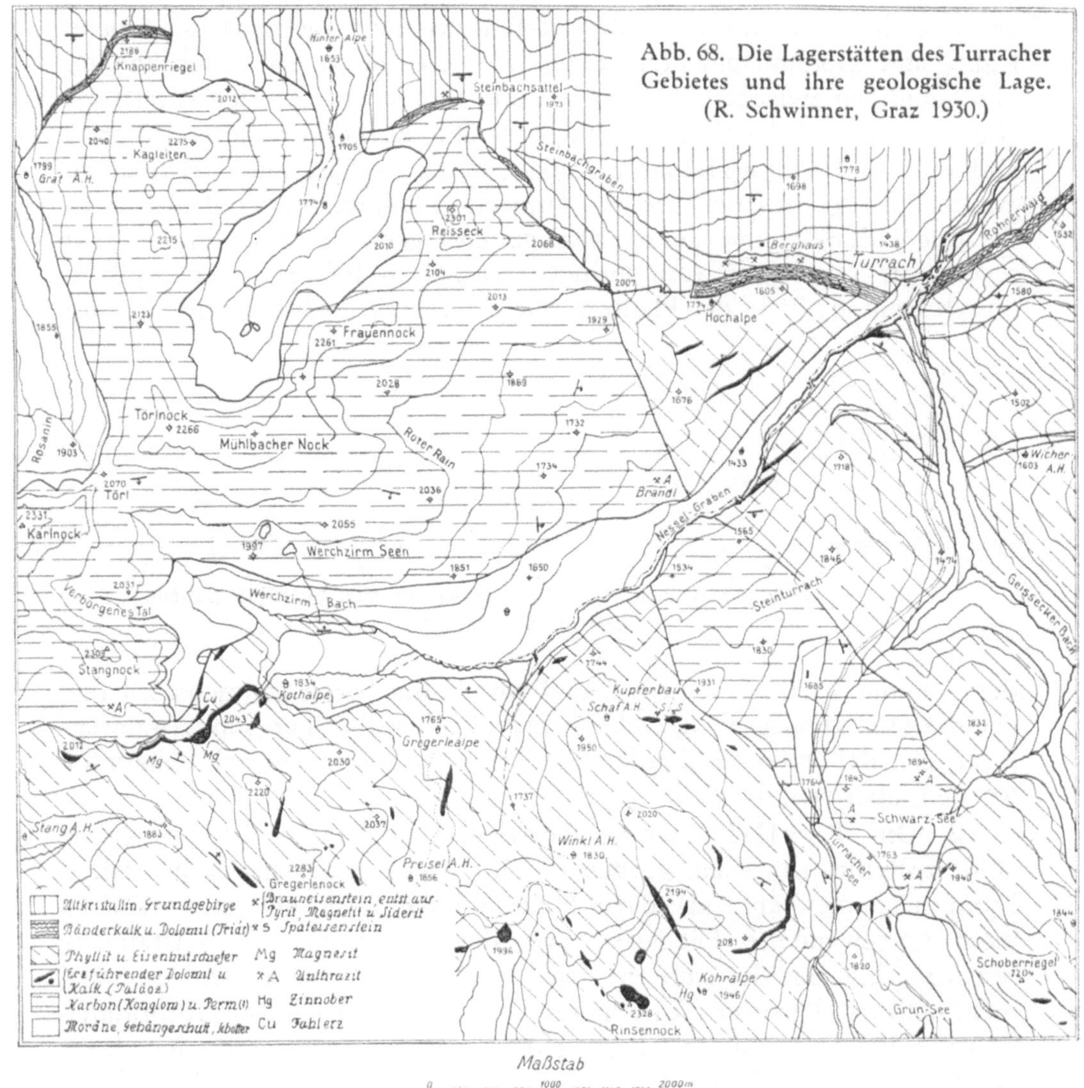

Granitgneis), und diese sind bis in die stratigraphisch höchsten Hori=
zonte emporgedrungen, so daß zwischen Innerkrems und Fladnitz der
Orthogneis oft unmittelbar an die Schubfläche tritt, welche das Grund=
gebirge oben abschneidet, und sonst nur durch geringmächtigen
Hangendgneisquarzit von derselben getrennt ist.

Eisen I.   10

Das zugehörige Deckgebirge war schon primär ziemlich dürftig: im Karbon war hier Abtragungsgebiet (Gerölle der Altkristallinserie im Konglomerat), erst weit im S (Kl. Kirchheim) fand sich ein Fetzchen Karbonkonglomerat transgredierend auf dem Hangendgneis. Wahr= scheinlich ebenso als primär lückenhaft und nicht sehr mächtig trans= gredierende Serie auf der Altkristallinschwelle abgelagert, sind jene Kalk= und Dolomitschichten anzusehen, die heute als Schubschollen und Schuppen zwischen Stockwerk I und II stecken. An der Westfront (Innerkrems—Kl. Kirchheim) sind es weiße, zuckerkörnige („Peitler=") Dolomite und dunkle Dolomite, Kalke, Mergel — diese mit Rhätfossilien. An der Nordfront (Innerkrems—Turrach—Fladnitz) herrscht die „Bän= derserie", dunkle und lichte, körnige und gebänderte Dolomite, fast regelmäßig überlagert von geringer mächtigen lichten Bänderkalken. (Auch Kalkphyllit in der Fladnitz reichlich.) Die „Bänderserie" ist von

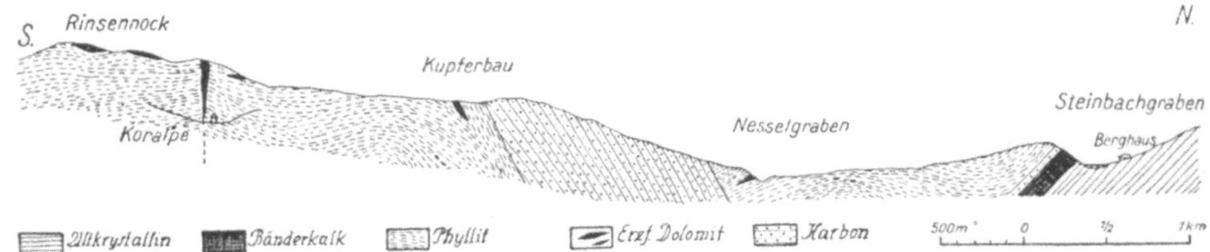

Abb. 69. Geologisches Profil vom Rinsennock bis zum Steinbachgraben.
(R. Schwinner, Graz 1930.)

der sicheren Trias verschieden, und wo sie mit ihr zusammenstößt (an der Ecke im Kremsgraben), geht sie nicht in dieselbe über, sondern unter= lagert sie; daß auch die Bänderserie Trias wäre, ist mehrfach behauptet worden, aber sehr fraglich.

2. Die P h y l l i t d e c k e, überwiegend der typische grüngraue „Quarzphyllit" (mit dem großen Phyllitgebiet des Gurktales in breiter Front zusammenhängend); darin Quarzitbänke, Grünschiefer, vereinzelt nicht umgewandelte Diabase. Von dem stets deutlich kristallinen Serizitphyllit scheidet sich ein ganz feinkörniger, durchbewegter, aber nicht umkristallisierter Tonschiefer von grauer, grünlicher, rotbrauner Farbe („Eisenhutschiefer" P e t e r s), nach Analogien mit den Kar= nischen Alpen vielleicht Kambrium. In die fließenden Falten dieses Schieferkomplexes flach eingeschlichtet finden sich die Lager, Linsen, Blöcke des „erzführenden Dolomites" (selten Kalkes), dessen Namen genommen ist von den in Auftreten, Gestein, Erzführung ganz gleichen Vorkommen der steirischen Grauwackenzone; oft auch sehr ähnlich jenen der „Bänderserie", von der sich der erzführende Dolomit meist durch grellrotgelbes Anwittern unterscheidet. Quer durch diesen zwar

lebhaft gefalteten, aber im ganzen konkordant gleichgeschichteten Bau der Phyllitdecke greifen stellenweise (Rinsen= und Gregerlenock) Dolomitkeile durch, offenbar an großen Verwerfungen eingeklemmt.

3. Die K a r b o n s c h o l l e: wohl 600 bis 700 m, meist graues Quarzkonglomerat (= Verwitterungsrestschotter aus Altkristallin und Phyllit, wie oben unter 1. und 2. beschrieben), stellenweise, besonders an der Basis und im Dach, durch Ausbleiben der groben Gerölle über= gehend in grauen glimmerigen Sandstein; eingelagert schwarze, tonig= sandige Schiefer mit Pflanzenabdrücken und Linsen und wenig an= haltende Lager von Anthrazit. Über einer Erosionsfläche des Karbons liegen noch einige Lappen roter sandiger Schiefer (Werchzirmkessel, Karlnock) im Hangend mit buntem (paläozoische Kalke führendem) Konglomerat — vermutlich Perm.

Ursprünglich diskordant über dem variszisch gefalteten Phyllit des Stockwerks II abgelagert, ist heute die steife Konglomeratplatte von dem nachgiebigen Phyllitsockel durch Differentialbewegungen überall gelöst und wohl auch ein nicht unbeträchtliches Stück im Block verschoben worden; sie ist dabei mehrfach zerbrochen, aber weder gefaltet noch durchbewegt worden, nur ihr Ostrand ist in diese späteren Faltungen einbezogen worden: Entgasung des Anthrazits am Turracher See, Ein= faltungen am Eisenhut=Wintertalernock, die mechanisch verändertem Karbonkonglomerat und =sandstein mindestens sehr ähnlich sehen.

Die E r z v o r k o m m e n d e s T u r r a c h e r G e b i e t e s sind ent= sprechend den tektonischen Stockwerken scharf in zwei Gruppen zu trennen: die Sulfid=Brauneisensteinlager im Dach von I und die Breu= neritlager in II, von welch letzteren noch die Zinnober=Fahlerzspuren abzusondern sind.

A. Die S u l f i d = B r a u n e i s e n s t e i n l a g e r liegen von Inner= krems bis Fladnitz ausschließlich unmittelbar unter der Schubbahn der undurchlässigen Phyllitdecke (II), in der Bänderserie, folgen also auch der Krems—Metnitz=Antiklinale, einer Zone des Grundgebirges, welche (s. o.) durch alte Intrusionen ausgezeichnet ist, die aber auch Anzeichen einer gewissen Aktivität in viel jüngeren Zeiten hat erkennen lassen. Die übliche Vermutung auf mehr oder weniger nahe Abkunft aus irgend= einem Magmakörper kann also hier nicht als ganz unbegründet bezeich= net werden.

B. Die B r e u n e r i t l a g e r d e r P h y l l i t d e c k e. Wenn in dieser mit verblüffender Genauigkeit Gesteinsgesellschaft und Lokaltektonik aus der Grauwackenzone von Obersteier usw. wiederholt wird, ist es nur natürlich, daß darin auch das Äquivalent der eigenartigen Magnesit= Sideritlagerstätten jener Zone wieder erscheint. Tatsächlich zeigen die Vorkommen zwischen Turrach und Kl. Kirchheim den Typus klarer und reiner als irgendwelche andere, mehr besprochene und genauer untersuchte Lagerstätten; hauptsächlich deswegen, weil die Tektonik hier einfacher und großzügiger ist. Die (variszische?) Hauptfaltung des Turracher Phyllitkomplexes und die damit korrelate Verarbeitung der ursprünglich zusammenhängenden Platte des erzführenden Dolomits zu Linsen verschiedener Größe ist älter als die Vererzung.

C. Die Zinnoberlagerstätte der Koralpe gehört mit den hin und wieder auftretenden Kupferkiesen und Fahlerzen der Gruppe B einem jüngeren Sulfidnachschub an. Das Zinnobervorkommen liegt auf der durch den großen Dolomitkeil des Rinsennock=Nordgrates gekenn= zeichneten Verwerfung. Das Erz selbst sitzt in den durch die Erz= lösungen gebleichten Schiefern, aber auch in den untersten Ausläufern des Dolomitkeiles (siehe Profil, Abb. 69). Ein Erzbringer ist an Ort und Stelle nicht nachzuweisen. Es fand sich jedoch weiter im S — von wo ja die Phyllitdecke hervorgeschoben ist — unter Sirnitz ein Porphyritdurch= bruch von dem Typus, der von Lienz nördlich der Drau durch ganz Kärnten streicht und in dessen Nähe eine Reihe von Quecksilber=, Arsen= sulfid= usw. Lagerstätten liegen.

Literatur: 1. R. S c h w i n n e r, Sitz.=Ber. d. Akad. d. Wiss. in Wien, math.= nat. Kl., Abt. I, Bd. 136, S. 354, 1927. — 2. A. T h u r n e r, Mitteil. d. Nat. Vereins f. Steiermark, Bd. 63, S. 26 bis 44, 1927. — 3. R. S c h w i n n e r, Geol. Rundschau, XIV, S. 49/50, 1923. — 4. F. H e r i t s c h, Centralbl. f. Min., 1923, S. 687/88, und Mitteil. d. Nat. Vereins f. Steiermark, Bd. 60, S. 12 ff., 1924.

Innerkrems.

In der Nordwestecke der Turracher Scholle liegen die Eisenstein= bergbaue der Innerkrems. Man gelangt zu ihnen durch das Kremsbach= tal von Kremsbrücke im Liesertal aus und erreicht von dort nach zirka 15 km das alte Knappendorf Innerkrems.

Die geologischen Verhältnisse der Erzgegend wurden von T h u r= n e r ausführlich beschrieben und in einer Karte festgehalten (Abb. 70). Über einer altkristallinen Unterlage von verschiedenen Glimmer= schiefern und Gneisen folgt eine Sedimentserie, beginnend mit dem erz= führenden Dolomit, der nach oben zu in Kalk und Kalkphyllit übergeht. Die darauf ruhende jüngere Serie besteht aus Dolomit (Peitlerdolomit) und den von H o l d h a u s als Rhät erkannten Kalken der Eisentalhöhe, südlich des Grünleitennocks. Das jüngste Glied besteht aus karbonen Konglomeraten und Sandsteinen. Diese Gesteine setzen die Kuppen des Saureggnocks, der Mattehanshöhe und das Trum, welches an dem von SW nach NO streichenden Verwerfer an der Lehne des Grünleitennocks abgesunken ist und bis in das Kremsbachtal zieht, zusammen.

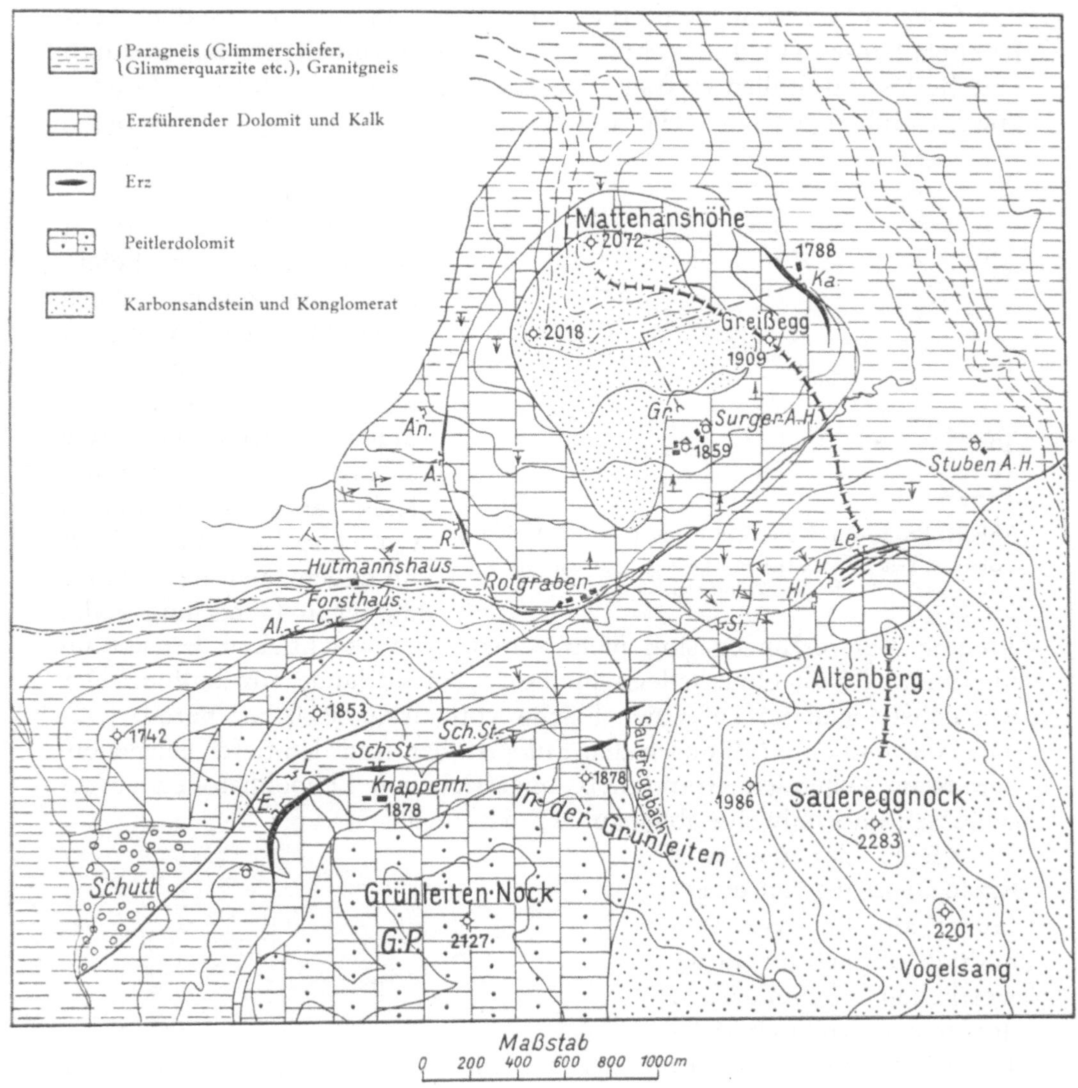

Abb. 70. Geologische Karte der Innerkrems mit dem Erzzug. (Unter Zugrundelegung der geologischen Aufnahme von A. Thurner, Graz.)

E = Eulogistollen.   L = Leopoldistollen.   Sch = Schurfstollen.   Si = Siegmundstollen.   Hi = Hieronymusstollen. H = Hutmannstollen.   Le = Leopoldi-II-Stollen.   Al = Aloisiastollen.   C = Konstantinstollen.   R = Rudolfstollen. A = Andreas-I-Stollen.   An = Andreas-II-Stollen.   Gr = Greißeneggstollen.   Ka = Kammelstollen im Schönfeld.

Die Erzmasse — Siderit, Magnetit, Pyrit sowie deren Zersetzungsprodukte Limonit und Eisenglanz — ist teils an der Grenze der altkristallinen Schiefer und des erzführenden Dolomits gelegen, teils finden sich einzelne Lagen im Dolomit selbst. Im allgemeinen folgt das Erz dem Streichen und Fallen der Schichten.

G r ü n l e i t e n. Unterhalb des Grünleitennocks, südlich des Knappenhauses (1878 m Seehöhe) wurde das Grünleitener Lager durch eine Reihe von Stollen verfolgt. Das Liegende der Lagerstätte ist Granit= gneis, es bildet ein nur stellenweise stark buckeliges, gekrümmtes Blatt;

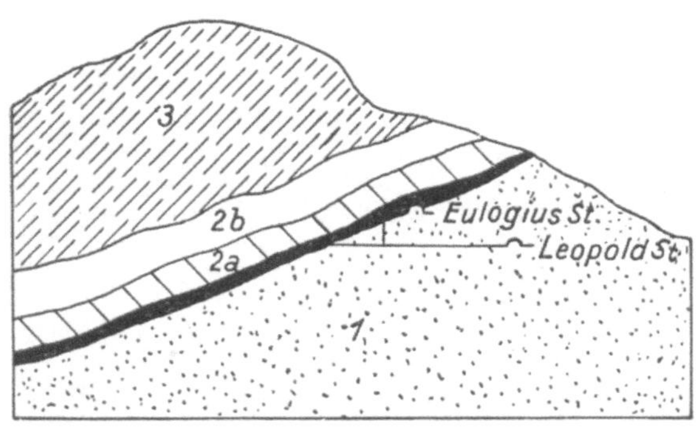

Abb. 71. Profil durch die Grünleiten. (Nach R. Pichler.)
1 Gneis. 2 Erzlager. 2a Dolomitischer Kalk. 2b Kalk und Kalk=
phyllit. 3 Peitlerdolomit.

der Kalk im Hangenden ist stark gefurcht und karren= artig ausgewaschen, oft mit einem glänzenden Lehm= blatt überzogen. Auch führt das Lager hie und da an der Hangendgrenze ganz isolierte linsenförmige Kalk= mugeln, gegen die Tiefe schaltet sich ein brauner Kalk als Zwischenmittel ein. Die Lagerstätte folgt im allgemeinen der Grenze zwischen Gneis und Kalk.

Jüngere Verwerfungen sind nicht selten. Die Mächtigkeit beträgt im Maximum 5'5 m, ohne jedoch in dieser Stärke lange anzuhalten. Der westlichste Teil ist auf einer Fläche von zirka 60.000 m² bereits ver= haut, der östliche Teil durch den Eulogistollen und den tiefer gelegenen, bereits im liegenden Granitgneis eingetriebenen Leopoldistollen aufge= schlossen und teilweise abgebaut worden (Abb. 71).

Kleine, unbedeutende Erzausbisse liegen in einem (außerhalb der zur Ab= bildung gebrachten Karte) westlichen Seitengraben des Heiligenbaches in zirka 1700 m Seehöhe an der Lehne des Ostkammes der Schulter (Abb. 72).

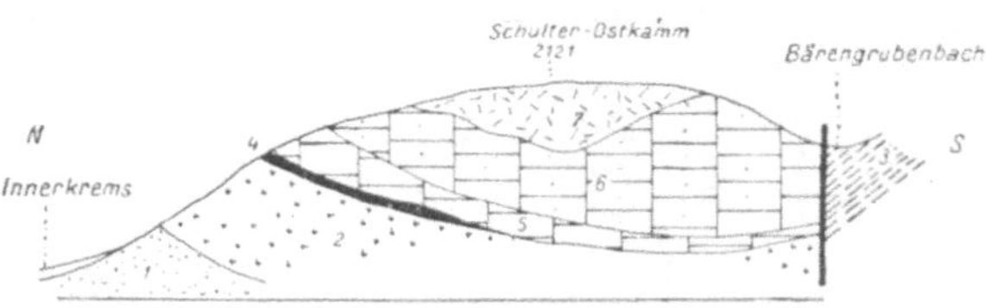

Abb. 72. Profil über den Schulter=Ostkamm. (Nach A. Thurner.)

1 Paragneis, von Diaphtorit durchzogen. 2 Granitgneis. 3 Hellglimmer=
schiefer. 4 Erzführender Dolomit. 5 Bänderkalk und Kalkphyllit.
6 Peitlerdolomit. 7 Mylonit.

A l t e n b e r g. Die streichende Fortsetzung von Grünleiten gegen O ist in kleinen Erzniederlagen zu sehen, die so= wohl an der Grenze vom Gneis zum Kalk auftreten, als auch im Kalk selbst aufsetzen und mehrfach beschürft wurden.

Erst südlich des Altenberges sehen wir eine große bauwürdige Erz= konzentration. Die Lagerstätten daselbst setzen im Kalk, bzw. Dolomit auf. S e n i t z a beschreibt sie folgendermaßen: Das Einfallen der Schich= ten ist nach 10ʰ gerichtet, mehr oder weniger flach, im Mittel 26° bis 30°.

Durch den Rabenstollen, der der tiefste ist, gelangt man vom Liegend durch Gneis an den Kalk, in welchem fünf durch dolomitischen Kalk ge=
trennte Eisensteinlager aufsetzen. Nur drei wurden in Abbau genom=
men, das Hangendste ist das mächtigste (Abb. 73). Das zweite bau=
würdige Lager ist vom ersten 38 m und das dritte vom zweiten etwa 76 m söhlig entfernt. Der im Hangenden auftretende Kalk wurde noch nirgends untersucht. Nach den großen Zechen zu urteilen, mag die größte Mächtigkeit der Lagerstätten 7 m betragen haben. Auch hier deuten die vielen unverwitterten Schwefelkiese an, daß die Brauneisensteine zum grö=
ßeren Teil aus der Verwitte=
rung der Schwefelkiese, zum geringeren Teil aus Spat=
eisenstein und Magnetit hervorgegangen sind. Ziem=
lich häufig hat man es hier

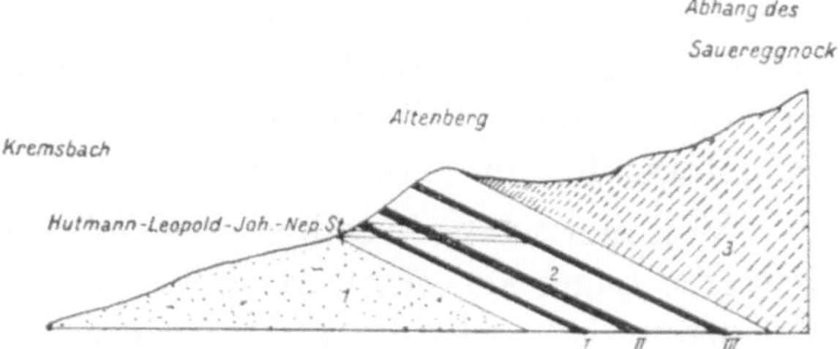

Abb. 73. Profil durch die drei Eisenerzlagerstätten I—III am Altenberg.

1 Gneis.   2 Dolomitischer Kalk mit den drei Eisenerzlager=
stätten I, II, III.   3 Konglomerat und Sandstein.

mit Verwerfungen zu tun, wovon besonders eine, bei welcher das Gegen=
trum um 22 m horizontal verschoben erscheint, bemerkenswert ist.

Die Erze haben folgende Zusammensetzung:

	Spateisenstein		Weißerz	Braunerz
Fe_2O_3 . .	53·71 }	= 42·20 % Fe		
FeO . .	5·91 }			
Fe_2O_3 . .			68·01 = 47·61 % Fe	66·27 = 46·39 % Fe
MnO . .	3·55 = 2·75 % Mn			
Mn_2O_3 .			3·76 = 2·38 % Mn	4·89 = 3·49 % Mn
CaO . .	3·14		4·25	2·90
MgO . .	8·66		14·13	7·86
S	0·18		0·06	0·16
P	0·01		0·01	0·013
SiO_2 . .	10·00		1·39	6·04
Al_2O_3 . .	2·69		3·25	3·65
Glühv. .	12·04		5·15	8·23
	99·89		100·01	100·013

Östlich von Altenberg, bereits auf Salzburger Boden, 400 bis 600 m ent=
fernt, in ziemlich gleicher Höhe, ist ein der Lungauer Gewerkschaft ge=
höriger Bau, der dasselbe Lager abgebaut hat. Die Erze sind noch schwefelkiesreicher als bei den schon besprochenen Vorkommen.

Am westlichen Gebirgsabhang von Altenberg 110 bis 130 m tiefer wurden in der Silberstuben die gleichen Erze wie am Altenberg ab=
gebaut.

Spitalalpe. In dem verworfenen Trum unter der Grünleiten, 100 bis 120 m tiefer, an der sogenannten Spitalsalpe befinden sich neben mehreren Ausbissen zwei Stollen auf ein Erzlager.

Der eine von ihnen ist der Konstantinstollen, welcher unter einem mächtigen Ausbiß angesteckt ist. Die Lagerstätte streicht nach 6^h und fällt mit $30°$ bis $35°$ nach 12^h. Das Liegende ist Gneis, auf welchem Kalk liegt, dann folgen die Erze, als Hangendes derselben sehen wir schwarzen Tonschiefer, auf welchen wieder Kalk folgt. Die durch≈ schnittliche Mächtigkeit beträgt 5˙5 bis 7˙5 m. Das Erz besteht aus grauem Spateisenstein mit eingesprengtem Magnetit; es ist häufig von Schieferschichten durchzogen.

Von hier weiter westlich in gleicher Höhe ist wieder ein Schurf auf dasselbe Lager angesetzt, die Schichten sind aber derartig durcheinander geworfen, daß er bald verlassen wurde und noch weiter westlich, 250 m vom Konstantinstollen entfernt, der Aloisiastollen angeschlagen wurde. Er ist etwas schief zum Streichen nach 7^h getrieben und traf nach Durch≈ örterung des Erzes denselben Hangendschiefer wie der Konstantin≈ stollen, der hier nach 12^h mit $55°$ einfällt. Die unverwitterten Spat≈ eisensteine sind sehr kiesig.

Rothofenwand. Im Kremsbachgraben, am linksseitigen Bach≈ ufer, sind zwei kleine Tagbaue gelegen. Es ist die Rothofenwand, die neben Spateisenstein Bleiglanz führt, und der kleine, talabwärts gelegene Aufschluß.

Mattehanshöhe. Am jenseitigen Ufer des Kremsbaches ist nach Thurner eine paläozoische Kalkscholle auf die Gneise aufge≈ schoben. An ihren Rändern, mit Gneis als Liegendem, Dolomit als Hangendem, beißt an einzelnen Stellen das Erzgemisch Siderit≈Magnetit≈ Pyrit, natürlich in der Zersetzungsform, als Limonit aus. Im W wurde das Erz außer in einem kleinen Tagbau durch mehrere Stollen (Andreas und Rudolf) erschürft, ohne daß es zu einem wesentlichen Abbau kam. Im O dagegen hat die Lungauer Gewerkschaft für die damalige Zeit ansehnliche Erzmengen entnommen. Vor allem geschah dies durch den Kammelstollen im Schönfeld. Er ist schief durch das Liegende nach 16^h, später nach 18^h getrieben. Mit einem Querschlag wurde der Kalk angefahren, in welchem die Erze in lagerartigen Mitteln aufsetzen, die sich bald erweitern, bald wieder zuspitzen, aber auch durch taube Mittel sich trennen. Nur in den tieferen Horizonten wurde das magneteisen≈ steinreiche Erz auch an der Grenze von Gneis und Kalk gefunden. Die Lagerstätte liegt fast söhlig, nur an einzelnen Stellen ist die Neigung $23°$ bis $30°$. Von den vier bis sechs Erzmittel lieferte das hangendste die meisten Erze.

Südwestlich von diesem Bau befanden sich noch zwei alte Stollen, der Winkelmahd= und der Greißenegg= oder Amaliastollen. Beide sind durch den hangenden Kalk hereingetrieben und mit den Bauen des Kammelstollens durchschlägig.

Literatur: 1. A. Thurner, Geologie der Berge um Innerkrems bei Gmünd in Kärnten, Mitteil. d. Nat. Vereins f. Steiermark, Bd. 63, Graz 1927, S. 26. — 2. A. Thurner, Versuch einer Gliederung der kristallinen Paraschiefer an der Hand der kristallinen Gesteine von Innerkrems bei Gmünd in Kärnten, Centralbl. f. Min., Abt. A, J. 1929, S. 151. — 3. K. Holdhaus, Über den geol. Bau des Königsstuhles in Kärnten, Mitteil. d. Geol. Ges., 1921, S. 85. — 4. J. Senitza, Bericht über den bei der diesjährigen Exkursion bereisten Eisensteinlagerzug, Tunners berg- u. hüttenm. Jahrbuch, 1843. — 5. K. Peters, Bericht über die geol. Aufnahmen in Kärnten, Jahrb. d. Geol. Reichsanst., 1854, S. 508.

Turrach.

Der erzführende Dolomit, auf dem kristallinen Grundgebirge liegend, läßt sich gegen O in Form von kleineren und größeren Linsen,

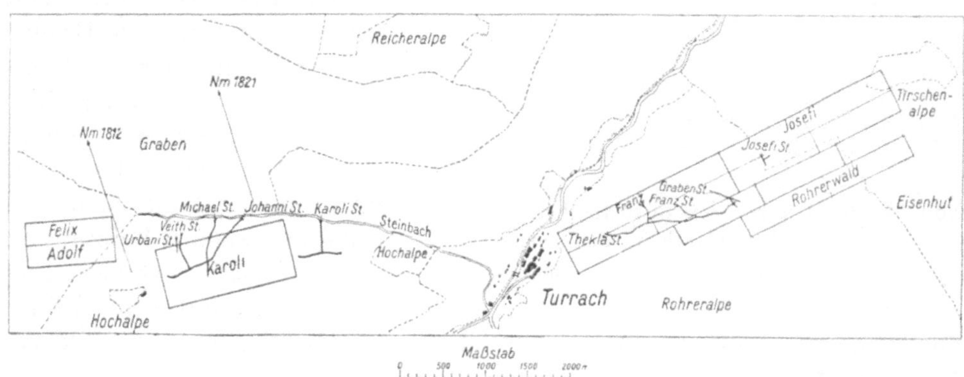

Abb. 74. Die Eisensteinbergbaue bei Turrach.

bzw. abgerundeten Lagerstöcken nördlich der Höhe 2168 m des Ochsen= riegels über die Hinteralpe bis zum Steinbachsattel ver= folgen (siehe Schwinners geologische Karte, Abb. 66).

Steinbach. Jenseits des Steinbachsattels finden wir die weitere Fortsetzung im Steinbachtal selbst (Abb. 74) (Grubenmaß Felix= Adolf und Karoli). Im Karolifeld liegt die schönste und mächtigste Lagerstätte des Turracher Reviers. Pichler berichtet über dieselbe: Innerhalb eines Dolomitkalkstreifens setzen vier lagerartige Eisenstein= massen auf (Abb. 75, 5a bis 5d). Dieselben bestehen aus Limonit, tonigem Brauneisenstein, einem dichten, feinkörnigen Spateisenstein (Flinz, Weißerz) von weißer oder blaugrauer Farbe, Schwefelkies, Magneteisenstein; als seltenes Mineral wird Bleiglanz und Gelbbleierz

erwähnt. Das Roherz hatte einen Durchschnittsgehalt von 50% Fe.
Während die tieferen Einbaue (Karoli, Johanni, Michaeli) zunächst in
Phyllit getrieben wurden und die Lagermasse erst tiefer nach Durch‑
örterung eines wenige Klafter starken Liegendkalkblattes erreichten, ist
im Veitstollen, der um 170 m gegen W und um 38 m höher als der
Michaelistollen liegt, weder Tonschiefer noch Kalk, sondern durchaus
Gneis als Liegendes zu beleuchten. Die gleichen Verhältnisse findet
man in den höheren Urbani‑, Gaissteig‑ und Schurfstollen. Das
Hangende des vierten Lagers, der Kalk, wurde des öfteren verquerend
durchörtert, ohne auf Erze zu treffen. Über den Kalken folgt Phyllit.

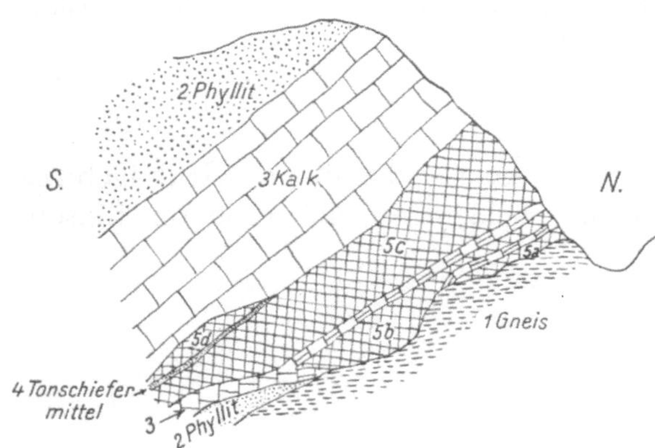

Abb. 75. Profil durch den Eisensteinbergbau Stein‑
bachgraben. (Nach V. Pichler.)

5 a—5 d Eisenerz, getrennt durch Kalk. 4 Ein Tonschiefermittel.

Das Streichen des ganzen
Schichtpaketes und der Erz‑
lager ist 6^h bis 7^h, das Ver‑
flächen 12^h bis 13^h mit einem
Winkel von 30° bis 35°. Das
liegendste Lager erreichte
selten eine Mächtigkeit von
4 m und bestand aus Braun‑
eisenstein minderer Quali‑
tät. Das zweite oder Lie‑
gend‑Lehmerzlager zeigte
eine Maximalstärke von
5˙5 m und ist aus schönen,
schaligdrusigen Lehmerzen
(52% Eisen), stellenweise
mit abgerundeten Flinz‑
knauern, zusammengesetzt. Nach einem 60 bis 90 cm starken Kalk‑
mittel folgt das Haupterzlager, das stellenweise eine Mächtigkeit von
30 m zeigte. Es ist im Streichen auf 350 m, im Verflächen auf 138 m saiger
abbauwürdig aufgeschlossen worden. Im Niedersetzen verschmälerte es
sich allmählich, der tiefste Einbau (Karolistollen) traf nur unreinen Ocker
und sandige Zersetzungsprodukte an. Das vierte oder Hangend‑Lehm‑
erzlager ist sehr absätzig; es findet sich auffallenderweise nur dann, wenn
das Liegend‑Lehmerzlager, mit dem es in der Erzführung übereinstimmt,
nicht vorhanden ist. Es ist vom Hauptlager durch ein zirka 1 m starkes
aufgelöstes Tonschiefermittel getrennt.

In der Sohle des Turracher Grabens ist der Lagerzug durch eine
zu Letten und Sand aufgelöste eisenschüssige Masse vertreten.

R o h r e r g r a b e n. Erst auf der Rohreralpe tut sich die Lager‑
stätte wieder auf. Man hat es jedoch nur mit schmalen, höchstens 1 m
mächtigen Mitteln zu tun, welche teilweise aus Brauneisenstein, teilweise
aus Eisenkies bestanden, während Siderit und Magnetit hier zurück‑

trat. Das Liegende der Eisenerzlagerstätte ist Gneis, ein kalkiges Zwischenmittel teilt sie in eine tiefere erzreiche und in eine höhere erz=ärmere, nicht bauwürdige Partie.

Wildanger, Türschenalpe. Auf der Türschenalpe und am Wildanger treffen wir kleinere Erzmengen.

Sumperalpe. Der südöstlichste Punkt dieses Zuges ist der Bergbau auf der Sumperalpe, nächst dem Orte Stadel am Oberlauf des Paalgrabens (Flattnitzbach) an der Südlehne des Wurmsteins in einer Höhe von zirka 1315 m gelegen. In einer Kalkscholle wurde eine limoniti=sierte Sideritlinse abgebaut. Diese streicht von O nach W in einer Aus=dehnung von 57 m, bei einer Mächtigkeit von 3·7 m.

Im Kalk des Flattnitztales wurde übrigens zur Zeit der Herzogin Hemma auch auf Blei gebaut. Es liegen kleine Gangtrümmer von Blei=glanz, Zinkblende, Schwefelkupferkies und Fahlerz (P i c h l e r erwähnt auch Kobalterz) in einem kalkigen Mittel.

Literatur: 1. V. P i c h l e r. Die Umgebung von Turrach in Obersteiermark, Jahrb. d. Geol. Reichsanst., 1858, Bd. 9, S. 185. — 2. K. P e t e r s, Bericht über die geol. Aufnahme in Kärnten, Jahrb. d. Geol. Reichsanst., 1854, Bd. 5, S. 508. — 3. W. A. H u m p h r e y, Über einige Erzlagerstätten in der Umgebung der Stangalpe, Jahrb. d. Geol. Reichsanst., 1905, Bd. 55, S. 349.

Kothalpe—Kupferbau—Schoberriegel.

Wie bereits erwähnt, enthält die obere Schiefergruppe (vgl. Phyllit=decke, R. S c h w i n n e r, S. 144) gleichfalls Dolomitlager. Diese sind in einzelne Schollen und Linsen aufgelöst und stecken keilartig in den Schiefern (Phyllit, Chloritschiefer).

Besonders auffallend sind die beiden Dolomitkörper westlich des Turracher Sees (Analyse I bis III), welche im Liegenden von Chlorit=schiefern, im Hangenden von Phylliten begleitet werden. Kleinere Dolomitpartien finden sich zwischen der Turracher Alpe und dem Rinsennock, ferner im obersten Teil des Winkelgrabens (Westlehne), auf halbem Wege zwischen der Gregerle= und Preiselalm (Analyse IV bis VI) usw. Die meisten dieser Dolomite sind von einem Netz=werk schwacher Ankeritgänge durchsetzt.

	I	II	III	IV*	V	VI
FeO	3·21	2·38	2·80	4·13	1·70	5·54
MnO	0·21	0·18	n. b.	0·29	0·10	0·30
CaO	30·08	29·40	28·86	29·40	28·57	29·10
MgO	19·45	19·10	18·59	18·82	18·64	18·56
CO_2	46·34	45·50	44·61	46·04	43·67	45·65
SiO_2	0·15	1·36	n. b.	0·78	4·47	0·13
Unlösl. Rückst.	0·45	2·40	6·15	1·05	6·68	0·50
	99·89	100·32	101·01	100·51	103·73	99·78

* Analyse von K. v. H a u e r, CO_2 aus Karbonat berechnet, in V. P i c h l e r, l. c.

Im Gegensatz zu den erwähnten Dolomitlinsen führen zwei Dolomitkörper zwischen dem Stangnock und der Kothalpe parallele Gänge eines eisenreichen Magnesits (Breunerit, Analyse VII), welche, ähnlich wie die Magnesite der Veitsch, über die Ganggrenzen hinaus metasomatisch in den Dolomit hineingewachsen. Sie setzen von der Kammhöhe 30 bis 40 m tief in den Dolomit nieder und endigen schließ= lich in kleinen Gangzoten. Dolomit und Magnesit werden, wie in der Veitsch, u. a. O., von jungen Quarz=Fahlerzgängen durchsetzt.

Magnesit (Breunerit) Kothalpe VII		Fahlerz* Kothalpe VIII	
FeO	7·74	S	20·28
MnO	Spur	Cu	30·76
CaO	2·14	Sb	21·68
MgO	38·22	Zn	1·66
CO_2	48·07	Ag	0·49
SiO_2	3·54	Fe	5·11
Al_2O_3	0·29	Gangart	20·02
	100·00		100·00

* Analytiker R. S c h ö f f e l in Leoben.

Auf dem Wege vom Seewirt am Turracher See zur Schafalpe trifft man in kleinen Wasserrissen bereits 10 bis 15 cm starke rohwand= führende Dolomitstreifen im Phyllit. Weiterhin gelangt man in der Nähe des Kammes zu zwei Dolomit=Rohwand=Sideritlinsen (Breunerit). Jenseits des Kammes, näher der Schafalpe, liegt eine dritte Masse von ähnlicher Zusammensetzung, die größtenteils abgebaut ist. Die Dolomit= Erzkörper sind als isolierte Schollen im Phyllit eingeknetet, wie dies namentlich an dem abgebauten Vorkommen zu sehen ist. Sie bestehen aus einer lichtgrauen feinkörnigen Dolomitmasse (Analyse IX), in der Gänge von grobkörnigem Siderit (Analyse XI bis XII) und Ankerit auf= setzen, welche ohne scharfe Grenzen in das dolomitische Nebengestein übergehen. Es finden sich auch unregelmäßig begrenzte Nester von einem dem Dolomit äußerst ähnlichen Breunerit (Analyse X)

	Dolomit IX Oberer Kupferbau	dichter Siderit X Oberer Kupferbau	Siderit XI Kupferbau	Siderit XII Unterer Kupferbau
FeO	2·68	25·03	38·14	40·55
MnO	0·19	0·82	1·20	1·46
CaO	29·95	1·92	1·47	2·40
MgO	19·60	19·74	15·12	11·47
CO_2	44·80	38·36	40·10	39·80
SiO_2	2·13	12·95	2·90	2·80
Unlösl. Rückst.	2·50	13·48	2·22	3·06
	99 85	101·30	101·15	101·54

Auch hier durchadern jüngere Dolomit=, Ankerit= und Quarzgänge mit Kupferkies und Fahlerz die Lagerstätte. Dieselben Kupfererze wur=

den nach Angaben von V. P i c h l e r seinerzeit auch in den umhüllen≈ den Schiefern gefunden, wovon der Sideritbau den Namen Kupferbau erhielt (Abb. 66).

Auch Zinnobergänge setzen, wie dies schon von R. S c h w i n n e r hervorgehoben wurde (S. 146), in der tieferen Schiefergruppe und in den benachbarten Dolomiten der Koralpe (Abb. 66) auf. Alle diese Sulfide treffen wir auch im Siderit der nördlichen Grauwackenzone. Kupferkies und Fahlerze, seltener andere Sulfide, wie Antimonit usw., sind dort fast ständige Begleiter der Sideritlagerstätten; auch Zinnober fehlt nicht, denn wir treffen ihn sowohl in den ausgebleichten Phylliten der Krumpenalpe (Liegendes des steirischen Erzberges) als auch im Erz≈ körper des steirischen Erzberges selbst (Spaniolit).

Ähnliche Eisenerzlagerstätten finden sich auf dem Schoberriegel, östlich des Turracher Sees.

Die Siderite und Magnesite haben, wie in der Grauwackenzone der Ostalpen, die gleiche Entstehung. Es sind längs Spalten abgesetzte Lösungen, die den Kalk metasomatisch verdrängt haben. Hier wie dort durchsetzen jüngere Sulfidgänge den Erzkörper.

Während aber in der Grauwackenzone die Lagerstätten der Siderite und die der grobkristallinen Magnesite (Breunerite) an zwei räumlich getrennte Züge gebunden sind und Übergänge fehlen, sehen wir, auf der Kothalpe einerseits, dem Kupferbau andererseits, die Bindeglieder zwischen beiden Typen an einem Ort vereinigt.

L i t e r a t u r : 1. V. P i c h l e r, Die Umgebung von Turrach, l. c., S. 219. — 2. J. H ö r h a g e r, Über die Bildung alpiner Magnesitlagerstätten und deren Zu- sammenhang mit Eisensteinlagern, Österr. Zeitschr. f. Berg- u. Hüttenw., 1911, Nr. 16. — 3. K. A. R e d l i c h, Der Karbonzug der Veitsch, Zeitschr. f. prakt. Geol., 1913, S. 96, Fig. 5. — 4. K. A. R e d l i c h, Die Bildung des Magnesits und sein natürliches Vorkommen, Fortschritte d. Mineralogie, Kristallographie u. Petrographie, Bd. 4, 1914, S. 9.

Radenthein, östlich des Millstättersees.

Im Süden des Turracher Paläozoikums wurde nördlich von Raden≈ thein in der zweiten Hälfte des 18. Jahrhunderts auf im allgemeinen arme Eisenerze gebaut und das Schmelzwerk Radenthein gegründet.

Der wichtigste Bergbau dieses Werkes ging am B o c k s a t t e l, zwi≈ schen dem Pfannock und dem Rosennock, in einer Seehöhe von 2000 m um.

Ein roter Sandstein (Perm?) birgt hier rote Tonschiefer, in welchen der Eisengehalt stellenweise derart zunimmt, daß das Gestein schließlich als Roteisenstein angesprochen werden kann. Mit dem höheren Eisen≈ gehalt tritt die Schieferung zurück. Die oft mächtigen Erzkonzentra≈

tionen bilden ziemlich unregelmäßige Linsen. Das Schmelzausbringen an Eisen betrug bei den Bockerzen 30 bis 36%. Die Erze sollen einen Gehalt an Chrom und Molybdän enthalten.

Sekundäre Eisenglanzbildungen sind innerhalb des Erzes häufig.

Außer den Roteisenerzen am Bocksattel wurden in Radenthein Spat= eisensteine (22% Eisenausbringen) von der S a u r e g g e r a l m nächst dem Turracher See (siehe S. 143), ferner Spateisensteine von der W e l i t z e n (in der Karte 1:75.000 M e l i t z e n genannt) westlich des Pfannocks (23% Eisenausbringen), paläozoische Breuneritmagnesite mit 10% Eisen von St. O s w a l d nordöstlich von Radenthein, Spat= eisensteine vom Z ö d l i m K a n n i n g g r a b e n unmittelbar bei Raden= thein (26% Eisenausbringen) und ockerig verwitterte Rohwände von W e i t e n t a l (26% Eisenausbringen) verwendet.

Überdies gewann man bei L a u f e n b e r g, westlich von Raden= thein, von Ankerit begleitete Magnetite, welche im altkristallinen Kalk aufsetzen und von Hornblendeschiefern unterteuft werden.

Auch am W u l l i b ü c h e l b e i G u m m e r n (S. 20), westlich von Villach, wurden für die Radentheiner Hütte Magnetite, welche gang= förmig mit Quarz im Glimmerschiefer aufsetzen, gewonnen.

L i t e r a t u r : 1. R. C a n a v a l, Bemerkungen über einige kleinere Eisenstein-vorkommen der Ostalpen, Mont. Rundschau, Bd. XXII, 1930, Heft 2 u. 3, S. 59.

Paalgraben.

Nördlich von Turrach sind, ähnlich wie bei der Turracher Scholle, paläozoische Gesteine auf einer altkristallinen Basis aufgelagert. Dieser Gesteinskomplex erreicht jedoch nicht die räumliche Ausdehnung des Turracher Vorkommens. Die höchsten Erhebungen daselbst sind der Kirbischberg (2142 m) und der Goldachnock (2125 m). Die Manu= skriptkarte G. G e y e r s der Geologischen Reichsanstalt in Wien 1890/91 verzeichnet an dieser Stelle Kalke verschiedenen Alters, darüber Tonschiefer, Konglomerate und Sandsteine des Karbons.

An der Westlehne des Paalgrabens, südlich und nördlich des Gipfels des Hansennocks (1625 m) werden Eisensteinvorkommen an= gegeben, welche M i l l e r = H a u e n f e l s folgendermaßen beschreibt: Es sind daselbst drei Lagerzüge aufgeschlossen, welche von einem dem Steinbacher Vorkommen (S. 151) petrographisch ganz ähnlichen dolomi= tischen Kalk eingeschlossen werden. Das Hangende bilden quarzige Schiefer und Konglomerate. Das liegendste Lager wurde auf zirka 330 m verfolgt, wovon jedoch nur 150 m abbauwürdig erscheinen. Die Erze zeigen sich bis 4 m mächtig stellenweise noch mehr, und sind dem Ver= flächen nach auf 34 m nachgewiesen.

In den beiden hangenderen Zügen sind die Erze weit absätziger.

Literatur: 1. A. v. Miller-Hauenfels, Die steiermärkischen Bergbaue als Grundlage des prov. Wohlstandes, Wien 1859, S. 38.

Das paläozoische Hügelland um Klagenfurt.

Die Umgebung von Klagenfurt wird von einem Hügelland gebildet, das in erster Linie aus paläozoischen Schichten zusammengesetzt ist. Die Südgrenze bildet das Drautal von Villach bis Unter=Drauburg und über das Drautal hinaus die Berge von Bleiburg=Prävali=Windischgraz. Drei= eckartig reicht das Paläozoikum im N bis Althofen im Gurktal. Das Gebiet wird von der Drau und ihren Nebenflüssen Glan, Gurk, Lavant entwässert.

Das Paläozoikum besteht aus Quarzphylliten, Tonphylliten, Chlorit= schiefern, Diabasen und deren Tuffen und Kalken. Außer Silur und Devon dürfte auch das Karbon vertreten sein. Heritsch spricht „von einer förmlichen südlichen Grauwackenzone". Auf dem Paläo= zoikum lagern die zwei jüngeren inselförmigen Schollen des Krappfeldes (Trias, Kreide, Eozän) und des Lavanttales (Trias, Kreide). Jung= tertiäre, vor allem aber diluviale Ablagerungen haben eine große Ver= breitung; sie erfüllen die Täler zwischen den älteren Hügeln.

Im Paläozoikum treten mehrere Eisenerzlagerstätten auf.

Sonntagsberg bei St. Veit a. d. Glan. Nordwestlich von St. Veit a. d. Glan, in einer Entfernung von 8 km Luftlinie, liegt der 1191 m hohe Sonntagsberg. In geologischer Beziehung gehören seine Schichten dem älteren Paläozoikum an. Die Gesteine, welche ihn zusammensetzen, sind äußerst einförmig. Es dominieren Phyllite, in welche einzelne Kalkbänke eingefaltet sind; nur ganz untergeordnet nehmen die Phyllite Chlorit auf, so daß man lokal von Chloritschiefern sprechen kann. Die Gesteine sind flach gelagert.

In diesem Schichtkomplex schalten sich an der Südlehne des Sonntagsberges zwischen 1100 und 1130 m mehrere Magnetitlinsen ein. Ähnliche Vorkommen finden sich nach Lesestücken beim Jagdhaus Lemisch, ferner in dem Graben, der vom Frauensteiner Wald gegen das Schloß Gieselhof führt, schließlich nach Ausbissen zwischen den Ge= höften zu Zwain und Zwien.

Ein auf Grund geophysikalischer Messungen angegebener Punkt beim Spinatschnig=Kreuz erwies sich trotz der Untersuchung mittels eines 20 m tiefen Schachtes als erzleer.

Auch die weitere Umgebung dürfte solche Erzlinsen bergen. In dem Seebichler Steinbruch am Kulmberg nächst Kreug tritt nach See= land und Canaval im Kalklager streifenweise Magnetit, von Pyrit,

Pyrrhotin Chlorit, seltener Quarz begleitet, auf, an der Basis des Lagers stellen sich quarzige, magnetitführende Lagen ein, welche mit dünn=blätterigem Glimmerschiefer wechsellagern. In den oberen Partien sind Einlagerungen von Grünschiefern wahrzunehmen, die außer kleinen Pyritwürfeln modellscharf ausgebildete Magnetitoktaeder beherbergen.

Interessant ist, daß nach C a n a v a l in der Schichtgruppe, welche über diesem Hauptkalklager folgt, am südöstlichen Gehänge des Kulm=

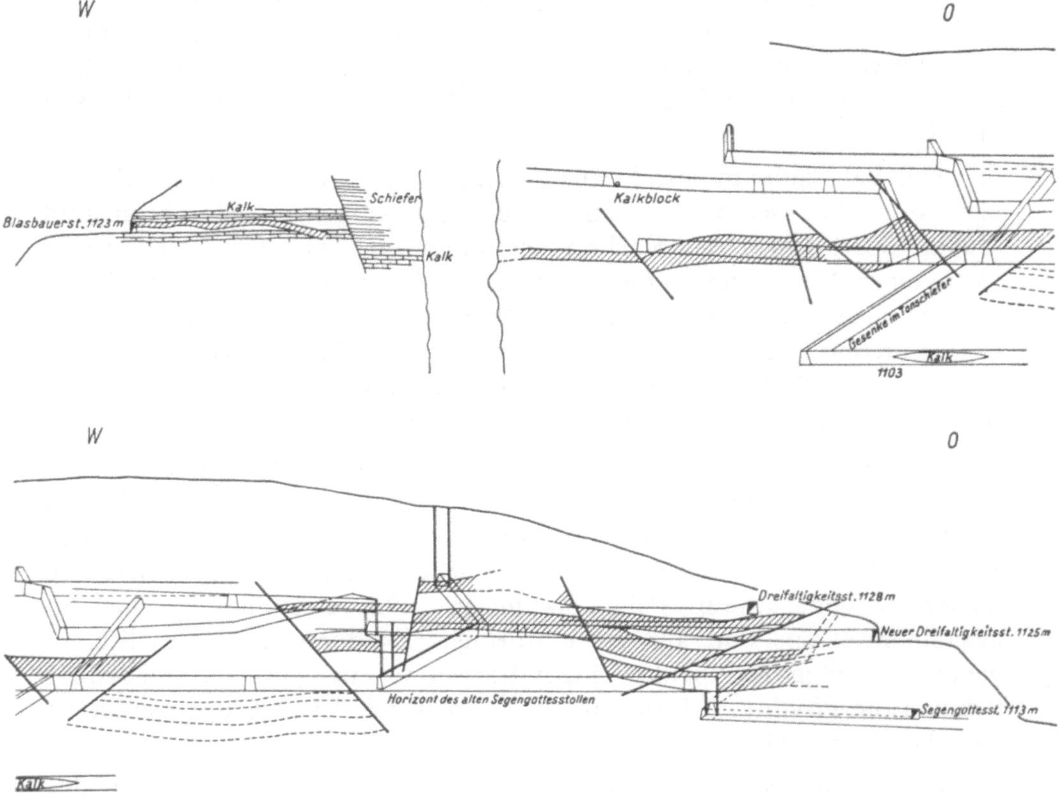

Abb. 76. Saigerriß des Eisensteinbergbaues Sonntagsberg

berges zahlreiche lagerartige Erzmittel von Siderit, Ankerit, Bleiglanz und Zinkblende verfolgt wurden. Wir haben es hier wohl mit einer jüngeren Erzfolge zu tun.

Der Hauptaufschluß der Erze am Sonntagsberg ist im Dreifaltig=keitsfeld gelegen, zu welchem organisch der im SW angesetzte Blasbauer=stollen gehört. Die Schichten liegen hier, abgesehen von lokalen Auf=wölbungen, sehr flach (Winkel von 10° bis 15° sind das Normale), den=noch sind sie nicht ungestört, sondern in nahezu horizontal liegende Falten gelegt (Abb. 76). Diese tektonische Verwalzung sieht man schön,

wo der Kalk mit dem Schiefer verfaltet ist, zum Beispiel in der Drei=
faltigkeitsgrube in einem Querschlag des alten Segengottesstollens
(Abb. 77). Bei dieser Auswalzung sind die verschieden spröden Ge=
steine verschieden deformiert worden.

Das Erz tritt in scheinbar konkordanten Lagen — nur selten sieht
man Verschneidungen — sowohl im Schiefer als auch im Kalk auf. Im
Dreifaltigkeitsfeld herrscht der Tonschiefer als Nebengestein vor. Eine
Ausnahme bildet eine Stelle am Horizont des Segengottesstollens, wo
das Erz nicht nur in Schiefer, sondern auch in den Kalk übergreift
(Abb. 77). Im Blasbauerstollen liegt der
Magnetit in zwei verquarzten Lagen von
10 und 30 cm im Kalk. Die zwei durch
ein Tonschieferzwischenmittel getrennten,
sehr stark verkieselten Lager der Haupt=
grube bilden eine seichte Mulde. Das
Hangendlager ist 2 bis 3 m, das Liegend=
lager kaum 1 m mächtig.

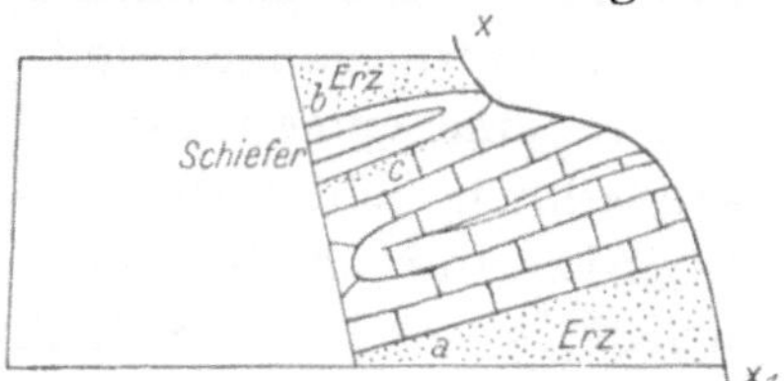

Abb. 77. Ulmenbild aus einem Quer=
schlag am Horizont des Segengottes=
stollens. (Die Erzverteilung im Kalk
[c] und Schiefer [a, b]. x—x₁ eine
nach 21ʰ streichende Störung.)

Zwischen den Häusergruppen Zwain
und Zwien tritt in den Kalken auf einer
Fläche von zirka 1 km² Erz auf. Gleich
oberhalb des Gehöftes Zwain, beim sogenannten Knappenhaus, sind zwei
verbrochene Stollen mit großen Halden, welche ehemaligen Bergbau=
betrieb anzeigen. Südlich von Zwien, auf der Ostseite des Berges, spre=
chen zahlreiche Lesesteine für anstehendes Erz im Kalk. Tiefer unten, in
einem Kalksteinbruch, in welchem die Schichten wellenförmig aufge=
bogen sind und in ihren Fugen zerquetschten Tonschiefer bergen, ist
das Erz streifenförmig in den Kalk eingelagert.

Was die Entstehung der Lagerstätte anbelangt, so fällt auf, daß die
Magnetitkörner nur ausnahmsweise im Kalk, nie im Schiefer, dagegen
fast stets in einer dichten quarzitischen Masse auftreten, die meist vom
Nebengestein scharf abgegrenzt ist. Man gewinnt den Eindruck, daß
die Erze an Quarzit gebunden sind, um so mehr als Quarzit
und Magnetit streifenweise wechsellagern. Dieser Beobachtung
widerspricht aber, daß in den Kalken außerhalb der Lager=
stätte Quarziteinlagerungen fehlen. Es handelt sich daher wohl nicht
um ursprüngliche sandige Sedimente, sondern um Verquarzungszonen,
deren Entstehung mit der Erzbildung zusammenhängt. Die Quarz=
massen bestehen teils aus reinem, außerordentlich feinkörnigem Quarz,
dessen Individuen verzahnt sind und schwach undulös auslöschen, teils
führen sie etwas Glimmer (Muskowit, bleichen Biotit), Apatit, in einem
Fall auch Granat. Auch wo das Erz im Kalk auftritt, sieht man mit dem
Erz verbundene Quarzlagen, bzw. rundliche Quarzkörner und etwas

Plagioklas. Auf jeden Fall hat das Nebengestein, bzw. die Gangart eine kristalline Schieferbildung unter den Bedingungen der obersten Tiefenstufe mitgemacht. Die Vererzung ist älter als die Faltung des Nebengesteins und älter als die Kristallisation desselben; letztere hat die mit der Faltung und Auswalzung verbundene Deformation der Gemengteile verheilt; nur ausnahmsweise konnten zerbrochene Magnetitkörner nachgewiesen werden. Die Vererzung erfolgte im wesentlichen parallel zur Schieferung, mit der die Erzbänder später gefaltet wurden. Einzelne Erzbänder scheinen auch schräg zur Schieferung eingedrungen zu sein. Solche Verquerungen und gabelartige Spaltungen der Magnetitschnüre deuten eine epigenetische Entstehung an. Ob das Erz schon vor der kristallinen Schieferbildung als Magnetit vorlag oder ob eine andere Eisenverbindung bei der Metamorphose in Magnetit umgewandelt wurde, ist mangels an Relikten nicht zu entscheiden.

Literatur: 1. F. Seeland, Zeitschr. d. berg- u. hüttenm. Vereins f. Kärnten, S. 18. — 2. R. Canaval, Das Erzvorkommen am Kulmberg bei St. Veit a. d. Glan, Carinthia II, 1901, Nr. 6. — 3. K. A. Redlich, Das Magnetitvorkommen vom Sonntagsberg bei St. Veit, Zeitschr. f. prakt. Geol., Bd. 38, 1930, S. 121.

Moosburg bei Klagenfurt. Westlich von Moosburg bei Pörtschach, am Südrand des Damnigteiches, gerade unter dem Gehöfte Kamuder, ging man einem sehr festen, aus feinkörnigem Spateisenstein, Magnetit, Bleiglanz, Arsen- und Eisenkies bestehenden Erzmittel von zirka 2 m Mächtigkeit tagbaumäßig nach. Dasselbe beherbergt einzelne Nester von Quarz und Chlorit (Voigtit), ferner Ankerit und lokal Tremolit (Grammatit) mit Granat. Das Dach bilden biotitreiche kalkige Lagen, die unter 50° nach SO einfallen. Im Hangenden dieser Schichten liegt ein zweites kleineres Erzmittel. Das Ganze liegt im Phyllit. Westlich von diesem Tagverhau befindet sich ein größerer Bau auf ein magnetitreiches Erzmittel, das auf zirka 20 m dem Verflächen nach verfolgt wurde. Ein Gesenk scheint mit einem jetzt verbrochenen Stollen, der vom Teich aus herangeführt wurde, zu kommunizieren. Noch weiter westlich findet sich ein dritter, stark verbrochener Verhau, der gleichfalls auf einem magnetitführenden Erzmittel umging.

Zirka 700 m südlich von diesem Vorkommen liegt westlich der Villa Pschor (siehe Karte 1:75.000) im Phyllit eine Magneteisenstein-Sideritlinse mit etwas Pyrit, Bleiglanz und Arsenkies. Das Erz ist an schwache Bänke von Kalk im Phyllit gebunden. Die Schichten fallen mit einem Winkel von 20 bis 50° nach NO.

Auch von Plescherken bei Keutschach, südlich des Wörthersees, berichtet Höfer von einem Siderit-Magnetitlager mit Kupfer- und Arsenkies im Tonschiefer.

Christofberg bei St. Filippen im Gurktal. Der Christofberg besteht aus paläozoischen Grünschiefern, in welchen Hämatitlagen eingeschaltet sind.

Lamberg. Am Lamberg in der Gemeinde Loibach, südöstlich von Bleiburg, tritt ein Lager von körnigem Magneteisenstein, im paläozoischen Tonschiefer eingebettet, auf.

Literatur: 1. R. Canaval, Bemerkungen über einige kleinere Eisensteinvorkommen der Ostalpen, Mont. Rundschau, Bd. XXII, 1930, Heft 2 u. 3. — 2. Briefliche Mitteilungen des Ing. Hanns Haberfelner in Hüttenberg. — 3. A. Brunlechner, Die Minerale des Herzogtums Kärnten, Klagenfurt 1884, S. 64.

C. Die Eisenerze der Gailtaler und Karnischen Alpen.

Außerordentlich schwierig gestalten sich die geologischen Verhältnisse im südalpinen Anteil der österreichischen Alpen.

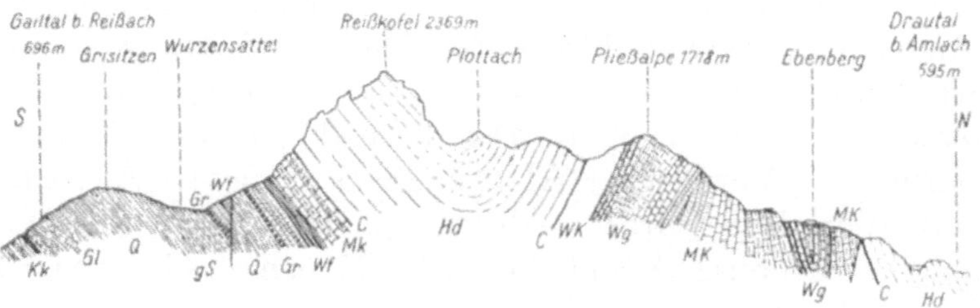

Abb. 78. Profil über den Reißkofel in den Gailtaler Alpen. (Nach G. Geyer.)

Gn = Gneis. Gl = Glimmerschiefer. Ph = Phyllit. Gl P = Plattiger Phyllit. KK = Kristalliner Kalk. Q = Oberer Quarzphyllit.   gS = Grünschiefer.   Gr = Grödener Sandstein.   Wf = Werfener Sch.   MK = Muschelkalk. Wg Wengener Schichten. WK = Wettersteinkalk. C = Carditaschichten. Hd = Hauptdolomit.

Die Gailtaler Alpen sind nach Geyer ein älteres Faltengebirge, welches durch O—W streichende Brüche in einzelne Schollen aufgelöst ist. Der Nordrand dieses Gebirges wird vom W her bis gegen Dellach im Drautal durch den Draubruch gebildet, der das Mesozoikum von dem nördlichen Altkristallin trennt. Von Dellach an gleicht sich diese Störung gegen O aus, so daß in den Bergen des Weißensees die Trias normal auf dem über der kristallinen Zentralzone folgenden Verrucano und Grödener Sandstein liegt. Gegen S trennt eine Reihe von gleichgerichteten Brüchen die Trias des Jauken, Reißkofels usw. vom Kristallin; es sind Störungen, welche unter dem Kollektivbegriff des Gailbruches zusammengefaßt werden. In dem kristallinen Sockel, bestehend aus Glimmerschiefern, quarzreichen und quarzarmen Phylliten, setzen nach Canaval spätige, kupferkiesführende Gänge auf. In der Trias am Gailberg und am Reißkofel wurden Eisenerze abgebaut. Der

11*

Reißkofel ist nach G e y e r eine von O nach W streichende, zusammen=
gestauchte Triasfalte (Abb. 78). Im Hauptdolomit treten Eisenerze auf,
die nach C a n a v a l eine große Ähnlichkeit mit den Bohnerzen der
Villacher Alpe haben. An Einbauen kennt man den Schutzengelstollen
und den 30 m tiefer angesteckten Zubaustollen am Südabhang des Ge=
birges.

Im S baut sich regelmäßig über der kristallinen Zone des Gailtales
das Paläozoikum der Karnischen Alpen auf.

In diesen paläozoischen Schichten, und zwar im Obersilur, trifft man
eine Reihe von Spateisenlagerstätten, über die man auf die von C a n a =
v a l gesammelten spärlichen Nachrichten angewiesen ist.

1. V a l e n t i n e r A l p e, Ortschaft Kreuzberg. Im ockerigen Schiefer
sind eisenhaltige Kalkschiefer eingeschaltet, 4 bis 6 m höher werden diese
Schichten vom Kohlenkalk überlagert. Der Spateisenstein liegt im siluri=
schen Kalk. 2. S i t t m o s. Das Erz setzt im silurischen Bänderkalk auf,
senkrecht stehende Verwerfungen mit offenen Spalten durchsetzen das=
selbe. Der tiefste Stollen liegt am Nordabhang der Mauthener Alpe an
der Sittmoser Heuriese in 1320 m Seehöhe. Ähnliche geologische Ver=
hältnisse trifft man in den unter 3 bis 14 angeführten Bergbauen.
3. P l ö c k e n w i e s e. 4. W ü r m l a c h e r A l p e, 2½ Stunden südlich
von Würmlach (Würmlacher Alpenbau). 5. G r a z e r A l p e n w e i d e,
Ortschaft Würmlach (Grazer Alpenbau). 6. K r o n h o f e r G r a b e n,
Ortschaft Weidenburg (Kronhof). 7. D e l l a c h e r G e m e i n d e a l p e,
südlich von Weidenburg. 8. Z o l l n e r b e r g, südlich von Weidenburg.
9. N ö b l i n g e r G r a b e n, 1 Stunde südlich von Nöbling. 10. G a m s e c k
im Nöblinger Graben. 11. M o n d o r f e r A l p l ob Nöbling (Mondorf).
12. G r i m n i t z e r G r a b e n, Ortschaft Oberbuchach. 13. B r e i t e n =
b u c h e n zu Oberbuchach. 14. M a r k g r a b e n, zwischen dem Hoch=
wipfel und Kirchbachwipfel, südlich von Kirchbach.

Im östlichen Teil der Gailtaler Alpen beschreibt C a n a v a l eine
Reihe von Bergbauen, die ebenfalls Eisenerze lieferten.

Am T s c h e k e l n o c k, ebenso am Westabhang des G o l s e r =
n o c k s, zwischen Rosental und Weißenbach, wurde der eiserne Hut der
triadischen Bleierzlagerstätten abgebaut.

Ähnliche Verhältnisse wie am Golsernock bestanden bei den Gru=
ben am R i e d e r n o c k und wahrscheinlich auch bei jenen von W e i ß =
b r i a c h.

Die Eisenerzgrube R a d n i g in der Nähe von Hermagor dürfte
auf dem eisernen Hut des Blei= und Zinkbergbaues Radnig umgegangen
sein.

Eine größere Bedeutung als diese Baue scheinen jene auf der
E g g e r a l m in dem Gebiete zwischen dem Weißbriach= und Drautal

besessen zu haben. Das Gebirge daselbst baut sich aus petrographisch sehr wechselvollen, ostwestlich streichenden und steil südlich ver= flächenden Phylliten auf, welche von Glimmerschiefern unterteuft werden. Eine mächtige Masse halbkristallinischen Kalkes ist diesen Schiefergebilden eingelagert. Im Hangenden des Kalklagers sind grüne Schiefer zu sehen, welche stellenweise mit Eisenkies imprägniert sind, ebenso Serizitschiefer, denen das Zinnobervorkommen im B u c h h o l z= g r a b e n b e i S t o c k e n b o i angehört. Arme Spateisensteine liegen im Kalk und waren Gegenstand des Abbaues.

Von geringerer Bedeutung war der Bau auf Eisenglanz im Grödener Sandstein des T i e b e l g r a b e n s bei Stockenboi. Das Erz bildet eine Linse, die nach 20^h streicht und deren größte Mächtigkeit 3 m ist.

Bemerkenswert sind noch die Reste alter Schurfbetriebe nächst Z l a n, im letzten Drittel des Unterlaufes des Weißenbaches vor seiner Einmündung in die Drau. Flache Kalkkeile lagern sich zwischen die Schiefer ein, die ihrerseits wieder zungenförmig in den Kalk übergreifen. Die Kalkkeile führen Spateisenstein, der in dem Maße zu vertauben scheint, als die Mächtigkeit dieser Keile zunimmt.

Auch im oberen Drautal befinden sich einige alte Bergbaue auf Eisen. Es wurde bereits das Z a u c h e n t a l b e i L e n g h o l t z erwähnt (siehe S. 20).

In einer isolierten Scholle von Triaskalk am linken Drauufer wurde a m K o l m, bei S c h a r n i t z e n und G l a n z r a i n auf Blei gebaut. Mit den Eisenbranten ist ein Stückofen am Ausgang des Drasnitzgrabens bestürzt worden.

Die Baue zu O b e r b i r k in der Steuergemeinde Flaschberg gingen auf Brauneisenstein um, welcher durch Verwitterung kiesreicher Carditaschichten entstanden ist.

Literatur: 1. R. C a n a v a l, Bemerkungen über einige kleinere Eisenstein- vorkommen der Ostalpen, Mont. Rundschau, Bd. XXII, 1930, Heft 2 u. 3.

III. Die Eisenerze der jüngeren Formationen.

In den jüngeren Formationen finden sich meist nur unbedeutende Eisenerzvorkommen, die kaum mehr eine Bedeutung erlangen werden, weshalb nur die in der Literatur bekanntesten Fundpunkte Erwähnung finden sollen.

In Niederösterreich wurden bei Dreistätten nächst Wiener=Neu= stadt Taschen von Toneisensteinen, welche den Bauxiten des Karstes sehr ähnlich sind und im Kalk der Gosauformation aufsetzen, als Zu= schlag für den Hochofen in Pitten abgebaut.

Aus der Umgebung von Lunz wird Roteisenstein und Siderit er=
wähnt.

Kohleneisenstein (Blackband) wurde bei Hainfeld, St. Veit und
Högersbach erschürft.

In der Nähe der Orte Schwarzenbach, Rottenschacher und Bein=
höfen sind Toneisensteine zwischen Ton und Sand eingelagert. 1871
wurden daselbst 761 q ergraben.

In Oberösterreich wurden auf der Glöckelalpe, heute Braunmayer=
alpe, im Grassegerkar bei Windischgarsten im oberen Triaskalk bei
einem tagbaumäßig betriebenen Braunsteinbergbau im Jahre 1873 140
und im Jahre 1874 560 q Spateisenstein ausgeschieden.

Auf dem Hochkogel des Blahberges in der Laussa bei Weyer ist
dem gelblichgrauen Liaskalk ein unter zirka 36° gegen NNO einfallen=
des, 4 bis 6 m mächtiges oolithisches Roteisensteinlager aufgelagert, das
von einer wenig mächtigen Schichte Kalk, Sandstein und Kalkkonglo=
merat stellenweise überlagert ist. Dieses Erzlager wird auf dem benach=
barten Präfingkogel bis 8 m mächtig und geht bis über die steirische
Grenze, da es in der Bäreneben (untere Laussa) wieder gefunden wurde.
Die Erze enthalten 25 bis 35% Eisen. Auf dieselben Erze wurden in
Wendbach bei Ternberg (Bezirk Steyr) des öfteren Grubenmaße ver=
liehen.

Spuren alter Eisensteinbergbaue erwähnt C o m m e n d a, so zu
Eisenau bei Unterach, bei Molln am Gaisberg, am Rehkogel bei Goisern,
ober der Rheinpfalz bei Ischl und ober Losenstein.

In Steiermark findet sich in der Gemeinde Dirnsdorf bei Kammern
am Fuße des Reiting nach einer Mitteilung des Ing. E. S e i d l e r eine
mächtige Ablagerung von Toneisenstein, die in einem alten Tagbau ge=
wonnen wurde. Der Toneisenstein enthält 26% Fe, 22% Al_2O_3, 25%
SiO_2, 1% Mn_3O_4, 3% CaO, 0'07% P bei 15% Glühverlust. Der Ton=
eisenstein liegt im Kalk, der selbst zahlreiche Einsprengungen des Erzes
aufweist. Ähnliche Toneisensteine trifft man am Kulmberg bei Sankt
Peter=Freienstein ob Leoben.

In der Gemeinde Lobming wurden junge Toneisensteinablage=
rungen, am Lichtensteinerberg bei Kraubath chromhältige Toneisen=
steine, Zersetzungsprodukte der chromeisensteinführenden Serpentine,
für den Hochofen in St. Stefan ausgebeutet.

In Kärnten wurde am Seebach in der Teuchel, auf der Höhe hinter
dem Seebacher, junger Raseneisenstein für das Schmelzwerk Ragga ab=
gebaut. B r u n l e c h n e r führt auch solche Raseneisensteine von Her=
mannsberg bei St. Leonhard und vom Tommer Moos bei Grafenstein an.

Südlich des Wörthersees wurde nach B r u n l e c h n e r im Bergbau Turra feinkörniger, grauer Sphärosiderit als Einlagerung im neogenen Ton abgebaut.

Literatur: 1. A. S i g m u n d, Die Minerale Niederösterreichs, Wien 1909, S. 36. — 2. K. v. H a u e r, Die wichtigsten Eisenerzvorkommen in der österr-ungar. Monarchie, Wien 1863, S. 7. — 3. Österr. Zeitschr. f. Berg- u. Hüttenw., Wien 1853, S. 263. — 4. Die Eisenerze Österreichs, Wien 1878, S. 8, Glöckelalpe S. 15, Laussa S. 15. — 5. H. C o m m e n d a, Übersicht der Mineralien Oberösterreichs, Wien 1886, S. 8. — 6. A. v. M i l l e r - H a u e n f e l s, Die steiermärkischen Bergbaue als Grundlage des prov. Wohlstandes, Wien 1859, S. 32. — 7. U. S ö h l e, Geol. Bericht über das Eisensteinvorkommen am Liechtensteinerberg, Carinthia II, 1901, S. 91. — 8. A. B r u n - l e c h n e r, Die Minerale des Herzogtums Kärnten, Klagenfurt 1884, S. 60.

Additional material from Die *Geologie der innerösterreichischen Eisenerzlagerstätten*
ISBN 978-3-7091-5981-1 (978-3-7091-5981-1_OSFO3),
is available at http://extras.springer.com